家装水电工
自学手册

蔡杏山 ◎ 主编

人民邮电出版社

北　京

图书在版编目（ＣＩＰ）数据

家装水电工自学手册 / 蔡杏山主编. -- 北京 ：人
民邮电出版社，2019.4
ISBN 978-7-115-50838-6

Ⅰ. ①家… Ⅱ. ①蔡… Ⅲ. ①房屋建筑设备－给排水
系统－建筑安装－手册②房屋建筑设备－电气设备－建筑
安装－手册 Ⅳ. ①TU82-62②TU85-62

中国版本图书馆CIP数据核字(2019)第028397号

内 容 提 要

本书是一本介绍家装水电工技能的图书，主要内容有家装水电工电气基础，家装水电工常用工具及
使用，住宅配电电器与电能表，住宅给水管道的规划与安装，住宅排水管道的规划与安装，水阀、水表
和水龙头的结构与拆卸安装，洗菜盆、浴室柜和马桶的安装，淋浴花洒、浴缸和热水器的安装，住宅配
电线路的规划设计，明装敷设电气线路，暗装敷设电气线路，开关、插座的安装与接线，灯具、浴霸的
安装与接线，弱电线路及门禁系统的安装与接线。

本书由浅入深、语言通俗易懂，并且内容结构安排符合学习认知规律。本书适合作为家装水电工的
自学用书，也适合作为职业学校电类专业的教材。

◆ 主　编　蔡杏山
　　责任编辑　黄汉兵
　　责任印制　彭志环

◆ 人民邮电出版社出版发行　北京市丰台区成寿寺路 11 号
　　邮编 100164　电子邮件 315@ptpress.com.cn
　　网址 http://www.ptpress.com.cn
　　北京缤索印刷有限公司印刷

◆ 开本：787×1092　1/16
　　印张：19.25　　　　　　　　2019 年 4 月第 1 版
　　字数：175 千字　　　　　2019 年 4 月北京第 1 次印刷

定价：99.00 元

读者服务热线：(010)81055488　印装质量热线：(010)81055316
反盗版热线：(010)81055315

PREFACE

前　言

在当今社会，各领域的电气化程度越来越高，这使电气及相关行业需要越来越多的电工技术人才。要想掌握电工技术并达到较高的层次，可以在培训机构培训，也可以在职业学校系统学习，还可以自学成才，无论是哪种情况，都需要一些合适的学习图书，选择一些好图书，不但可以让学习者轻松迈入电工技术大门，而且能让学习者的技术水平迅速提高，快速成为电工技术领域的人才。

为了让更多人能掌握电工技术，我们推出"从电工菜鸟到大侠"丛书，丛书共6册，分别为《电工基础自学手册》《电动机及控制线路自学手册》《电工识图自学手册》《家装水电工自学手册》《PLC自学手册》《变频器、伺服与步进技术自学手册》。

"从电工菜鸟到大侠"丛书主要有以下特点。

基础起点低。读者只需具有初中文化程度即可阅读本套丛书。

语言通俗易懂。书中少用专业化的术语，遇到较难理解的内容用形象比喻说明，尽量避免复杂的理论分析和烦琐的公式推导，图书阅读起来感觉会十分顺畅。

内容解说详细。考虑自学时一般无人指导，因此编者在编写过程中对书中的知识技能进行了详细解说，让读者能轻松理解所学内容。

采用图文并茂的表现方式。书中大量采用读者喜欢的直观形象的图表方式表现内容，使阅读变得非常轻松，不易产生阅读疲劳。

内容安排符合认识规律。图书按照循序渐进、由浅入深的原则来确定各章节内容的先后顺序，读者只需从前往后阅读图书，便会水到渠成地掌握相关技能。

突出显示知识要点。为了帮助读者掌握书中的知识要点，书中用阴影和文字加粗的方法突出显示知识要点，指示学习重点。

网络免费辅导。读者在阅读时遇到难理解的问题，可登录易天电学网，观看有关辅导材料或向老师提问进行学习，读者也可以在该网站了解本套丛书的新书信息。

编者在编写本书过程中得到了很多老师的支持，其中蔡玉山、詹春华、何慧、蔡理杰、黄晓玲、蔡春霞、邓艳姣、黄勇、刘凌云、邵永亮、蔡理忠、何彬、刘海峰、蔡理峰、李清荣、万四香、蔡任英、邵永明、蔡理刚、何丽、梁云、吴泽民、蔡华山和王娟等参与了部分章节的编写工作，在此一致表示感谢。由于编者水平有限，书中的不妥和疏漏之处在所难免，望广大读者和同仁予以批评指正。

编者

2018 年 10 月

CONTENTS

目 录

1.1 基本电气常识

1.1.1 电路与电路图

图1-1（a）所示是一个简单的实物电路，该电路由电源（电池）、开关、导线和灯泡组成。电源的作用是提供电能；开关、导线的作用是控制和传递电能，称为中间环节；灯泡是消耗电能的用电器，它能将电能转变为光能，称为负载。因此，**电路是由电源、中间环节和负载组成的。**

图1-1（a）所示为实物电路，使用实物图来绘制电路很不方便，为此人们就采用一些简单的图形符号代替实物的方法来画电路，这样画出的图形就称为电路图。图1-1（b）所示的图形就是图1 1（a）所示实物电路的电路图，不难看出，用电路图来表示实际的电路非常方便。

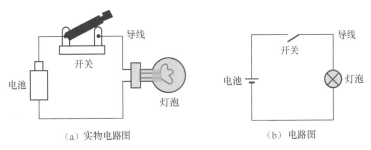

图1-1　一个简单的实物电路

1.1.2 电流与电阻

1.电流

在图1-2所示电路中，将开关闭合，灯泡会发光，为什么会这样呢？原来当开关闭合时，带负电荷的电子源源不断地从电源负极经导线、灯泡、开关流向电源正极。这些电子在流经灯泡内的钨丝时，钨丝会发热，温度急剧上升而发光。

大量的电荷朝一个方向移动（又称定向移动）就形成了电流，这就像公路上有大量的汽车朝一个方向移动就形成"车流"一样。实际上，我们把电子运动的反方向作为电流方向，即把正电荷在电路中的移动方向规定为电流的方向。图1-2所示电路的电流方向：电源正极→开关→灯泡→电源的负极。

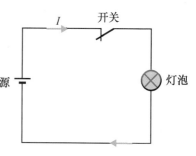

图 1-2 电流说明图

电流用字母"I"表示，单位为安培（简称安），用"A"表示，比安培小的单位有毫安（mA）、微安（μA），它们之间的关系为

$$1A=10^3mA=10^6\mu A$$

2. 电阻

在图1-3（a）所示电路中，给电路增加一个元器件——电阻器，发现灯光会变暗，该电路的电路图如图1-3（b）所示。为什么在电路中增加了电阻器后灯泡会变暗呢？原来电阻器对电流有一定的阻碍作用，从而使流过灯泡的电流减小，灯泡变暗。

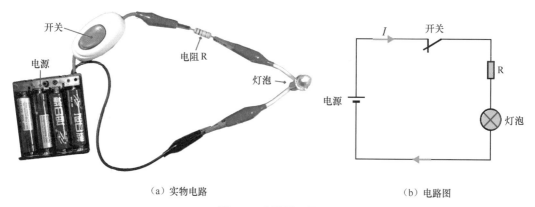

（a）实物电路　　　　　　　　　　　　（b）电路图

图 1-3 电阻说明图

导体对电流的阻碍称为该导体的电阻，电阻用字母"R"表示，电阻的单位为欧姆（简称欧），用"Ω"表示，比欧姆大的单位有千欧（kΩ）、兆欧（MΩ），它们之间的关系为

$$1M\Omega=10^3k\Omega=10^6\Omega$$

导体的电阻计算公式为

$$R=\rho\frac{L}{S}$$

式中，L为导体的长度，单位是m；S为导体的横截面积，单位是m²；ρ为导体的电阻率，单位是Ω·m。不同的导体，ρ值一般不同。表1-1列出了一些常见导体的电阻率（20℃时）。

表1-1　一些常见导体的电阻率（20℃时）

导　体	电阻率/Ω·m	导　体	电阻率/Ω·m
银	1.62×10^{-8}	锡	11.4×10^{-8}
铜	1.69×10^{-8}	铁	10.0×10^{-8}
铝	2.83×10^{-8}	铅	21.9×10^{-8}
金	2.4×10^{-8}	汞	95.8×10^{-8}
钨	5.51×10^{-8}	碳	$3\ 500\times10^{-8}$

在长度 *L* 和横截面积 *S* 相同的情况下，电阻率越大的导体其电阻越大，例如，*L*、*S* 相同的铁导线和铜导线，铁导线的电阻约是铜导线的 5.9 倍，由于铁导线的电阻率较铜导线大很多，为了减小电能在导线上的损耗，让负载得到较大电流，供电线路通常采用铜导线。

导体的电阻除了与材料有关外，还受温度影响。一般情况下，导体温度越高电阻越大，例如，常温下灯泡（白炽灯）内部钨丝的电阻很小，通电后钨丝的温度上升到千摄氏度以上，其电阻急剧增大；导体温度下降电阻减小，某些导电材料在温度下降到某一值时（如 -109℃），电阻会突然变为零，这种现象称为超导现象，具有这种性质的材料称为超导材料。

1.1.3　欧姆定律

欧姆定律是电工电子技术中的一个基本的定律，它反映了电路中电阻、电流和电压之间的关系。欧姆定律分为部分电路欧姆定律和全电路欧姆定律。

1. 部分电路欧姆定律

部分电路欧姆定律内容：在电路中，流过导体的电流 *I* 的大小与导体两端的电压 *U* 成正比，与导体的电阻 *R* 成反比，即

$$I = \frac{U}{R}$$

也可以表示为 $U=IR$ 或 $R=U/I$。

如图 1-4（a）所示，已知电阻 $R=10\Omega$，电阻两端电压 $U_{AB}=5V$，那么流过电阻的电流 $I = \dfrac{U_{AB}}{R} = \dfrac{5}{10}A = 0.5A$。

又如图 1-4（b）所示，已知电阻 $R=5\Omega$，流过电阻的电流 $I=2A$，那么电阻两端的电压 $U_{AB}=I \cdot R = (2 \times 5)V = 10V$。

在图 1-4（c）所示电路中，流过电阻的电流 $I=2A$，电阻两端的电压 $U_{AB}=12V$，那么电阻的大小 $R = \dfrac{U}{I} = \dfrac{12}{2}\Omega = 6\Omega$。

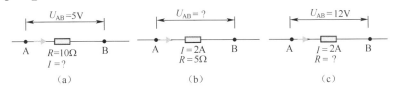

图 1-4　欧姆定律的三种形式

2. 全电路欧姆定律

全电路是指含有电源和负载的闭合回路。全电路欧姆定律又称闭合电路欧姆定律，其内容如下：闭合电路中的电流与电源的电动势成正比，与电路的内、外电阻之和成反比，即

$$I = \frac{E}{R + R_0}$$

下面以图 1-5 所示电路来说明全电路欧姆定律，图中点画线框内为电源，R_0 表示电源的内阻，*E* 表示电源的电动势。当开关 S 闭合后，电路中有电流 *I* 流过，根据全电路欧姆定律可

求得 $I=\dfrac{E}{R+R_0}=\dfrac{12}{10+2}A=1A$。电源输出电压（即电阻$R$两端的电压）$U=IR=1\times 10V=10V$，内阻$R_0$两端的电压$U_0=IR_0=1\times 2V=2V$。如果将开关S断开，电路中的电流$I=0A$，那么内阻$R_0$上消耗的电压$U_0=0V$，电源输出电压$U$与电源电动势相等，即$U=E=12V$。

根据全电路欧姆定律不难看出以下几点。

① 在电源未接负载时，不管电源内阻多大，内阻消耗的电压始终为0V，电源两端电压与电动势相等。

② 当电源与负载构成闭合电路后，由于有电流流过内阻，内阻会消耗电压，从而使电源输出电压降低。内阻越大，内阻消耗的电压越大，电源输出电压越低。

③ 在电源内阻不变的情况下，如果外阻越小，电路中的电流越大，内阻消耗的电压也越大，电源输出电压也会降低。

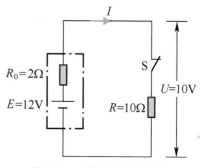

图 1-5　全欧姆定律说明图

由于正常电源的内阻很小，内阻消耗的电压很低，因此一般情况下可认为电源的输出电压与电源电动势相等。

利用全电路欧姆定律可以解释很多现象。例如，用仪表测得旧电池两端电压与正常电压相同，但将旧电池与电路连接后除了输出电流很小外，电池的输出电压也会急剧下降，这是因为旧电池内阻变大的缘故；又如，将电源正、负极直接短路时，电源会发热甚至烧坏，这是因为短路时流过电源内阻的电流很大，内阻消耗的电压与电源电动势相等，大量的电能在电源内阻上消耗并转换成热能，故电源会发热。

1.1.4　电功、电功率和焦耳定律

1. 电功

电流流过灯泡，灯泡会发光；电流流过电炉丝，电炉丝会发热；电流流过电动机，电动机会运转。由此可以看出，**电流流过一些用电设备时是会做功的，电流做的功称为电功。用电设备做功的大小不但与加到用电设备两端的电压及流过的电流有关，而且与通电时间长短有关。**电功可用下面的公式计算：

$$W=UIt$$

式中，W表示电功，单位是焦耳（J）；U表示电压，单位是伏（V）；I表示电流，单位是安（A）；t表示时间，单位是秒（s）。

电功的单位是焦耳（J），在电学中还常用到另一个单位：**千瓦时（kW·h），又称度。**1kW·h=1 度。千瓦时与焦耳的换算关系是

$$1kW\cdot h=1\times 10^3 W\times（60\times 60）s=3.6\times 10^6 W\cdot s=3.6\times 10^6 J$$

1kW·h可以这样理解：一个电功率为100W的灯泡连续使用10h，消耗的电功为1kW·h（即消耗1 度电）。

2. 电功率

电流需要通过一些用电设备才能做功。为了衡量这些设备做功能力的大小，引入一个电功率的概念。**电流单位时间做的功称为电功率。电功率用"P"表示，单位是瓦（W），**此外，

还有千瓦（kW）和毫瓦（mW），它们之间的换算关系是

$$1kW=10^3W=10^6mW$$

电功率的计算公式是

$$P=UI$$

根据欧姆定律可知 $U=IR$，$I=U/R$，所以电功率还可以用公式 $P=I^2R$ 和 $P=U^2/R$ 来计算。

电功率的计算举例：在图1-6所示电路中，白炽灯两端的电压为220V（它与电源的电动势相等），流过白炽灯的电流为0.5A，求白炽灯的功率、电阻和白炽灯在10s所做的功。

白炽灯的功率：$\qquad P=UI=220V·0.5A=110V·A=110W$

白炽灯的电阻：$\qquad R=U/I=220V/0.5A=440V/A=440Ω$

白炽灯在10s做的功：$\qquad W=UIt=220V·0.5A·10s=1\ 100J$

3. 焦耳定律

电流流过导体时导体会发热，这种现象称为电流的热效应。电热锅、电饭煲和电热水器等都是利用电流的热效应来工作的。

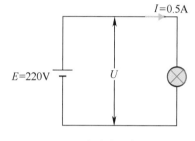

图1-6　电功率计算例图

英国物理学家焦耳通过实验发现：**电流流过导体，导体发出的热量与导体流过的电流、导体的电阻和通电的时间有关。焦耳定律具体内容：电流流过导体产生的热量，与电流的平方及导体的电阻成正比，与通电时间也成正比。**由于这个定律除了由焦耳发现外，俄国科学家楞次也通过实验独立发现，故该定律又称焦耳-楞次定律。

焦耳定律可用下面的公式表示：

$$Q=I^2Rt$$

式中，Q表示热量，单位是焦耳（J）；R表示电阻，单位是欧姆（Ω）；t表示时间，单位是秒（s）；I表示电流，单位是安培（A）。

举例：某台电动机额定电压是220V，线圈的电阻为0.4Ω，当电动机接220V的电压时，流过的电流是3A，求电动机的功率和线圈每秒发出的热量。

电动机的功率：$\qquad P=UI=220V×3A=660W$

电动机线圈每秒发出的热量：$Q=I^2Rt=(3A)^2×0.4Ω×1s=3.6J$

1.2　直流电、单相交流电和三相交流电

1.2.1　直流电

直流电是指方向始终固定不变的电压或电流。能产生直流电的电源称为**直流电源**，常见的干电池、蓄电池和直流发电机等都是直流电源，直流电源常用图1-7（a）所示的图形符号表示。直流电的电流方向总是由电源正极流出，再通过电路流到负极。在图1-7（b）所示的

直流电路中，电流从直流电源正极流出，经电阻 R 和灯泡流到负极结束。

直流电又分为稳定直流电和脉动直流电。

稳定直流电是指方向固定不变并且大小也不变的直流电。稳定直流电可用图 1-8（a）所示波形表示，稳定直流电的电流 I 的大小始终保持恒定（始终为 6mA），在图中用直线表示；直流电的电流方向保持不变，始终是从电源正极流向负极，图 1-8（a）中的直线始终在 t 轴上方，表示电流的方向始终不变。

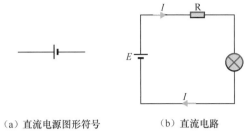

（a）直流电源图形符号　　　　（b）直流电路

图 1-7　直流电源图形符号与直流电路

脉动直流电是指方向固定不变，但大小随时间变化的直流电。脉动直流电可用图 1-8（b）所示的波形表示，从图中可以看出，脉动直流电的电流 I 的大小随时间作波动变化（如在 t_1 时刻电流为 6mA，在 t_2 时刻电流变为 4mA），电流大小波动变化在图中用曲线表示；脉动直流电的方向始终不变（电流始终从电源正极流向负极），图中的曲线始终在 t 轴上方，表示电流的方向始终不变。

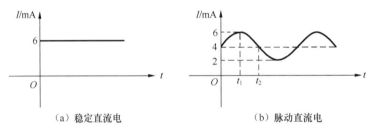

（a）稳定直流电　　　　　　　　　　（b）脉动直流电

图 1-8　两种类型的直流电

1.2.2　单相交流电

交流电是指方向和大小都随时间作周期性变化的电压或电流。交流电类型很多，其中最常见的是正弦交流电，因此这里就以正弦交流电为例来介绍交流电。

1. 正弦交流电

正弦交流电的图形符号、电路和波形如图 1-9 所示。

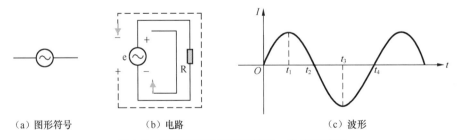

（a）图形符号　　　　　（b）电路　　　　　　　　（c）波形

图 1-9　正弦交流电的图形符号、电路和波形

下面以图 1-9（b）所示的交流电路来说明图 1-9（c）所示正弦交流电波形。

① 在 $0 \sim t_1$ 期间：交流电源 e 的电压极性是上正下负，电流 I 的方向是交流电源上正→电阻 R →交流电源下负，并且电流 I 逐渐增大，电流逐渐增大在图 1-9（c）中用波形逐渐上

升表示，t_1 时刻电流达到最大值。

　　② 在 $t_1 \sim t_2$ 期间：交流电源 e 的电压极性仍是上正下负，电流 I 的方向仍是交流电源上正→电阻 R →交流电源下负，但电流 I 逐渐减小，电流逐渐减小在图 1-9（c）中用波形逐渐下降表示，t_2 时刻电流为 0。

　　③ 在 $t_2 \sim t_3$ 期间：交流电源 e 的电压极性变为上负下正，电流 I 的方向也发生改变，图 1-9（c）中的交流电波形由 t 轴上方转到下方表示电流方向发生改变，电流 I 的方向是交流电源下正→电阻 R →交流电源上负，电流反方向逐渐增大，t_3 时刻反方向的电流达到最大值。

　　④ 在 $t_3 \sim t_4$ 期间：交流电源 e 的电压极性仍是上负下正，电流仍是反方向，电流的方向是交流电源下正→电阻 R →交流电源上负，电流反方向逐渐减小，t_4 时刻电流减小到 0。

　　t_4 时刻以后，交流电源的电流大小和方向变化与 $0 \sim t_4$ 期间变化相同。实际上，交流电源不但电流大小和方向按正弦波变化，其电压大小和方向变化也像电流一样按正弦波变化。

　　2. 周期和频率

　　周期和频率是交流电常用的两个概念，下面以图 1-10 所示的正弦交流电波形图来说明。

　　（1）周期

　　从图 1-10 可以看出，交流电变化过程是不断重复的，**交流电重复变化一次所需的时间称为周期，周期用"T"表示，单位是秒（s）。** 图 1-10 所示交流电的周期为 $T=0.02$s，说明该交流电每隔 0.02s 就会重复变化一次。

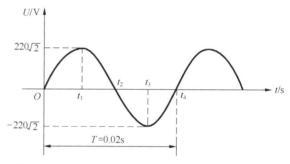

图 1-10　正弦交流电的周期、频率和瞬时值说明图

　　（2）频率

　　交流电在每秒内重复变化的次数称为频率，频率用"f"表示，它是周期的倒数， 即

$$f = \frac{1}{T}$$

　　频率的单位是赫兹（Hz）。 图 1-10 所示交流电的周期 $T=0.02$s，那么它的频率 $f=1/T=1/0.02=50$Hz，该交流电的频率 $f=50$Hz，说明在 1s 内交流电能重复 $0 \sim t_4$ 这个过程 50 次。交流电变化越快，变化一次所需要时间越短，周期越短，频率就越高。

　　3. 瞬时值和有效值

　　（1）瞬时值

　　交流电的大小和方向是不断变化的，交流电在某一时刻的值称为交流电在该时刻的瞬时值。 以图 1-10 所示的交流电压为例，它在 t_1 时刻的瞬时值为 $220\sqrt{2}$ V（约为 311V），该值为最大瞬时值，在 t_2 时刻瞬时值为 0V，该值为最小瞬时值。

　　（2）有效值

　　交流电的大小和方向是不断变化的，这给电路计算和测量带来不便，为此引入有效值的概念。下面以图 1-11 所示电路来说明有效值的含义。

　　图 1-11 所示两个电路中的电热丝完全一样，现分别给电热丝通交流电和直流电，如果两电路通电时间相同，并且电热丝发出热量也相同，对于电热丝来说，这里的交流电和直流电是等效的，那么就将图 1-11（b）中直流电的电压值或电流值称为图 1-11（a）中交流电的有效

电压值或有效电流值。

交流市电电压为 220V 指的就是有效值，其含义是虽然交流电压时刻变化，但它的效果与 220V 直流电是一样的。若无特别说明，交流电的大小通常是指有效值，测量仪表的测量值一般也是指有效值。**正弦交流电的有效值与瞬时最大值的关系是**

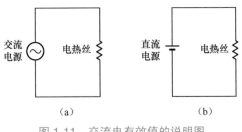

图 1-11　交流电有效值的说明图

$$最大瞬时值 = \sqrt{2} \times 有效值$$

例如，交流市电的有效电压值为 220V，它的最大瞬时电压值 $= 220\sqrt{2} \approx 311（V）$。

1.2.3　三相交流电

1. 三相交流电的产生

目前应用的电能绝大多数是由三相发电机产生的，三相发电机与单相发电机的区别在于：**三相发电机可以同时产生并输出三组电源，而单相发电机只能输出一组电源**，因此三相发电机效率较单相发电机更高。三相交流发电机的结构示意图如图 1-12 所示。

从图 1-12 中可以看出，三相发电机主要由互成 120° 且固定不动的 U、V、W 三组线圈和一块旋转磁铁组成。当磁铁旋转时，磁铁产生的磁场切割这三组线圈，这样就会在 U、V、W 三组线圈中分别产生交流电动势，各线圈两端就分别输出交流电压 U_U、U_V、U_W，这三组线圈输出的三组交流电压就称为三相交流电压。

无论磁铁旋转到哪个位置，穿过三组线圈的磁感线都会不同，所以三组线圈产生的交流电压波形也就不同。三相交流发电机产生的三相交流电波形如图 1-13 所示。

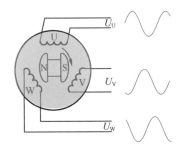

图 1-12　三相交流发电机的结构示意图

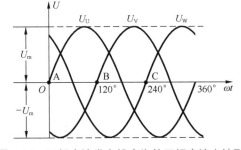

图 1-13　三相交流发电机产生的三相交流电波形

2. 三相交流电的供电方式

三相交流发电机能产生三相交流电压，将这三相交流电压供给用户可采用三种方式：直接连接供电、星形连接供电和三角形连接供电。

（1）直接连接供电方式

直接连接供电方式如图 1-14 所示。

直接连接供电方式是将发电机三组线圈输出的每相交流电压分别用两根导线向用户供电，这种方式共需用到六根供电导线，如果在长距离供电时采用这种供电方式会使成本很高。

（2）星形连接供电方式

星形连接供电方式如图 1-15 所示。

星形连接是将发电机的三组线圈末端都连接在一起，并接出一根线，称为中性线（N），三组线圈的首端各引出一根线，称为相线，这三根相线分别称为U相线（L1）、V相线（L2）和W相线（L3）。三根相线分别连接到单独的用户，而中性线则在用户端一分为三，同时连接三个用户，这样发电机三组线圈上的电压就分别提供给各自的用户。在这种供电方式中，发电机三组线圈连接成星形，并且采用四根线来传送三相电压，故称为三相四线制星形连接供电方式。

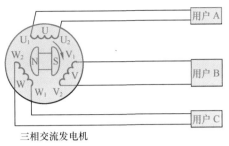

图1-14 直接连接供电方式

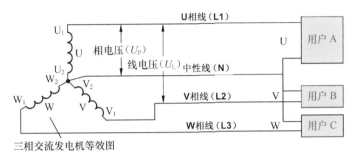

图1-15 星形连接供电方式

任意一根相线与中性线之间的电压都称为相电压 U_P，该电压实际上是任意一组线圈两端的电压。**任意两根相线之间的电压称为线电压 U_L**。从图1-15中可以看出，线电压实际上是两组线圈上的相电压叠加得到的，但线电压 U_L 的值并不是相电压 U_P 的2倍，因为任意两组线圈上的相电压的相位都不相同，不能进行简单的乘2来求得。根据理论推导可知，**在星形连接时，线电压是相电压的$\sqrt{3}$倍**，即

$$U_L = \sqrt{3}\, U_P$$

如果相电压 U_P=220V，根据上式可计算出线电压 U_L 约为380V。

（3）三角形连接供电方式

三角形连接供电方式如图1-16所示。

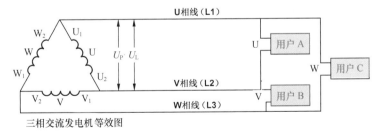

图1-16 三角形连接供电方式

三角形连接是将发电机的三组线圈首末端依次连接在一起，连接方式呈三角形，在三个连接点各接出一根线，分别称为U相线（L1）、V相线（L2）和W相线（L3）。将三根相线按图1-16所示的方式与用户连接，三组线圈上的电压就分别提供给各自的用户。在这种供电方式中，发电机三组线圈连接成三角形，并且采用三根线来传送三相电压，故称为三相三线制三角形连接供电方式。

三角形连接方式中，相电压 U_P（每组线圈上的电压）和线电压 U_L（两根相线之间的电压）是相等的，即

$$U_L=U_P$$

3. 三相交流电的远距离传送

发电部门的发电机将其他形式的能（如水能、风能、热能和核能等）转换成电能，电能再通过导线传送给用户。由于用户与发电部门的距离往往很远，电能传送需要很长的导线，电能在传送的过程中，导线对电能有损耗，根据焦耳定律 $Q=I^2Rt$ 可知，导线对电能的损耗主要与流过导线的电流和导线本身的电阻有关，电流、电阻越大，导线的损耗越大。

为了降低电能在导线上传送产生的损耗，可减小导线的电阻和降低流过导线的电流。减小导线对电能损耗的具体方法：①采用电阻率小的铝或铜材料制作成较粗的导线来减小导线的电阻；②提高传输电压来减小电流，这是根据 $P=UI$，在传输功率一定的情况下，导线电压越高，流过导线的电流越小。

电能从发电站传送到用户的过程如图 1-17 所示。发电机输出的电压先送到升压变电站进行升压，升压后得到 110～330kV 的高压，高压经导线进行远距离传送，到达目的地后，再由降压变电站的降压变压器将高压降低成低压，再提供给用户。实际上，在提升电压时，往往不是依靠一个变压器将低压提升到很高的电压，而是经过多个升压变压器一级级进行升压的，在降压时，也需要经多个降压变压器进行逐级降压。

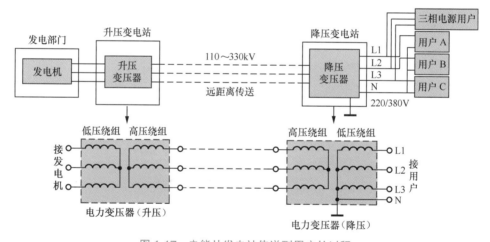

图 1-17　电能从发电站传送到用户的过程

1.3　安全用电

1.3.1　电流对人体的伤害

1. 人体对不同电流呈现的症状

当人体不小心接触带电体时，就会有电流流过人体，这就是触电。人体在触电时表现出

来的症状与流过人体的电流有关，表 1-2 所示是人体通过大小不同的交、直流电流时所表现出来的症状。

表1-2 人体通过大小不同的交、直流电流时所表现出来的症状

电流/mA	人体表现出来的症状	
	交流（50~60Hz）	直流
0.6~1.5	开始有感觉——手轻微颤抖	没有感觉
2~3	手指强烈颤抖	没有感觉
5~7	手部痉挛	感觉痒和热
8~10	手已难以摆脱带电体，但还能摆脱；手指尖部到手腕剧痛	热感觉增加
20~25	手迅速麻痹，不能摆脱带电体；剧痛，呼吸困难	热感觉大大加强，手部肌肉收缩
50~80	呼吸麻痹，心室开始颤动	强烈的热感受，手部肌肉收缩，痉挛，呼吸困难
90~100	呼吸麻痹，延续3s或更长时间，心脏停搏，心室颤动	呼吸麻痹

从表 1-2 中可以看出，流过人体的电流越大，人体表现出来的症状越强烈，电流对人体的伤害越大；另外，对于相同大小的交流和直流来说，交流对人体伤害更大一些。

一般规定，**10mA 以下的工频（50Hz 或 60Hz）交流电流或 50mA 以下的直流电流对人体是安全的**，故将该范围内的电流称为安全电流。

2．与触电伤害程度有关的因素

有电流通过人体是触电对人体伤害的最根本原因，流过人体的电流越大，人体受到的伤害越严重。触电对人体伤害程度的具体相关因素如下：

① **人体电阻的大小**。人体是一种有一定阻值的导电体，其电阻大小不是固定的，当人体皮肤干燥时阻值较大（10 ~ 100kΩ）；当皮肤出汗或破损时阻值较小（800 ~ 1 000Ω）；另外，当接触带电体的面积大、接触紧密时，人体电阻也会减小。在接触大小相同的电压时，人体电阻越小，流过人体的电流就越大，触电对人体的伤害就越严重。

② **触电电压的大小**。当人体触电时，接触的电压越高，流过人体的电流就越大，对人体伤害就更严重。一般规定，在正常的环境下安全电压为 36V，在潮湿场所的安全电压为 24V和 12V。

③ **触电的时间**。如果触电后长时间未能脱离带电体，电流长时间流过人体会造成严重的伤害。

此外，即使相同大小的电流，流过人体的部位不同，对人体造成的伤害也不同。电流流过心脏和大脑时，对人体危害最大，所以双手之间、头足之间和手脚之间的触电更为危险。

1.3.2 人体触电的几种方式

人体触电的方式主要有单相触电、两相触电和跨步触电。

1．单相触电

单相触电是指人体只接触一根相线时发生的触电。单相触电又分为电源中性点接地触电

和电源中性点不接地触电。

（1）电源中性点接地触电方式

电源中性点接地触电方式如图 1-18 所示。**电源中性点接地触电是在电力变压器低压侧中性点接地的情况下发生的。**

电力变压器的低压侧有三个绕组，它们的一端接在一起并且与大地相连，这个连接点称为中性点。每个绕组上

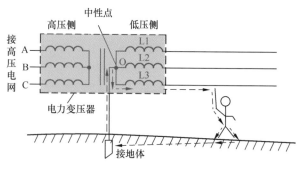

图 1-18　电源中性点接地触电方式

有 220V 电压，每个绕组在中性点另一端接出一根相线，每根相线与地面之间有 220V 的电压。当站在地面上的人体接触某一根相线时，就有电流流过人体，电流的途径：变压器低压侧 L3 相绕组的一端→相线→人体→大地→接地体→变压器中性点→L3 绕组的另一端，如图 1-18 中虚线所示。

该触电方式对人体的伤害程度与人体与地面的接触电阻有关。若赤脚站在地面上，人与地面的接触电阻小，流过人体的电流大，触电伤害大；若穿着胶底鞋，则伤害轻。

（2）电源中性点不接地触电方式

电源中性点不接地触电方式如图 1-19 所示。**电源中性点不接地触电是在电力变压器低压侧中性点不接地的情况下发生的。**

电力变压器低压侧的三个绕组中性点未接地，任意两根相线之间有 380V 的电压（该电压是由两个绕组上的电压串联叠加而得到的）。当站在地面上的人体接触某一根相线时，就有电流流过人体，电流的途径：L3 相线→人体→大地，再分为两路，一路经电气设备与地之间的

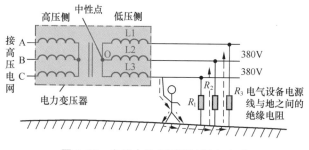

图 1-19　电源中性点不接地触电方式

绝缘电阻 R_2 流到 L2 相线，另一路经 R_3 流到 L1 相线。该触电方式对人体的伤害程度除了与人体和地面的接触电阻有关外，还与电气设备电源线和地之间的绝缘电阻有关。若电气设备绝缘性能良好，一般不会发生短路；若电气设备严重漏电或某相线与地短路，则加在人体上的电压将达到 380V，从而导致严重的触电事故。

2. 两相触电

两相触电是指人体同时接触两根相线时发生的触电。

两相触电如图 1-20 所示。当人体同时接触两根相线时，由于两根相线之间有 380V 的电压，有电流流过人体，电流途径：一根相线→人体→另一根相线。由于加到人体的电压有 380V，因此流过人体的电流很大，在这种情况下，即使触电者穿着绝缘鞋或站在绝缘台上，也起不了保护作用，因此两相触电对人体是很危险的。

3. 跨步触电

当电线或电气设备与地发生漏电或短路时，有电流向大地泄漏扩散，在电流泄漏点周围会产生电压降，当人体在该区域行走时会发生触电，这种触电称为跨步触电。

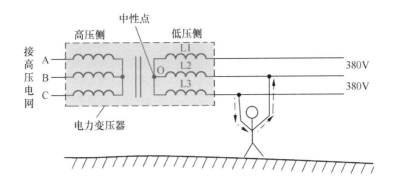

图 1-20　两相触电

　　跨步触电如图 1-21 所示。图 1-21 中的一根相线掉到地面上，导线上的电压直接加到地面，以导线落地点为中心，导线上的电流向大地四周扩散，同时随着远离导线落地点，地面的电压也逐渐下降，距离落地点越远，电压越低。当人在导线落地点周围行走时，由于两只脚的着地点与导线落地点的距离不同，这两点电压也不同，图 1-21 中 A 点与 B 点的电压不同，它们存在着电压差，如 A 点电压为 110V，B 点电压为 60V，那么两只脚之间的电压差为50V，该电压使电流流过两只脚，从而导致人体触电。

　　一般来说，低压电路中，在距离电流泄漏点 1m 范围内，电压约有 60% 的降低；在 2～10m 范围内，约有 24% 的降低；在 11～20m 范围内，约有 8% 的降低；在 20m 以外电压就很低，通常不会发生跨步触电。

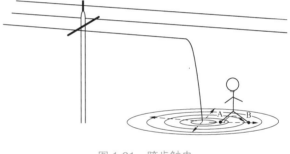

图 1-21　跨步触电

　　根据跨步触电原理可知，只有两只脚的距离小才能让两只脚之间的电压小，才能减轻跨步触电的危害，所以当不小心进入跨步触电区域时，不要急于迈大步跑出来，而是迈小步或单足跳出。

1.3.3　接地与接零

　　电气设备在使用过程中，可能会出现绝缘层损坏、老化或导线短路等现象，这样会使电气设备的外壳带电，如果人不小心接触外壳，就会发生触电事故。解决这个问题的方法就是将电气设备的外壳接地或接零。

　　1. 接地

　　接地是指将电气设备的金属外壳或金属支架直接与大地连接。

　　接地如图 1-22 所示。为了防止电动机外壳带电而引起触电事故，对电动机进行接地，即用一根接地线将电动机的外壳与埋入地下的接地装置连接起来。当电动机内部绕组与外壳漏电或短路时，外壳会带电，将电动机外壳进行接地后，外壳上的电会沿接地线、接地装置向大地泄放，在这种情况下，即使人体接触电动机外壳，也会由于人体电阻远大于接地线与接地装置的接地电阻（接地电阻通常小于 4Ω），外壳上电流绝大多数从接地装置泄入大地，而

沿人体进入大地的电流很小，不会对
人体造成伤害。

2. 接零

接零是指将电气设备的金属外壳
或金属支架等与中性线连接起来。

接零如图 1-23 所示。变压器低
压侧的中性点引出线称为中性线，中
性线一方面与接地装置连接，另一方
面和三根相线一起向用户供电。由于
这种供电方式采用一根中性线和三根
相线，因此称为三相四线制供电。为

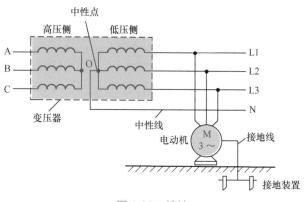

图 1-22　接地

了防止电动机外壳带电，除了可以将外壳直接与大地连接外，也可以将外壳与中性线连接，
当电动机某绕组与外壳短路或漏电时，外壳与绕组间的绝缘电阻下降，会有电流从变压器某
相绕组→相线→漏电或短路的电动机绕组→外壳→中性线→中性点，最后到相线的另一端。

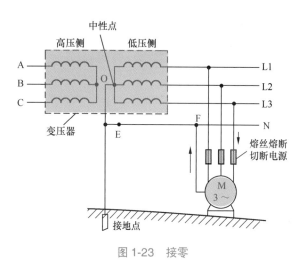

图 1-23　接零

该电流使电动机串接的熔断器熔断，从
而保护电动机内部绕组，防止故障范围
扩大。在这种情况下，即使熔断器未能
及时熔断，也会由于电动机外壳通过中
性线接地，外壳上的电压很低，因此人
体接触外壳不会产生触电伤害。

对电气设备进行接零，在电气设备
出现短路或漏电时，会让电气设备呈现
单相短路，可以让保护装置迅速动作而
切断电源。另外，通过将中性线接地，
可以拉低电气设备外壳的电压，从而避
免人体接触外壳时造成触电伤害。

3. 重复接地

重复接地是指在中性线上多处进行接地。重复接地如图 1-24 所示，从图中可以看出，中
性线除了将中性点接地外，还在 H 点进行了接地。

在中性线上重复接地有以下优点：

① 有利于减小中性线与地之间的电阻。中性线与地之间的电阻主要由中性线自身的电阻
决定，中性线越长，电阻越大，这样距离接地点越远的位置，中性线上的电压越高。图 1-24
中的 F 点距离接地点较远，如果未重复接地（H 点未接地），F 点与接地点之间的电阻较大，
当电动机的绕组与外壳短路或漏电时，因为外壳与接地点之间的电阻大，所以电动机外壳上
仍有较高的电压，人体接触外壳就有触电的危险。采用重复接地（在 H 点也接地）后，由于
中性线两处接地，可以减小中性线与地之间的电阻，在电气设备漏电时，可以使电气设备外
壳和中性线的电压很低，不至于发生触电事故。

② 当中性线开路时，可以降低中性线电压和避免烧坏单相电气设备。在图 1-25 所示的
电气线路中，如果中性线在 E 点开路，若 H 点又未接地，此时若电动机 A 的某绕组与外壳短

路,这里假设与L3相线连接的绕组与外壳短路,那么L3相线上的电压通过电动机A上的绕组、外壳加到中性线上,中性线上的电压大小就与L3相线上的电压一样。由于每根相线与地之间的电压为220V,因而中性线上也有220V的电压,而中性线又与电动机B外壳相连,所以电动机A和电动机B的外壳都有220V的电压,人体接触电动机A或电动机B的外壳时都会发生触电。另外,并接在相线L2与中性线之间的灯泡两端有380V的电压(灯泡相当于接在相线L2、L3之间),由于正常工作时灯泡两端电压为220V,而现在由于L3相线与中性线短路,灯泡两端电压变成380V,灯泡就会烧坏。如果采用重复接地,在中性线H点位置也接地,则即使E点开路,依靠H点的接地也可以将中性线电压拉低,从而避免上述情况的发生。

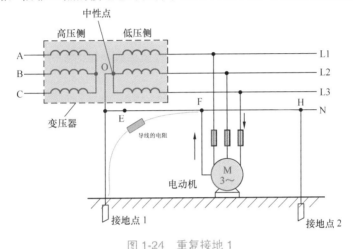

图1-24 重复接地1

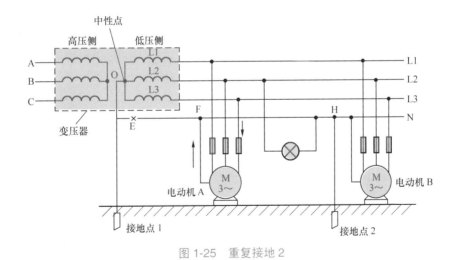

图1-25 重复接地2

1.3.4 触电的急救方法

当发现人体触电后,第一步是让触电者迅速脱离电源,第二步是对触电者进行现场救护。

1. 让触电者迅速脱离电源

让触电者迅速脱离电源可采用以下方法。

① **切断电源**。例如，断开电源开关、拔下电源插头或瓷插熔断器等，对于单极电源开关，断开一根导线不能确保一定切断了电源，故尽量切断双极开关（如刀开关、双极空气开关）。

② **用带有绝缘柄的利器切断电源线**。如果触电现场无法直接切断电源，可用带有绝缘手柄的钢丝钳或带干燥木柄的斧头、铁锹等利器将电源线切断，切断时应防止带电导线断落触及周围的人体，不要同时切断两根线，以免两根线通过利器直接短路。

③ **用绝缘物使导线与触电者脱离**。常见的绝缘物有干燥的木棒、竹竿、塑料硬管和绝缘绳等，用绝缘物挑开或拉开触电者接触的导线。

④ **拉拽触电者衣服，使之与导线脱离**。拉拽时，可戴上手套或在手上包缠干燥的衣服、围巾、帽子等绝缘物拖拽触电者，使之脱离电源。若触电者的衣裤是干燥的，又没有紧缠在身上，可直接用一只手抓住触电者不贴身的衣裤，将触电者拉离电源。拖拽时切勿触及触电者的皮肤。另外，还可以站在干燥的木板、木桌椅或橡胶垫等绝缘物品上，用一只手把触电者拉离电源。

2. 现场救护

触电者脱离电源后，应先就地进行救护，同时通知医院并做好将触电者送往医院的准备工作。

在现场救护时，根据触电者受伤害的轻重程度，可采取以下救护措施。

（1）对于未失去知觉的触电者

如果触电者所受的伤害不太严重，神志尚清醒，只是心悸、头晕、出冷汗、恶心、呕吐、四肢发麻、全身乏力，甚至一度昏迷，但未失去知觉，则应让触电者在通风暖和的地方静卧休息，并派人严密观察，同时请医生前来或送往医院诊治。

（2）对于已失去知觉的触电者

如果触电者已失去知觉，但呼吸和心跳尚正常，则应使其舒适地平卧着，解开衣服以利呼吸，四周不要围人，保持空气流通，冷天应注意保暖，同时立即请医生前来或送往医院诊治。若发现触电者呼吸困难或心跳失常，应立即施行人工呼吸或胸外心脏按压。

（3）对于"假死"的触电者

触电者"假死"可能有三种临床症状：一是心跳停止，但尚能呼吸；二是呼吸停止，但心跳尚存（脉搏很弱）；三是呼吸和心跳均已停止。

当判定触电者呼吸和心跳停止时，应立即按心肺复苏法就地抢救，并立即请医生前来。心肺复苏法就是支持生命的三项基本措施：通畅气道；口对口（鼻）人工呼吸；胸外心脏按压（人工循环）。

Chapter 2

第2章
家装水电工常用工具及使用 ....

2.1 常用电工工具及使用

2.1.1 螺钉旋具

螺钉旋具又称起子、改锥、螺丝刀等,它是一种用来旋动螺钉的工具。

1. 分类和规格

根据头部形状不同,螺钉旋具可分为一字形(又称平口形)螺钉旋具和十字形(又称梅花形)螺钉旋具,如图 2-1 所示;根据手柄的材料和结构不同,螺钉旋具可分为木柄螺钉旋具和塑料柄螺钉旋具。根据手柄以外的刀体长度不同,螺钉旋具可分为 100mm、150mm、200mm、300mm 和 400mm 等多种规格。在转动螺钉时,应选用合适规格的螺钉旋具,如果用小规格的螺钉旋具旋转大号螺钉,容易旋坏螺钉旋具。

2. 螺钉旋具的使用方法与技巧

螺钉旋具的使用方法与技巧如下。

① 在旋转大螺钉时使用大螺钉旋具,用大拇指、食指和中指握住手柄,手掌要顶住手柄的末端,以防螺钉旋具转动时滑脱,如图 2-2(a)所示。

② 在旋转小螺钉时,用拇指和中指握住手柄,而用食指顶住手柄的末端,如图 2-2(b)所示。

③ 使用较长的螺钉旋具时,可用右手顶住并转动手柄,左手握住螺钉旋具中间部分,用来稳定螺钉旋具以防滑落。

④ 在旋转螺钉时,一般顺时针旋转螺钉旋具可紧固螺钉,逆时针为旋松螺钉,少数螺钉恰好相反。

⑤ 在带电操作时,应让手与螺钉旋具的金属部位保持绝缘,避免发生触电事故。

图 2-1 十字形和一字形螺钉旋具

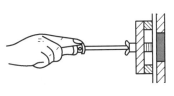

(a)旋拧大螺钉　　　　(b)旋拧小螺钉

图 2-2 螺钉旋具的使用

2.1.2 管钳

1. 外形与结构

管钳又称管子钳，是一种用来旋拧圆柱形管子或管件的管道安装与维修工具。管钳外形及结构说明如图 2-3 所示。

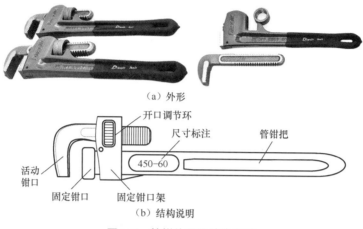

（a）外形

开口调节环
尺寸标注
管钳把
活动钳口
450-60
固定钳口
固定钳口架

（b）结构说明

图 2-3　管钳外形及结构说明

2. 规格

管钳的主要参数有钳子的长度和可夹持的最大管子外径。管钳的常用规格如表 2-1 所示。

表2-1　管钳的常用规格

长度	in（英寸）	6	8	10	12	14	18	24	36	48
	mm	150	200	250	300	350	450	600	900	1200
可夹持的最大管子外径/mm		20	25	30	40	50	60	70	80	100

3. 使用

管件的使用如图 2-4 所示。

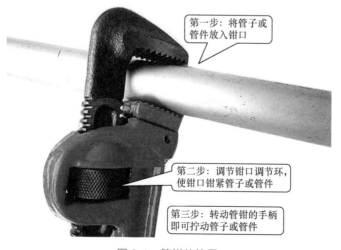

第一步：将管子或管件放入钳口

第二步：调节钳口调节环，使钳口钳紧管子或管件

第三步：转动管钳的手柄即可拧动管子或管件

图 2-4　管钳的使用

4.其他类型的管钳

图 2-5 为水泵钳，较管钳轻巧，也可以旋拧圆柱形管子或管件，特别适合住宅水电安装维修。水泵钳的使用如图 2-6 所示。

图 2-5　水泵钳

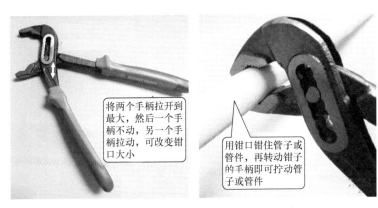

图 2-6　水泵钳的使用

2.1.3　玻璃胶及胶枪的使用

1.玻璃胶

玻璃胶又称硅酮胶，简称硅胶，其状类似软膏，一旦接触空气中的水分就会固化成一种坚韧的橡胶类固体。**玻璃胶主要用于玻璃、陶瓷、金属和木材等材料的黏结和密封，在家装领域广泛使用。**玻璃胶一般灌装在密闭的圆筒内，如图 2-7 所示，在使用时先割胶筒前端的胶头，然后在胶头上安装长长的胶嘴，再将胶筒安装到胶枪上，胶枪从胶筒底部挤压，玻璃胶会从胶嘴流出。

图 2-7　玻璃胶

2.玻璃胶胶枪的使用

玻璃胶胶枪的功能是将胶筒内的玻璃胶挤压出来。玻璃胶胶枪的外形如图 2-8 所示。玻璃胶胶枪的使用如图 2-9 所示。

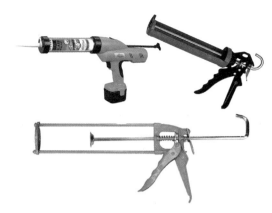

图 2-8 玻璃胶胶枪的外形

压下弹片，拉起压杆

装入胶筒

（a）拉起压杆装入胶筒

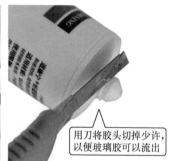

压下压杆，使压杆的圆形压片进入胶筒底部并压紧

用刀将胶头切掉少许，以便玻璃胶可以流出

（b）压下压杆再将胶头切掉少许

用刀以 45°角将胶嘴切掉少许

（c）以 45°角将胶嘴切掉少许

图 2-9 玻璃胶胶枪的使用

将胶嘴拧到胶头上

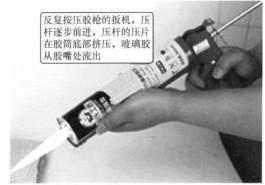
反复按压胶枪的扳机，压杆逐步前进，压杆的压片在胶筒底部挤压，玻璃胶从胶嘴处流出

（d）反复按压胶枪的扳机即可开始打胶

（e）打胶

图 2-9　玻璃胶胶枪的使用（续）

2.2 常用电动工具及使用

2.2.1　冲击电钻

1. 外形

冲击电钻简称电钻、冲击钻，是一种用来在物体上钻孔的电动工具，可以在砖、混凝土等脆性材料上钻孔。冲击电钻的外形如图 2-10 所示。

2. 外部结构

冲击电钻是利用电动机驱动各种钻头旋转来对物体进行钻孔的。冲击电钻的各部分名称如图 2-11 所示。

图 2-10　冲击电钻的外形

冲击电钻有普通（平钻）和冲击两种钻孔方式，用普通 / 冲击转换开关可进行两种方式的转换；冲击电钻可以使用正 / 反转切换开关来控制钻头正、反向旋转，如果将钻头换成了螺钉

旋具时，可以旋进或旋出螺钉；转速调节旋钮的功能是调节钻头的转速；钻/停开关用于开始和停止钻头的工作，按下时钻头旋转，松开时钻头停转；如果希望松开钻/停开关后钻夹头仍旋转，可在按下开关时再按下自锁按钮，将钻/停开关锁定；钻头夹的功能是安装并夹紧钻头；助力把手的功能是在钻孔时便于把持电钻和用力；深度尺用来确定钻孔深度，可防止钻孔过深。

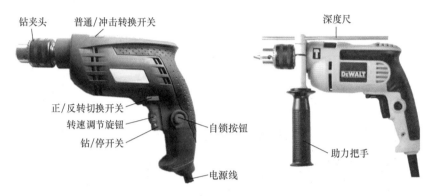

图 2-11　冲击电钻的各部分名称

3. 使用

在使用冲击电钻时，先要做好以下工作。

① 检查冲击电钻使用的电源电压是否与供电电压一致，严禁 220V 的冲击电钻使用 380V 的电压。

② 检查冲击电钻空转是否正常。给冲击电钻通电，使之空转一段时间，观察转动时是否有异常的情况（如声音不正常）。

（1）安装钻头、助力把手和深度尺

钻头、助力把手和深度尺的安装如图 2-12 所示。

（a）旋松钻夹头

（b）插入钻头

（c）用配套的钥匙扳手旋紧钻夹头

（d）套入助力把手

（e）在助力把手上安装深度尺

图 2-12　钻头、助力把手和深度尺的安装

（2）用冲击钻头在墙壁上钻孔

在墙上钻孔要用到冲击钻头，如图 2-13 所示，其钻头部分主要由硬质合金（如钨钢合金）构成。用冲击钻头在墙壁上钻孔如图 2-14 所示，在钻孔时，冲击电钻要选择"冲击"方式，操作时手顺着冲击方向稍微用力即可，不要像使用电锤一样用力压，以免损坏钻头和冲击电钻。

（a）安装冲击钻头　　　　　　　（b）在墙壁上钻孔

图 2-13　冲击钻头　　　　　　　图 2-14　用冲击钻头在墙壁上钻孔

使用冲击钻头不但可以在墙壁上钻孔，而且可以在混凝土地基、花岗石上进行钻孔，以便在孔中安装膨胀螺栓、膨胀管等紧固件。

（3）用批头在墙壁安装螺钉

在家装时经常需要在墙壁上安装螺钉，以便悬挂一些物件（如壁灯等）。在墙壁安装螺钉时，先用冲击电钻在墙壁上钻孔，再往孔内敲入膨胀螺栓或膨胀管（见图 2-15），然后往膨胀管内旋入螺钉。旋拧螺钉既可以使用普通的螺钉旋具，又可以给冲击电钻安装旋拧螺钉的批头，如图 2-16 所示，让冲击电钻带动批头来旋拧螺钉。

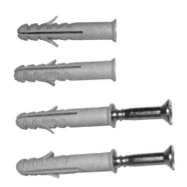

图 2-15　膨胀管（安装螺钉用）　　　　图 2-16　旋转螺钉的批头（冲击电钻用）

用冲击电钻在墙壁安装螺钉的过程如图 2-17 所示。在用冲击电钻的批头旋拧螺钉时，应将冲击电钻的转速调慢，如果要旋出螺钉，可将旋转方向调为反向。

（4）用麻花钻头在木头、塑料和金属上钻孔

麻花钻头因形似麻花而得名，其外形如图 2-18 所示，麻花钻头适合在木头、塑料和金属上钻孔。在冲击电钻上安装麻花钻头如图 2-19 所示。用麻花钻头在木头、塑料和金属上钻孔如图 2-20 所示，在钻孔时，冲击电钻要选择"普通"钻孔方式。

（a）往墙壁孔内敲入膨胀管　　（b）给电钻安装批头　　（c）用批头往膨胀管内旋拧螺钉

图 2-17　用冲击电钻在墙壁安装螺钉的过程

图 2-18　麻花钻头　　　　　　　　图 2-19　在冲击电钻上安装麻花钻头

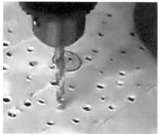

（a）在木头上钻孔　　　　（b）在塑料上钻孔　　　　（c）在金属上钻孔

图 2-20　用麻花钻头在木头、塑料和金属上钻孔

（5）用三角钻头在瓷砖上钻孔

三角钻头的外形如图 2-21 所示，三角钻头适合对陶瓷、玻璃、人造大理石等脆硬材料进行钻孔，其钻出来的孔洞边缘整齐无毛边，瓷砖边缘钻孔不崩边。用三角钻头在瓷砖上钻孔如图 2-22 所示。

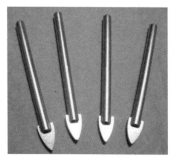
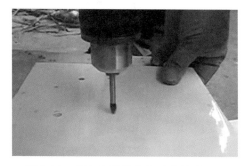

图 2-21　三角钻头的外形　　　　　图 2-22　用三角钻头在瓷砖上钻孔

（6）用冲击电钻切割打磨物体

如果给冲击电钻安装了切割打磨配件，就可以对物体进行切割打磨。冲击电钻常用的切割打磨配件如图 2-23 所示，其中包含金属切割片、陶瓷切割片、木材切割片、石材切割片、金属抛光片和连接件等。用冲击电钻切割打磨物体如图 2-24 所示。

图 2-23　冲击电钻常用的切割打磨配件

（a）切割木头　　　　　　　　（b）切割瓷砖　　　　　　　　（c）打磨金属

图 2-24　用冲击电钻切割打磨物体

（7）用开孔器钻大孔

用普通的钻头可以钻孔，但钻出的孔径比较小，如果希望在铝合金、薄钢板、木制品上开大孔，可以给冲击电钻安装开孔器。开孔器如图 2-25 所示，用开孔器在木材上开大孔如图 2-26 所示。

图 2-25　开孔器　　　　　　　　　　图 2-26　用开孔器在木材上开大孔

2.2.2　云石切割机

1. 外形

云石切割机简称云石机，是一种用来切割石材、瓷砖、砖瓦等硬质材料的工具，其外形如图 2-27 所示。

2. 外部结构

云石切割机外部各部分名称如图 2-28 所示。

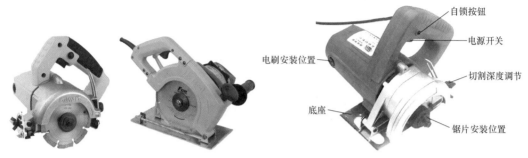

图 2-27 云石切割机

图 2-28 云石切割机外部各部分名称

3. 使用

（1）切割石材

在使用云石切割机切割石材（大理石、花岗岩和瓷砖等）时，需要给它安装石材切割片，如图 2-29 所示。用云石切割机切割石材如图 2-30 所示。

图 2-29 石材切割片

图 2-30 用云石切割机切割石材

（2）切割木材

在使用云石切割机切割木材时，需要给它安装木材切割片，如图 2-31 所示。用云石切割机切割木材如图 2-32 所示。

图 2-31 木材切割片

图 2-32 用云石切割机切割木材

（3）开槽

为了在墙面内敷设线管、安装接线盒和配电箱，家装电工需要在墙面上开槽，开槽常使用云石切割机。

在开槽时，先在开槽位置用粉笔把开槽宽度及边线确定下来，然后用云石切割机在开槽位置的边线进行切割，注意要切得深度一致、边缘整齐，最后用冲击电钻或电锤沿着云石切割机切割的宽度及深度把槽内的砖、水泥剔掉，如果要开的槽沟不宽，可不用冲击电钻或电锤，只需用云石切割机在槽内多次反复切割即可。

用云石切割机开槽如图 2-33 所示，在切割时，切割片与墙壁摩擦会有大量的热量产生，因此在切割时要用水淋在切割位置，这样既可以给切割片降温，又能减少切割时产生的灰尘，在开槽时如果遇上钢筋，不要切断钢筋，而要将钢筋往内打弯，如图 2-34 所示。

图 2-33　用云石切割机开槽

图 2-34　打弯槽沟内的钢筋

2.3　常用测试工具及使用

2.3.1　氖管式测电笔

测电笔又称试电笔、验电笔和低压验电器等，用来检验导线、电器和电气设备的金属外壳是否带电。氖管式测电笔是一种常用的测电笔，测试时根据内部的氖管是否发光来确定被测物体是否带电。

1. 外形、结构与工作原理

（1）外形与结构

氖管式测电笔主要有笔式和螺钉旋具式两种形式，其外形与结构如图 2-35 所示。

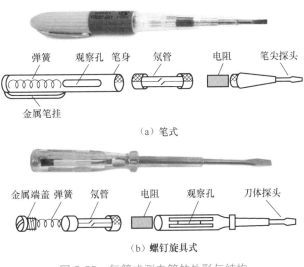

图 2-35　氖管式测电笔的外形与结构

27

（2）工作原理

在检验带电体是否带电时，将氖管式测电笔探头接触带电体，手接触氖管式测电笔的金属笔挂（或金属端盖），如果带电体的电压达到一定值（交流或直流 60V 以上），带电体的电压通过氖管式测电笔的探头、电阻到达氖管，氖管发出红光，通过氖管的微弱电流再经弹簧、金属笔挂（或金属端盖）、人体到达大地。

在握持氖管式测电笔验电时，手一定要接触氖管式测电笔尾端的金属笔挂（或金属端盖），氖管式测电笔的正确握持方法如图 2-36 所示，以让氖管式测电笔通过人体到大地形成电流回路，否则氖管式测电笔氖管不亮。普通氖管式测电笔可以检验 60 ～ 500V 范围内的电压，在该范围内，电压越高，氖管式测电笔氖管越亮，低于 60V，氖管不亮，为了安全起见，不要用普通氖管式测电笔检测高于 500V 的电压。

2. 用途

在使用氖管式测电笔前，应先检查一下氖管式测电笔是否正常，即用氖管式测电笔测量带电线路，如果氖管能正常发光，表明氖管式测电笔正常。

氖管式测电笔的主要用途如下。

① **判断电压的有无**。在测试被测物时，如果氖管式测电笔氖的管发亮，表示被测物有电压存在，且电压不低于 60V。用氖管式测电笔测试电动机、变压器、电动工具、洗衣机和电冰箱等电气设备的金属外壳时，如果氖管发亮，说明该设备的外壳已带电（电源相线与外壳之间出现短路或漏电）。

② **判断电压的高低**。在测试时，被测电压越高，氖管发出的光线越亮，有经验的人可以根据光线强弱判断出大致的电压范围。

③ **判断相线（火线）和中性线（地线）**。氖管式测电笔测相线时氖管会亮，而测中性线时氖管不亮。

④ **判断交流电和直流电**。在用氖管式测电笔测试带电体时，如果氖管的两个电极同时发光，说明所测为交流电，如果氖管的两个电极中只有一个电极发光，则所测为直流电。

⑤ **判断直流电的正、负极**。将氖管式测电笔连接在直流电的正、负极之间，如图 2-37 所示，即氖管式测电笔的探头接直流电的一个极，金属笔挂（或金属端盖）接另一个极，氖管发光的一端则为直流电的负极。

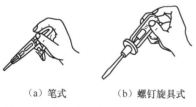

（a）笔式　　　　（b）螺钉旋具式

图 2-36　氖管式测电笔的正确握持方法

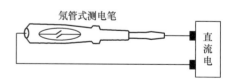

图 2-37　用氖管式测电笔判断直流电的正、负极

2.3.2　数显式测电笔

数显式测电笔又称感应式测电笔，它不但可以测试物体是否带电，而且能显示出大致的电压范围，另外有些数显式测电笔可以检验出绝缘导线的断线位置。

1. 外形

数显式测电笔的外形与各部分名称如图 2-38 所示。图 2-38（b）所示的数显式测电笔上标有"12-240V AC.DC"，表示该测电笔可以测量 12 ~ 240V 范围内的交流或直流电压，测电笔上的两个按键均为金属材料，测量时手应按住按键不放，以形成电流回路，通常直接测量按键距离显示屏较远，而感应测量按键距离显示屏较近。

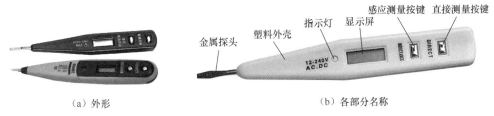

（a）外形　　　　　　　　　　　　　　　（b）各部分名称

图 2-38　数显式测电笔的外形与各部分名称

2. 使用

（1）直接测量法

直接测量法是指将数显式测电笔的金属探头直接接触被测物来判断是否带电的测量方法。

在使用直接测量法时，将数显式测电笔的金属探头接触被测物，同时用手按住直接测量按键（DIRECT）不放，如果被测物带电，数显式测电笔上的指示灯会变亮，同时显示屏显示所测电压的大致值，一些数显式测电笔可显示 12V、36V、55V、110V 和 220V 五段电压值，显示屏最后的显示数值为所测电压值（未至高端显示值的 70% 时，显示低端值），如数显式测电笔的最后显示值为 110V，实际电压可能为 77 ~ 154V。

（2）感应测量法

感应测量法是指将数显式测电笔的金属探头接近但不接触被测物，利用电压感应来判断被测物是否带电的测量方法。

在使用感应测量法时，将数显式测电笔的金属探头靠近但不接触被测物，同时用手按住感应测量按键（INDUCTANCE），如果被测物带电，数显式测电笔上的指示灯会变亮，同时显示屏有高压符号显示。

感应测量法非常适合用来判断绝缘导线内部断线位置。在测试时，手按住数显式测电笔的感应测量按键，将数显式测电笔的金属探头接触导线绝缘层，如果指示灯亮，表示当前位置的内部芯线带电，如图 2-39（a）所示，然后保持金属探头接触导线的绝缘层，并往远离供电端的方向移动，当指示灯突然熄灭、高压符号消失，表明当前位置存在断线，如图 2-39（b）所示。

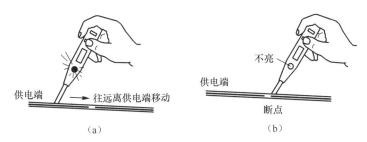

（a）　　　　　　　　　　　　　　　（b）

图 2-39　利用感应测量法找出绝缘导线的断线位置

利用感应测量法可以找出绝缘导线的断线位置，也可以对绝缘导线进行相线、中性线判断，还可以检查微波辐射及泄漏情况。

2.3.3 校验灯

1. 制作

校验灯是用灯泡连接两根导线制作而成的，校验灯的制作如图2-40所示。校验灯使用额定电压为220V、功率在15～200W的灯泡，导线用单芯线，并将芯线的头部弯折成钩状，既可以碰触线路，又可以钩住线路。

2. 使用举例

（1）举例一

校验灯的使用如图2-41所示。在使用校验灯时，断开相线上的熔断器，将校验灯串在熔断器位置，并将支路的S_1、S_2、S_3开关都断开，可能会出现以下情况。

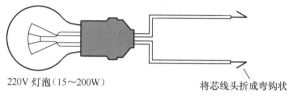

220V 灯泡（15～200W）　　　　将芯线头折成弯钩状

图2-40　校验灯的制作

① 校验灯不亮，说明校验灯之后的线路无短路故障。

② 校验灯很亮（亮度与直接接在220V电压一样），说明校验灯之后的线路出现相线与中性线短路，校验灯两端有220V电压。

③ 校验灯不亮，如果将某支路的开关闭合（如闭合S_1），校验灯会亮，但亮度较暗，说明该支路正常，校验灯亮度暗是因为校验灯与该支路的灯泡串联起来接在220V之间，校验灯两端的电压低于220V。

④ 校验灯不亮，如果将某支路的开关闭合（如闭合S_1），如果校验灯很亮，说明该支路出现短路（灯泡L_1短路），校验灯两端有220V电压。

当校验灯与其他电路串联时，其他电路功率越大，该电路的等效电阻会越小，校验灯两端的电压越高，灯泡会亮一些，如校验灯分别与100W和200W的灯泡串联，在与200W灯泡串联时校验灯会更亮一些。

（2）举例二

校验灯还可以按图2-42所示方法使用，如果开关S_3置于接通位置时灯泡L_3不亮，可能是开关S_3或灯泡L_3开路，为了判断到底是哪一个损坏，可将S_3置于接通位置，然后将校验灯并接在S_3两端，如果校验灯和灯泡L_3都亮，则说明开关S_3已开路；如果校验灯不亮，则为灯泡L_3开路损坏。

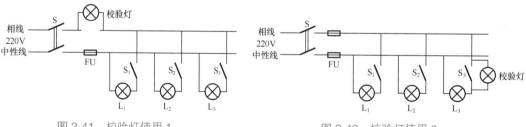

图2-41　校验灯使用1　　　　　　　　　图2-42　校验灯使用2

第3章
住宅配电电器与电能表 ....

Chapter 3

3.1 刀开关与熔断器

3.1.1 刀开关

刀开关又称为开启式负荷开关、瓷底胶盖刀开关，简称闸刀开关。它可分为单相刀开关和三相刀开关，它的外形、结构与符号如图 3-1 所示。刀开关除了能接通、断开电源外，其内部一般会安装熔丝，因此还能起过流保护作用。

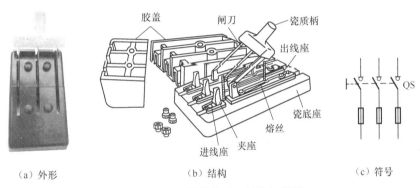

图 3-1　刀开关的外形、结构与符号

刀开关需要垂直安装，进线装在上方，出线装在下方，进出线不能接反，以免触电。由于刀开关没有灭电弧装置（闸刀接通或断开时产生的电火花称为电弧），因此不能用作大容量负载的通断控制。刀开关一般用在照明电路中，也可以用作非频繁启动/停止的小容量电动机控制。

刀开关的型号含义说明如图 3-2 所示。

图 3-2　刀开关的型号含义说明

3.1.2 熔断器

RC 插入式熔断器主要用于电压在 380V 及以下、电流在 5 ~ 200A 范围内的电路中，如照明电路和小容量的电动机电路中。

图 3-3 所示是一种常见的 RC 插入式熔断器。这种熔断器用在额定电流在 30A 以下的电路中时，熔丝一般采用铅锡丝；当用在电流为 30 ~ 100A 的电路中时，熔丝一般采用铜丝；

31

当用在电流达 100A 以上的电路中时，一般用变截面的铜片作为熔丝。

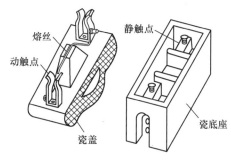

图 3-3　RC 插入式熔断器

3.2　断路器

　　断路器又称为自动开关或空气开关，它既能对电路进行不频繁的通断控制，又能在电路出现过载、短路和欠电压（电压过低）时自动掉闸（即自动切断电路），因此它既是一个开关电器，又是一个保护电器。

3.2.1　外形与符号

　　断路器种类较多，图 3-4（a）是一些常用的塑料外壳式断路器，断路器的电路符号如图 3-4（b）所示，从左至右依次为单极（1P）、两极（2P）和三极（3P）断路器。在断路器上标有额定电压、额定电流和工作频率等内容。

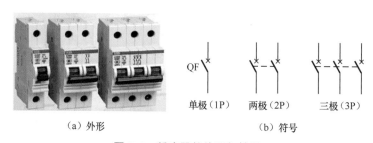

（a）外形　　　　　　　　　　　（b）符号

图 3-4　断路器的外形与符号

3.2.2　结构与工作原理

　　断路器的典型结构如图 3-5 所示。该断路器是一个三相断路器，内部主要由主触点、反力弹簧、搭钩、杠杆、电磁脱扣器、热脱扣和欠电压脱扣器等组成。该断路器可以实现过电流、过热和欠电压保护功能。

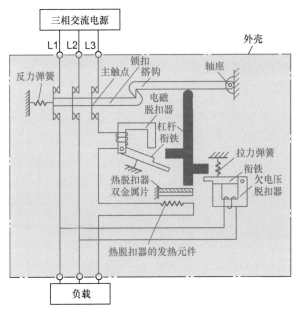

图 3-5　断路器的典型结构

（1）过电流保护

三相交流电源经断路器的三个主触点和三条线路为负载提供三相交流电，其中一条线路中串接了电磁脱扣器线圈和发热元件。当负载有严重短路时，流过线路的电流很大，流过电磁脱扣器线圈的电流也很大，线圈产生很强的磁场并通过铁芯吸引衔铁，衔铁动作，带动杠杆上移，两个搭钩脱离，依靠反力弹簧的作用，三个主触点的动、静触点断开，从而切断电源以保护短路的负载。

（2）过热保护

如果负载没有短路，但若长时间超负荷运行，负载比较容易损坏。虽然在这种情况下电流也较正常时大，但还不足以使电磁脱扣器动作，断路器的热保护装置可以解决这个问题。若负载长时间超负荷运行，则流过发热元件的电流长时间偏大，发热元件温度升高，它加热附近的双金属片（热脱扣器），其中上面的金属片热膨胀小，双金属片受热后向上弯曲，推动杠杆上移，使两个搭钩脱离，三个主触点的动、静触点断开，从而切断电源。

（3）欠电压保护

如果电源电压过低，则断路器也能切断电源与负载的连接，进行保护。断路器的欠电压脱扣器线圈与两条电源线连接，当三相交流电源的电压很低时，两条电源线之间的电压也很低，流过欠电压脱扣器线圈的电流小，线圈产生的磁场弱，不足以吸引住衔铁，在拉力弹簧的拉力作用下，衔铁上移，并推动杠杆上移，两个搭钩脱离，三个主触点的动、静触点断开，从而断开电源与负载的连接。

3.2.3　面板标注参数的识读

（1）主要参数

断路器的主要参数有以下几个。

① 额定工作电压 U_e：是指在规定条件下断路器长期使用能承受的最高电压，一般指线电压。

② 额定绝缘电压 U_i：是指在规定条件下断路器绝缘材料能承受的最高电压，该电压一般较额定工作电压高。

③ 额定频率：是指断路器适用的交流电源频率。

④ 额定电流 I_n：是指在规定条件下断路器长期使用而不会脱扣跳闸的最大电流。流过断路器的电流超过额定电流，断路器会脱扣跳闸，电流越大，跳闸时间越短，如有的断路器电流为 $1.13I_n$ 时一小时内不会跳闸，当电流达到 $1.45I_n$ 时一小时内会跳闸，当电流达到 $10I_n$ 时会瞬间（小于0.1s）跳闸。

⑤ 瞬间脱扣整定电流：是指会引起断路器瞬间（<0.1s）脱扣跳闸的动作电流。

⑥ 额定温度：是指断路器长时间使用允许的最高环境温度。

⑦ 短路分断能力：它可分为极限短路分断能力（I_{cu}）和运行短路分断能力（I_{cs}），分别是指在极限条件下和运行时断路器触点能断开（触点不会产生熔焊、粘连等）所允许通过的最大电流。

（2）面板标注参数的识读

断路器面板上一般会标注重要的参数，在选用时要读懂这些参数的含义。断路器面板标注参数的识读如图3-6所示。

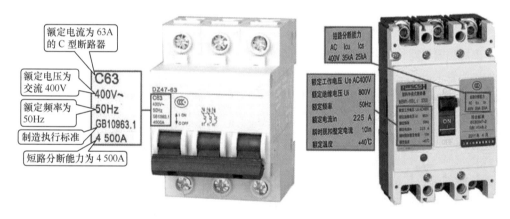

图 3-6　断路器面板标注参数的识读

3.2.4　断路器的检测

断路器检测通常使用万用表的电阻挡，检测过程如图3-7所示，具体分以下两步。

① 将断路器上的开关拨至"OFF（断开）"位置，然后将红、黑表笔分别接断路器一路触点的两个接线端子，正常电阻应为无穷大（数字万用表显示超出量程符号"1"或"OL"），如图3-7（a）所示，接着再用同样的方法测量其他路触点的接线端子间的电阻，正常电阻均应为无穷大，若某路触点的电阻为0或时大时小，则表明断路器的该路触点短路或接触不良。

② 将断路器上的开关拨至"ON（闭合）"位置，然后将红、黑表笔分别接断路器一路触点的两个接线端子，正常电阻应接近0Ω，如图3-7（b）所示，接着再用同样的方法测量其他

路触点的接线端子间的电阻，正常电阻均应接近 0Ω，若某路触点的电阻为无穷大或时大时小，则表明断路器的该路触点开路或接触不良。

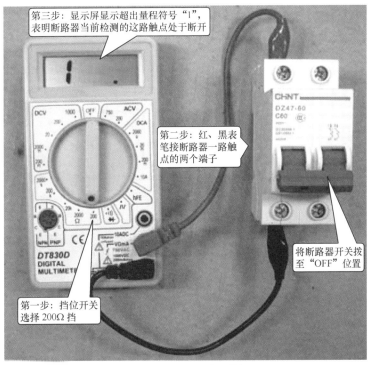

第三步：显示屏显示超出量程符号"1"，表明断路器当前检测的这路触点处于断开

第二步：红、黑表笔接断路器一路触点的两个端子

将断路器开关拨至"OFF"位置

第一步：挡位开关选择 200Ω 挡

（a）断路器开关处于"OFF"时

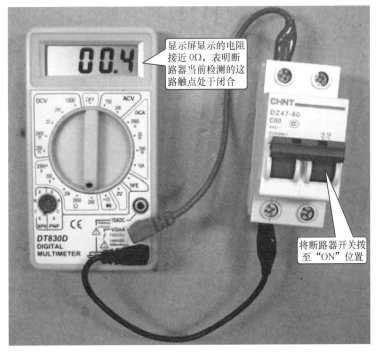

显示屏显示的电阻接近 0Ω，表明断路器当前检测的这路触点处于闭合

将断路器开关拨至"ON"位置

（b）断路器开关处于"ON"时

图 3-7　断路器的检测

3.3 漏电保护器

断路器具有过电流、过热和欠电压保护功能，但当用电设备绝缘性能下降而出现漏电时却无保护功能，这是因为漏电电流一般较短路电流小得多，不足以使断路器跳闸。**漏电保护器是一种具有断路器功能和漏电保护功能的电器，在线路出现过电流、过热、欠电压和漏电时，均会脱扣跳闸保护。**

3.3.1 外形与符号

漏电保护器又称漏电保护开关，英文缩写为 RCD，其外形和符号如图 3-8 所示。在图 3-8（a）中，左边的为单极漏电保护器，当后级电路出现漏电时，只切断一条 L 线路（N 线路始终是接通的），中间的为两极漏电保护器，漏电时切断两条线路，右边的为三相漏电保护器，漏电时切断三条线路。对于图 3-8（a）后面两种漏电保护器，其下方有两组接线端子，如果接左边的端子（需要拆下保护盖），则只能用到断路器功能，无漏电保护功能。

（a）外形   单极   两极   三极
（b）符号

图 3-8 漏电保护器的外形和符号

3.3.2 结构与工作原理

图 3-9 是漏电保护器的结构示意图。

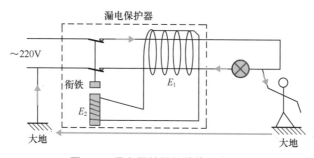

图 3-9 漏电保护器的结构示意图

工作原理说明：220V 的交流电压经漏电保护器内部的触点在输出端接负载（灯泡），在漏电保护器内部两根导线上缠有线圈 E_1，该线圈与铁芯上的线圈 E_2 连接，当人体没有接触导线时，流过两根导线的电流 I_1、I_2 大小相等，方向相反，它们产生大小相等、方向相反的磁场，这两个磁场相互抵消，穿过 E_1 线圈的磁场为 0，E_1 线圈不会产生电动势，衔铁不动作。一旦人体接触导线，如图 3-9 所示，一部分电流 I_3（漏电电流）会经人体直接到地，再通过大地回到电源的另一端，这样流过漏电保护器内部两根导线的电流 I_1、I_2 就不相等，它们产生的磁场也就不相等，不能完全抵消，即两根导线上的 E_1 线圈有磁场通过，线圈会产生电流，电流流入铁芯上的 E_2 线圈，E_2 线圈产生磁场吸引衔铁而脱扣跳闸，将触点断开，切断供电，触电的人就得到了保护。

为了在不漏电的情况下检验漏电保护器的漏电保护功能是否正常，漏电保护器一般设有"T"（测试）按钮，当按下该按钮时，L 线上的一部分电流通过按钮、电阻流到 N 线上，这样流过 E_1 线圈内部的两根导线的电流不相等（$I_2>I_1$），E_1 线圈产生电动势，有电流流过 E_2 线圈，动铁芯动作而脱扣跳闸，将内部触点断开。如果测试按钮无法闭合或电阻开路，测试时漏电保护器不会动作，但使用时发生漏电会动作。

3.3.3　在不同供电系统中的接线

漏电保护器在不同供电系统中的接线方法如图 3-10 所示。

图 3-10　漏电保护器在不同供电系统中的接线方法

图 3-10（a）是漏电保护器在 TT 供电系统中的接线方法。**TT 系统是指电源侧中性线直接接地，而电气设备的金属外壳直接接地。**

图 3-10（b）是漏电保护器在 TN-C 供电系统中的接线方法。**TN-C 系统是指电源侧中性**

线直接接地，而电气设备的金属外壳通过接中性线而接地。

图 3-10（c）漏电保护器在 TN-S 供电系统中的接线方法。**TN-S 系统**是指电源侧中性线和保护线都直接接地，整个系统的中性线和保护线是分开的。

图 3-10（d）漏电保护器在 TN-C-S 供电系统中的接线方法。**TN-C-S 系统**是指电源侧中性线直接接地，整个系统中有一部分中性线和保护线是合一的，而在末端是分开的。

3.3.4　面板介绍及漏电模拟测试

1.面板介绍

漏电保护器的面板介绍如图 3-11 所示，左边为断路器部分，右边为漏电保护部分，漏电保护部分的主要参数有漏电保护的动作电流和动作时间，对于人体来说，30mA 以下是安全电流，动作电流一般不要大于 30mA。

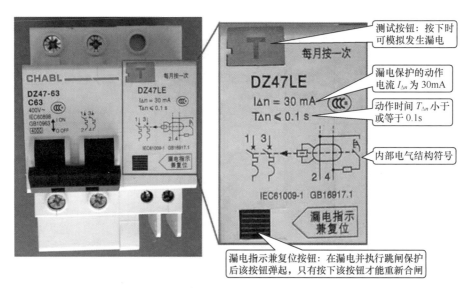

图 3-11　漏电保护器的面板介绍

2.漏电模拟测试

在使用漏电保护器时，先要对其进行漏电测试。漏电保护器的漏电测试操作如图 3-12 所示，具体操作如下。

① 按下漏电指示兼复位按钮（如果该按钮处于弹起状态），再将漏电保护器合闸（即开关拨至"ON"），漏电指示兼复位按钮处于弹起状态时无法合闸，然后将漏电保护器的输入端接交流电源，如图 3-12（a）所示。

② 按下测试按钮，模拟线路出现漏电，如果漏电保护器正常，则会跳闸，同时漏电指示兼复位按钮弹起，如图 3-12（b）所示。

当漏电保护器的漏电测试通过后才能投入使用，如果继续使用，则可能在线路出现漏电时无法执行漏电保护。

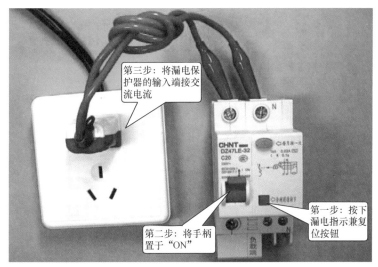

（a）测试准备

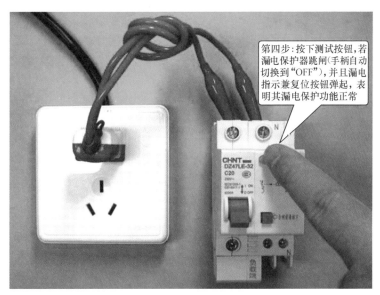

（b）开始测试

图 3-12　漏电保护器的漏电测试操作

3.3.5　检测

1. 输入输出端的通断检测

漏电保护器的输入输出端的通断检测与断路器基本相同，即将开关分别置于"ON"和"OFF"位置，分别测量输入端与对应输出端之间的电阻。

在检测时，先将漏电保护器的开关置于"ON"位置，用万用表测量输入与对应输出端之间的电阻，正常应接近 0Ω，如图 3-13 所示；再将开关置于"OFF"位置，测量输入与对应输出端之间的电阻，正常应为无穷大（数字万用表显示超出量程符号"1"或"OL"）。若检测与上述不符，则漏电保护器损坏。

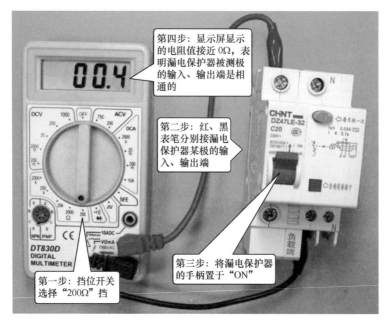

第四步：显示屏显示的电阻值接近0Ω，表明漏电保护器被测极的输入、输出端是相通的

第二步：红、黑表笔分别接漏电保护器某极的输入、输出端

第三步：将漏电保护器的手柄置于"ON"

第一步：挡位开关选择"200Ω"挡

图 3-13   漏电保护器输入输出端的通断检测

2. 漏电测试线路的检测

在按压漏电保护器的测试按钮进行漏电测试时，若漏电保护器无跳闸保护动作，可能是漏电测试线路故障，也可能是其他故障（如内部机械类故障），如果仅是内部漏电测试线路出现故障导致漏电测试不跳闸，这样的漏电保护器还可以继续使用，在实际线路出现漏电时仍会执行跳闸保护。

漏电保护器的漏电测试线路比较简单，它主要由一个测试按钮开关和一个电阻构成。漏电保护器的漏电测试线路检测如图 3-14 所示，如果按下测试按钮测得电阻为无穷大，则可能是按钮开关开路或电阻开路。

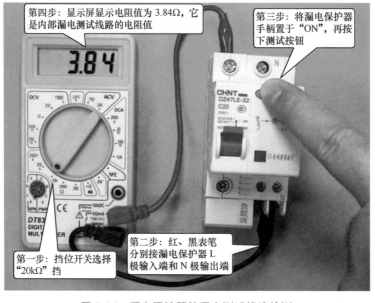

第四步：显示屏显示电阻值为 3.84Ω，它是内部漏电测试线路的电阻值

第三步：将漏电保护器手柄置于"ON"，再按下测试按钮

第一步：挡位开关选择"20kΩ"挡

第二步：红、黑表笔分别接漏电保护器 L极输入端和 N 极输出端

图 3-14   漏电保护器的漏电测试线路检测

3.4 电能表

电能表又称电度表、火表等，它是一种用来计算用电量（电能）的测量仪表。电能表可分为单相电能表和三相电能表，分别用在单相和三相交流电路中。

根据结构和原理不同，电能表可分为机械式电能表和电子式电能表。机械式电能表又称感应式电能表，它是利用电磁感应产生力矩来驱动计数机构对电能进行计量的。电子式电能表是利用电子电路驱动计数机构来对电能进行计量的。

3.4.1　机械式电能表的结构与原理

1. 单相机械式电能表

单相机械式电能表的外形及内部结构如图 3-15 所示。

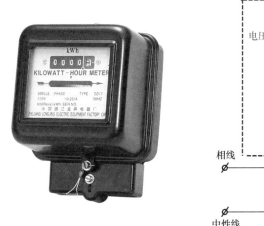
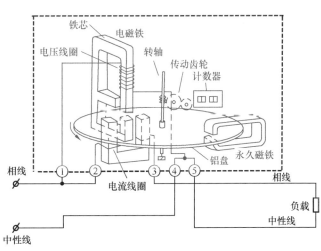

（a）外形　　　　　　　　　　　　　　　（b）内部结构

图 3-15　单相机械式电能表的外形及内部结构

从图 3-15（b）中可以看出，单相机械式电能表内部垂直方向有一个铁芯，铁芯中间夹有一个铝盘，铁芯上绕着线径小、匝数多的电压线圈，在铝盘的下方水平放置着一个铁芯，铁芯上绕有线径粗、匝数少的电流线圈。当电能表按图示的方法与电源及负载连接好后，电压线圈和电流线圈均有电流通过且都产生磁场，它们的磁场分别通过垂直和水平方向的铁芯作用于铝盘，铝盘受力转动，铝盘中央的转轴也随之转动，它通过传动齿轮驱动计数器计数。如果电源电压高、流向负载的电流大，两个线圈产生的磁场强，铝盘转速快，通过转轴、齿轮驱动计数器的计数速度快，计数出来的电量更多。永久磁铁的作用是让铝盘运转保持平衡。

2. 三相三线机械式电能表

三相三线机械式电能表的外形与内部结构如图 3-16 所示。从图 3-16 中可以看出，三相三线式电能表有两组与单相电能表一样的元件，这两组元件共用一根转轴、减速齿轮和计数器，在工作时，两组元件的铝盘共同带动转轴运转，通过齿轮驱动计数器进行计数。

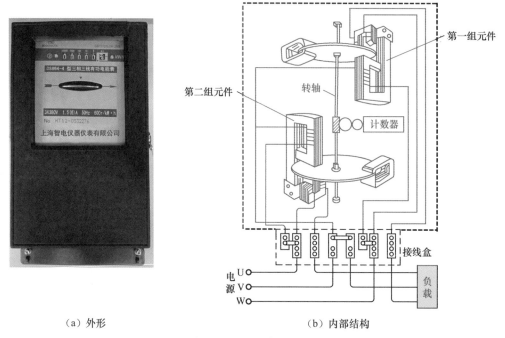

（a）外形　　　　　　　　　　　　　　（b）内部结构

图 3-16　三相三线式电能表的外形与内部结构

三相四线式电能表的结构与三相三线式电能表类似，但它内部有三组元件共同来驱动计数机构。

3.4.2　电能表的接线方式

电能表在使用时，要与线路正确连接才能正常工作，如果连接错误，轻则会出现电量计数错误，重则会烧坏电能表。在接线时，除了要注意一般的规律外，还要认真查看电能表接线说明图，并按照说明图来接线。

1. 单相电能表的接线

单相电能表的接线如图 3-17 所示。

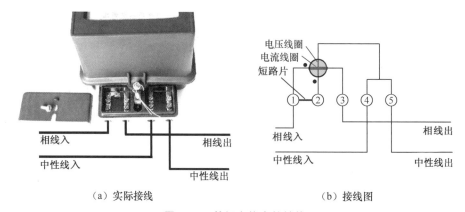

（a）实际接线　　　　　　　　　　　　（b）接线图

图 3-17　单相电能表的接线

图 3-17（b）中圆圈上的粗水平线表示电流线圈，其线径粗、匝数小、阻值小（接近 0Ω），在接线时，要串接在电源相线和负载之间；圆圈上的细垂直线表示电压线圈，其线径细、匝数多、阻值大（用万用表欧姆挡测量时为几百到几千欧），在接线时，要接在电源相线和中性线之间。另外，电能表电压线圈、电流线圈的电源端（该端一般标有圆点）应共同接电源进线。

2. 三相电能表的接线方式

三相电能表可分为三相三线式电能表和三相四线式电能表，它们的接线方式如图 3-18 所示。

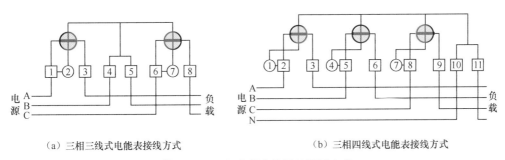

（a）三相三线式电能表接线方式　　　　（b）三相四线式电能表接线方式

图 3-18　三相电能表常见的接线方式

3.4.3　电子式电能表

电子式电能表内部采用电子电路构成测量电路来对电能进行测量，与机械式电能表比较，电子式电能表具有精度高、可靠性好、功耗低、过载能力强、体积小和质量小等优点。有的电子式电能表采用一些先进的电子测量电路，故可以实现很多智能化的电能测量功能。常见的电子式电能表有普通的电子式电能表、电子式预付费电能表和电子式多费率电能表等。

1. 普通的电子式电能表

普通的电子式电能表采用了电子测量电路来对电能进行测量。根据显示方式来分，它可以分为滚轮显示电能表和液晶显示电能表。图 3-19 列出了两种类型的电子式电能表和滚轮显示电子式电能表的内部结构。

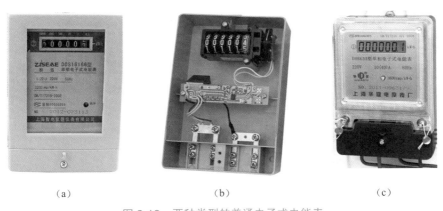

（a）　　　　　　　　（b）　　　　　　　　（c）

图 3-19　两种类型的普通电子式电能表

滚轮显示电子式电能表内部没有铝盘，不能带动滚轮计数器，在其内部采用了一个小型步进电机，在测量时，电能表每通过一定的电量，测量电路会产生一个脉冲，该脉冲去驱动电动机旋转一定的角度，带动滚轮计数器转动来进行计数。图 3-19（a）所示的电子式电能表的电表常数为 3 200imp/kW·h（脉冲数 / 千瓦时），表示电能表的测量电路需要产生 3 200 个脉冲才能让滚轮计数器计量 1 度电，即当电能表通过的电量为 1/3 200 度时，测量电路才会产生一个脉冲去滚轮计数器。

液晶显示电子式电能表则由测量电路输出显示信号，直接驱动液晶显示器显示电量数值。

电子式电能表的接线与机械式电能表基本相同，这里不再叙述，为确保接线准确无误，可查看电能表附带的说明书。

2. 电子式预付费电能表

电子式预付费电能表是一种先缴电费再用电的电能表。图 3-20 所示就是电子式预付费电能表。

图 3-20　电子式预付费电能表

这种电能表内部采用了中央处理器（CPU）、存储器、通信接口电路和继电器等。它在使用前，需先将已充值的购电卡插入电能表的插槽，在内部 CPU 的控制下，购电卡中的数据被读入电能表的存储器，并在显示器上显示可使用的电量值。在用电过程中，显示器上的电量值根据电能的使用量而减少，当电量值减小到 0 时，CPU 会通过电路控制内部继电器开路，输入电能表的电能因继电器开路而无法输出，从而切断了用户的供电。

根据充值方式不同，电子式预付费电能表可以分为 IC 卡充值式、射频卡充值式和远程充值式等，图 3-20 所示为 IC 卡充值式。射频卡充值式电能表只需将卡靠近电能表，卡内数据即会被电能表内的接收器读入存储器。远程充值式电能表有一根通信电缆与远处缴费中心的计算机连接，在充值时，只要在计算机中输入充电值，计算机会通过电缆将有关数据送入电能表，从而实现远程充值。

3. 电子式多费率电能表

电子式多费率电能表又称分时计费电能表，它可以实现不同时段执行不同的计费标准。图 3-21 所示是一种电子式多费率电能表，这种电能表依靠内部的单片机进行分时段计费控制，此外还可以显示峰、平、谷电量和总电量等数据。

图 3-21　电子式多费率电能表

4. 电子式电能表与机械式电能表的区别

机械式电能表与电子式电能表的区别如图 3-22 所示，**两种电能表可以从以下几个方面进行区别：**

① **查看面板上有无铝盘。** 电子式电能表没有铝盘，而机械式电能表面板上可以看到铝盘。

② **查看面板型号。** 电子式电能表型号的第 3 位含有 S 字母，而机械式电能表没有，如 DDS633 为电子式电能表。

③ **查看电表常数单位。** 电子式电能表的电表常数单位为 imp/kW·h，机械式电能表的电表常数单位为 r/kW·h（转 / 千瓦时）。

图 3-22　机械式电能表与电子式电能表的区别

3.4.4　电能表型号与铭牌含义

1. 型号含义

电能表的型号一般由五部分组成，各部分意义如下。

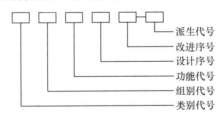

① 类别代号：D 表示电能表。

② 组别代号：A 表示安培小时计；B 表示标准；D 表示单相电能表；F 表示伏特小时计；J 表示直流；S 表示三相三线；T 表示三相四线；X 表示无功。

③ 功能代号：F 表示分时计费；S 表示电子式；Y 表示预付费式；D 表示多功能；M 表示脉冲式；Z 表示最大需量。

④ 设计序号：一般用数字表示。

⑤ 改进序号：一般用汉语拼音字母表示。

⑥ 派生代号：T 表示湿热、干热两用；TH 表示湿热专用；TA 表示干热专用；G 表示高原用；H 表示船用；F 表示化工防腐。

电能表的形式和功能很多，各厂家在型号命名上也不尽完全相同，大多数电能表只用两个字母表示其功能和用途。一些特殊功能或电子式的电能表多用三个字母表示其功能和用途。

举例如下。

① DD28 表示单相电能表。D 表示电能表，D 表示单相，28 表示设计序号。

② DS862 表示三相三线有功电能表。D 表示电能表，S 表示三相三线，86 表示设计序号，2 表示改进序号。

③ DX8 表示无功电能表。D 表示电能表，X 表示无功，8 表示设计序号。

④ DTD18 表示三相四线有功多功能电能表。D 表示电能表，T 表示三相四线，D 表示多功能，18 表示设计序号。

2. 铭牌含义

电能表铭牌通常含有以下内容。

① 计量单位名称或符号。有功电表为 "kW·h（千瓦时），无功电表为 "kvarh（千乏时）"。

② 电量计数器窗口。整数位和小数位用不同颜色区分，窗口各字轮均有倍乘系数，如 ×1 000、×100、×10、×1、×0.1。

③ 标定电流和额定最大电流。标定电流（又称基本电流）是用于确定电能表有关特性的电流值，该值越小，电能表越容易启动；额定最大电流是指仪表能满足规定计量准确度的最大电流值。当电能表通过的电流在标定电流和额定最大电流之间时，电能计量准确，当电流小于标定电流值或大于额定最大电流值时，电能计量准确度会下降。一般情况下，不允许流过电能表的电流长时间大于额定最大电流。

④ 工作电压。工作电压是指电能表所接电源的电压。单相电能表以电压线路接线端的电压表示，如 220V；三相三线电能表以相数乘以线电压表示，如 3×380V；三相四线电能表以相数乘以相电压 / 线电压表示，如 3×220/380V。

⑤ 工作频率。工作频率是指电能表所接电源的工作频率。

⑥ 电表常数。它是指电能表记录的电能和相应的转数或脉冲数之间关系的常数。机械式电能表以 r/kW·h 为单位，表示计量 1 千瓦时（1 度电）电量时的铝盘的转数，电子式电能表以 imp/kW·h 为单位。

⑦ 型号。

⑧ 制造厂名。

图 3-23 是一个单相机械式电能表，其铭牌含义见标注所示。

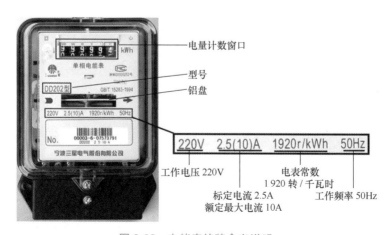

图 3-23　电能表铭牌含义说明

第4章
住宅给水管道的规划与安装

Chapter 4

住宅给排水系统由给水系统和排水系统组成。给水系统也称供水系统，用于将住宅外部的水（如自来水公司送来的水）通过管道送到室内各个用水点（如各处的水龙头）；排水系统用于将住宅室内的污水排放到室外的下水道。

4.1　住宅的两种供水方式

住宅给水有一次供水和二次供水两种方式，一次供水用于为低层建筑（不超过7层）供水，二次供水用于为高层建筑（超过7层）供水。

4.1.1　一次供水方式（低层住宅供水）

一次供水是将自来水公司接来的给水管道直接与用户的给水管道连接，即由自来水公司直接为用户供水，由于自来水公司提供的水压较低，只能为7层以下的住宅直接供水。图4-1是低层住宅的一次供水图，由自来水公司接来的引水管接出多个分支水管，每个分支水管接上阀门和水表后再引到各层的用户室内。

图 4-1　低层住宅的一次供水

4.1.2 二次供水方式（高层住宅供水）

二次供水是让自来水公司送来的水先进入蓄水池（或水箱）储存，然后用水泵从蓄水池抽水加压后提供给 7 层以上的用户。对于 7 层以上的高层住宅，**1 ～ 7 层住宅采用一次供水，7 层以上（也可以是更低层，如 5 层以上）住宅采用二次供水**。图 4-2 为高层住宅供水示意图，图 4-3 为二次供水的给水立管，在每层接出一个干分支管，每个干分支管再分出多个分支管接至该层的各个住宅室内，在每个分支管路中通常会接水阀和水表，如图 4-4 所示。

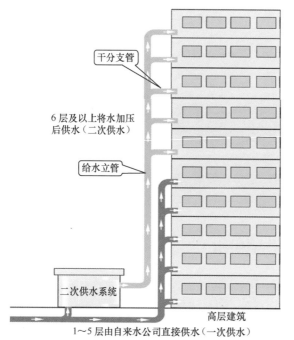

图 4-2　高层住宅的一、二次供水示意图

图 4-3　二次供水的给水立管和干分支管

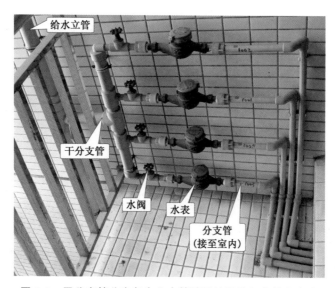

图 4-4　干分支管分出多个分支管接至该层的各个住宅室内

4.1.3　二次供水系统的组成及工作原理

二次供水系统主要有两种形式：水塔式二次供水和变频恒压二次供水。早期高层建筑多采用水塔式二次供水，现在高层建筑一般采用变频恒压二次供水。

1．水塔式二次供水系统

水塔式二次供水系统的组成如图 4-5 所示，自来水先流入蓄水池储存，水泵再将蓄水池内的水抽到高层建筑顶层的水塔内，然后水塔内的水往下提供给各层用户。由于水塔很高，水塔内的水具有较高的水压，这样可满足各层用户的用水要求。水塔式二次供水系统除了用蓄水池蓄水外，还使用水塔蓄水，供水中间环节多，产生二次污染的概率也就大，故现在高层住宅较少使有这种供水方式。

2．变频恒压二次供水系统

变频恒压二次供水系统的组成如图 4-6 所示。自来水先流入水箱（或水池），水泵再将水箱内的水抽往高处管道，随着管道内的水不断增多，水挤压气压罐内的空气，由于气压罐内空气的缓冲作用，管道内水压不会急剧增大而使管道爆裂，当水泵停止工作时，气压罐内的压缩空气膨胀作用使管道内的水维持一定的压力。水泵采用变频器驱动，当用户用水量增多时，管道内的水压降低，远传压力表检测到水压降低后，将压力信号送到变频控制柜内的控制器，控制器马上发出控制信号送给驱动水泵运转的变频器，让变频器输出电源频率升高，水泵转速加快，单位时间内抽水量增多，使管道内的水压升高，这样在用水量大时仍有足

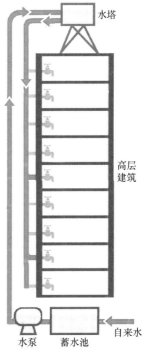

图 4-5　水塔式二次供水系统的组成

够的水压，如果水压仍不足，控制器会控制另一台水泵也工作，如果用水量少，控制器会控制变频器输出电源频率降低，水泵转速变慢，单位时间内抽水量减少。

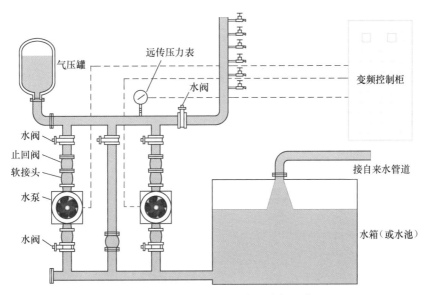

图 4-6　变频恒压二次供水系统的组成

4.2 住宅给水管道的安装规划

4.2.1 了解住宅各处的用水设备并绘制给水管道连接图

住宅给水管道的功能是将室外引入的自来水供给室内各个用水设备。在安装给水管道前，先要了解住宅各处（厨房、阳台和卫浴间等）要用到的用水设备，然后绘制给水管道图将这些设备连接起来。

图 4-7 是一个典型的住宅给水管道图。由供水系统送来的自来水由给水立管进入第 8 层的干分支管，再流入该层各住宅的给水分支管，以 801 房间给水为例，自来水经室外水阀和水表进入室内给水管道，室内给水管道开始端安装一个室内总水阀，自来水进入室内后，一方面通过冷水管道将冷水直接提供给厨房、小阳台、公用卫浴间、主卧卫浴间的用水设备，另一方面还分别进入两台热水器进行加热，一台热水器流出的热水通过热水管道提供给厨房、小阳台、公用卫浴间的用水设备，另一台热水器流出的热水通过热水管道提供给主卧卫浴间的用水设备。

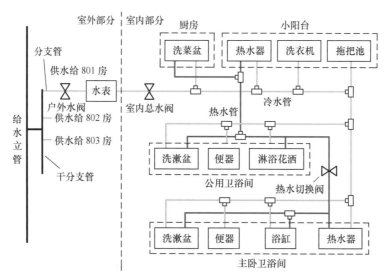

图 4-7 一个典型的住宅给水管道图

4.2.2 确定各处用水设备的水管接口位置

给水管道是通过管道接口向用水设备供水的，**在安装给水管道前，需要确定各处用水设备的水管接口安装位置，在安装时，给水管道必须要经过这些位置并往外接出接口。**

1. 热水器水管接口的安装位置

热水器水管接口的安装位置要求如图 4-8 所示。燃气热水器的冷、热水管接口距离地面一般为 130 ～ 140cm，电热水器的冷、热水管接口距离地面一般为 170 ～ 190cm。热水器的冷、热水管接口相距不要太远，为 15 ～ 20cm 较为合适，多数热水器的冷水进口在右边，热水出口在左边，故冷、热水管接口也应为"左热右冷"。

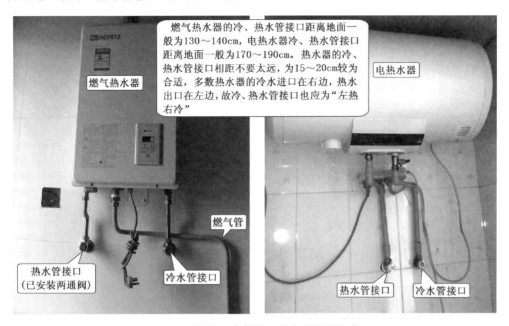

图 4-8　热水器水管接口的安装位置要求

2. 洗菜盆和洗漱盆水管接口的安装位置

洗菜盆和洗漱盆及水管接口如图 4-9 所示，安装位置如下：①冷、热水管接口距离地面的高度应为 450mm±20mm；②冷、热水管接口的间距为 100 ～ 120mm；③盆面高度应为从地面到盆面为 800mm。对于采用墙面上方出水的洗菜/洗漱盆，如图 4-10 所示，水管接口距离地面高度为 950mm。

（a）洗菜盆

图 4-9　洗菜盆和洗漱盆及水管接口

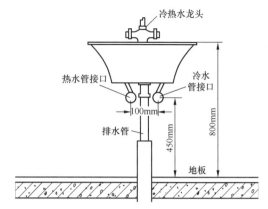

（b）洗漱盆　　　　　　　　（c）洗菜盆和洗漱盆接口安装位置

图 4-9　洗菜盆和洗漱盆及水管接口（续）

采用墙面上方出水的洗菜/洗漱盆，水管接口距离地面为950mm

图 4-10　墙面上方出水的洗菜/洗漱盆水管接口安装位置要求

3. 淋浴花洒水管接口的安装位置

淋浴花洒水管接口的安装位置要求如图 4-11 所示，冷、热水管接口相距 150mm±5mm，距离地面 800～900mm。

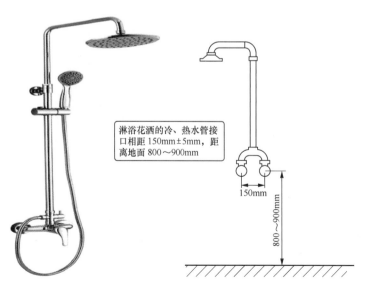

淋浴花洒的冷、热水管接口相距 150mm±5mm，距离地面 800～900mm

图 4-11　淋浴花洒水管接口的安装位置要求

4．浴缸水龙头接口的安装位置

浴缸水龙头接口的安装位置要求如图 4-12 所示，冷、热水管接口相距 150mm±5mm，接口的高度一般较浴缸安装后的高度再高 150mm。

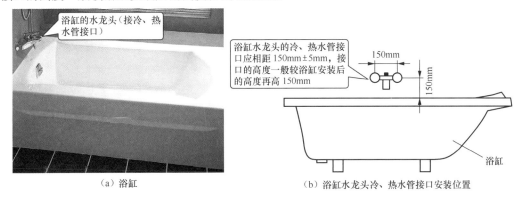

（a）浴缸   （b）浴缸水龙头冷、热水管接口安装位置

图 4-12   浴缸水龙头接口的安位置要求

5．便器水箱水管接口的安装位置

便器有蹲便器和坐便器之分，其水箱水管接口的安装位置要求如图 4-13 所示，水箱水管接口距离地面 250mm，与便器安装中心线相距 200mm，距离太短不利于便器的安装。

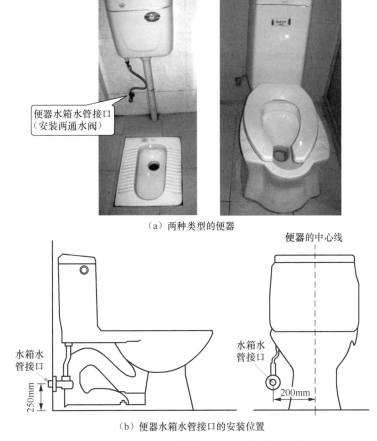

（a）两种类型的便器

（b）便器水箱水管接口的安装位置

图 4-13   便器水箱水管接口的安装位置要求

6. 拖把池水龙头接口的安装位置

拖把池水龙头接口的安装位置要求如图 4-14 所示，水龙头水管接口距离地面的高度为 600 ～ 750mm。

7. 洗衣机水龙头接口的安装位置

洗衣机水龙头接口的安装位置要求如图 4-15 所示，水龙头水管接口距离地面的高度为 1 100 ～ 1 300mm。

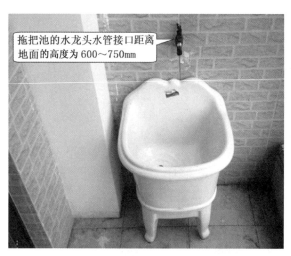

图 4-14　拖把池水龙头接口的安装位置要求

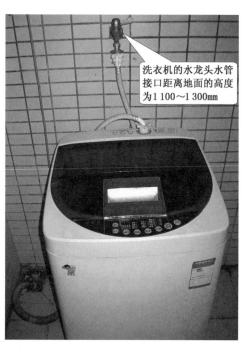

图 4-15　洗衣机水龙头接口的安装位置要求

4.2.3　确定给水管道的敷设方式（走地、走顶和走墙）

住宅给水管道的起点是室外引入的给水管，安装给水管道就是敷设给水管到各用水设备处，并在用水设备处留下水管接口（用于连接用水设备）。敷设给水管有走地、走顶和走墙三种方式。走地方式是将给水管敷设在地面去各用水设备处，走顶方式是将给水管敷设在房顶去各用水设备处，走墙方式是将给水管敷设在墙内去各用水设备处。

给水管道的三种敷设方式各有其优缺点，下面对三种方式进行简单介绍，用户可根据自己的情况选择某种方式，当然敷设给水管时也可以综合应用这三种方式。

1. 给水管道的走地敷设

给水管道的走地敷设如图 4-16 所示，给水管道主要敷设在地面（或地面的开槽内），然后通过墙上的开槽往上敷设到规定的高度再接出接口。

走地敷设给水管的优点主要如下：①由于水管接口大多数距离地面低，因此走地敷设节省管材；②水管内有水时有一定的重量，走地敷设时地面可以很好承受该重量，减轻水管负担；③走地敷设时水管埋入地面密封起来，相当于加了保护层，水管使用寿命更长。

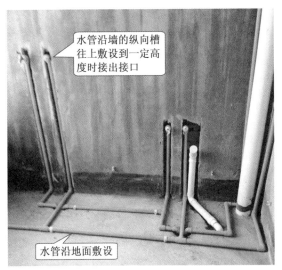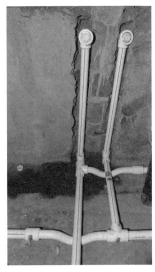

图 4-16　给水管道的走地敷设

走地敷设给水管的缺点主要如下：①水管漏水时不易发现，只有水淹地面或渗漏到下层时才能察觉，漏到下层时会对别人造成不好的影响；②由于水管埋入地面，发现地面漏水时较难找出水管的漏水点（水往低处流，地面出水处不一定是漏水位置），刨地查漏难度较大。

2. 给水管道的走顶敷设

给水管道的走顶敷设如图 4-17 所示，给水管道主要敷设在住宅的顶部或顶部边角，然后通过墙上的开槽往下敷设到规定的高度后接出接口，顶部或顶部边角的水管可用吊顶或石膏隐藏起来。

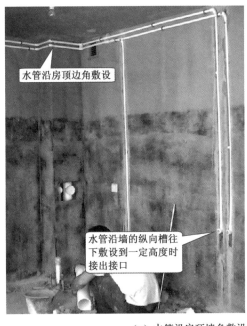

（a）水管沿房顶墙角敷设

图 4-17　给水管道的走顶敷设

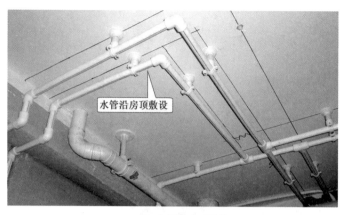

（b）水管沿房顶敷设

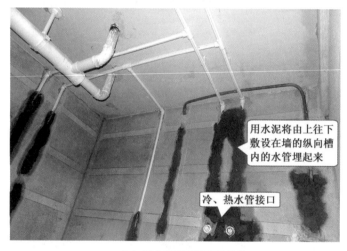

（c）用水泥将管槽封埋起来

图 4-17　给水管道的走顶敷设（续）

走顶敷设给水管的优点主要如下：①水管出现漏水时往下滴水易发现；②水管出现漏水时维修较走地方式简单。

走顶敷设给水管的缺点主要如下：①由于大多数水管接口距离地面低，走顶往下敷设需要较多的管材，较走地增加费用；②走顶敷设时水管及支架需要承受水的重力，对水管及支架的使用寿命有一定的影响；③走顶敷设时水管长期暴露在空气中，使用寿命会缩短；④走顶敷设时水管更长，水阻增大，水流量减少，所以高层住宅顶层住户要谨慎选择走顶方式。

3. 给水管道的走墙敷设

给水管道的走墙敷设如图 4-18 所示，给水管道主要敷设在墙的横向开槽内，然后通过墙的纵槽往上或往下敷设到规定的高度再接出接口。

走墙敷设给水管的优点主要如下：①较走地和走顶更节省管材；②水管出现漏水容易发现；③出现漏水时维修较走地敷设要方便。

走墙敷设给水管的缺点主要如下：①在墙上开横槽会改变墙的承重结构，所以尽量不要在承重墙上开横槽，墙上开横槽不要太深，不要过长；②墙上开槽的施工量较大。

图 4-18　给水管道的走墙敷设

4.2.4　给水管的走向与定位规划

在规划给水管走向前,先要了解室外进水管和室内各处用水设备接口的位置,然后确定给水管采用何种敷设方式(走地、走顶和走墙),在规划给水管走向时,给水管从连接室外进水管开始,经地面、房顶或墙面到达各处用水设备。

1.给水管的走向与定位操作

在进行给水管走向与定位操作时,可按以下步骤进行。

① 在厨房、阳台、公用卫浴间和主卧卫浴间等墙壁上标出各用水设备的接水口位置(即给水管在各处的出水接口位置)。

② 确定给水管走向时,要横平竖直,在墙壁尽量走竖不走横,尽量减少水管接头的数量,因为接头是水管的薄弱环节。

③ 从室外进水管开始,用尺子或弹线器在地面、房顶或墙面标出给水管的走管路线,敷设给水管时应沿该线条进行。图 4-19 是采用走顶方式在房顶标注的给水管敷设线。

图 4-19　采用走顶方式在房顶标注的给水管敷设线

家装水电工自学手册

2. 给水管走向示例

图 4-20 是一个典型的住宅给水管走向图，室外进水管进入室内后经室内总水阀与室内冷水管连接，该住宅使用了两台热水器，关闭热水切换阀可以将两台热水器提供的热水分隔开来，热水切换阀开启时，任何一台热水器都可以为全部热水管提供热水。住宅的户型不同，给水管的走向要随之变化。

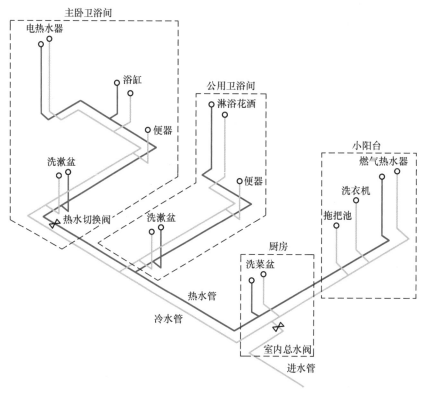

图 4-20　一个典型的住宅给水管走向图

4.3　给水管及配件的选用

4.3.1　给水管的种类及选用

住宅给水管的管材种类主要有镀锌管、PVC-U 管、PP-R 管、铝塑管、铜管和不锈钢钢管等，其中 **PP-R 管用作住宅给水管最为常见。**

1. 镀锌管

镀锌管又称镀锌钢管，早期的住宅大部分采用镀锌管作为给水管。镀锌管作为水管使用几年后，管内会产生大量锈垢，还夹杂着不光滑内壁滋生的细菌，流出的黄水不仅污染洁具，

58

而且锈蚀造成水中的重金属含量过高，严重危害人体的健康。我国也明文规定明确从 2000 年起禁用镀锌管作为住宅给水管，目前新建小区的给水管已经很少使用镀锌管，少数小区的热水管仍使用的是镀锌管，由于镀锌管承压能力强，市政给水系统常使用粗镀锌管作为给水干管，另外煤气管和暖气管多采用镀锌管。镀锌管如图 4-21 所示。

2. PVC-U 管

PVC-U 管又称 UPVC 管、硬 PVC 管等，它是一种塑料管，PVC-U 管的抗冻和耐热性能不好，不适合作为热水管，其强度不符合水管的承压要求，故也不适合作为冷水管（有些场合常用 PVC-U 管作为临时给水管）。PVC-U 管中的一些化学添加剂对人体健康的影响甚大，故不适合作为住宅给水管。**PVC-U 管适合作为电线保护管和排污水管**。PVC-U 管如图 4-22 所示。

图 4-21　镀锌管

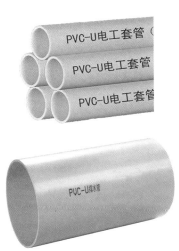

图 4-22　PVC-U 管

3. PP-R 管

PP-R 管又称 PPR 管，它是一种最常用的水管材料，具有无毒、质轻、耐压、耐腐蚀、不结垢和寿命长等优点，它不但可以用作冷水管，也适合用作热水管，甚至用作纯净饮用水管道。**PP-R 管的连接采用热熔技术，管子之间完全融合到了一起，连接后只要打压测试通过，不会像铝塑管一样存在时间长了老化漏水的现象。**

现在大多数住宅采用 **PP-R 管**作为给水管道。PP-R 管有冷水管和热水管之分，热水管的管壁更厚，耐热性更好，但价格要贵一些，冷水管不能用作热水管，热水管可用作冷水管，在分辨冷、热水管时，水管上有红色标志（如红线）的为热水管，有蓝色或绿色标志的为冷水管。PP-R 管如图 4-23 所示。

住宅给水管一般干管用 6 分管，支管用 4 分管，如果希望水流量更充足，支管也可用 6 分管。给水管的规格主要有 4 分（外径 20mm）、6 分（外

图 4-23　PP-R 管

径 25mm)、1 寸(外径 32mm)、1.2 寸(外径 40mm)、1.5 寸(外径 50mm)和 2 寸(外径 63mm)。PP-R 水管的参数识读如图 4-24 所示。

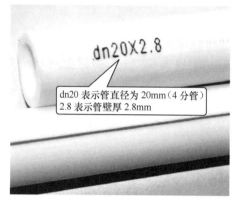

常用 PP-R 水管的参数

规格	壁厚	可承受水压	耐温温度
20(4 分)	2.8mm	2.0MPa(20kg)	−30°～+110°
20(4 分)	3.4mm	2.5MPa(25kg)	−30°～+110°
25(6 分)	4.2mm	2.5MPa(25kg)	−30°～+110°
25(6 分)	3.5mm	2.0MPa(20kg)	−30°～+110°
32(1 寸)	4.4mm	2.0MPa(20kg)	−30°～+110°

dn20 表示管直径为 20mm(4 分管)
2.8 表示管壁厚 2.8mm

图 4-24　PP-R 水管的参数识读

4. 铝塑管

铝塑管又称铝塑复合管,其质轻、耐用且可弯曲,施工较方便,铝塑管采用卡套方式连接,在用作热水管时,由于长期的热胀冷缩会造成管壁错位以导致渗漏,目前只有少数用户使用铝塑管作为住宅给水管。铝塑管结构、外形和连接如图 4-25 所示。

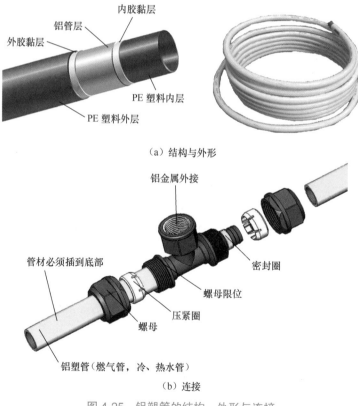

(a)结构与外形

(b)连接

图 4-25　铝塑管的结构、外形与连接

5.铜管

铜管是住宅给水管中的上等水管，它具有耐腐蚀、抑菌等优点。铜管连接方式有卡套连接和焊接连接两种，卡套与铝塑管一样，长时间存在老化漏水的问题，所以安装铜管时最好采用焊接方式，铜管通过焊接连到一起后，就像 PP-R 水管一样不易渗漏，铜管导热快，故在将铜管用作给水管时，常在铜管外面覆有防止热量散发的塑料和发泡剂，另外铜管的价格昂贵，只有一些高档住宅才使用铜管作为住宅给水管。

铜水管的外形、连接配件及焊接如图 4-26 所示。

（a）铜水管及连接配件

（b）铜水管的焊接

图 4-26　铜水管的外形、连接配件及焊接

4.3.2　PP-R 管的常用配件及规格

住宅给水管的管材种类很多，但 PP-R 管最为常用，在敷设安装 PP-R 管时根据不同情况需要用到很多配件。

PP-R 管的常用配件如图 4-27 所示。在选择 PP-R 管的连接配件时，要注意管件要与管子配匹，一般管子规格是指外径，而管件的规格是指内径。例如，4 分（20mm）弯头可以插入两根 4 分管；20×25 异径直接两端分别可以插入 4 分管和 6 分管；25×1/2 内丝弯头的塑料端可插入 6 分管（25mm），内丝端内径为 4 分（1/2），可旋入带螺纹的 4 分管（1/2）；25×1/2 外丝弯头的塑料端可插入 6 分管（25mm），外丝端外径为 4 分（1/2），可旋入带内丝的 4

分管。PP-R 管及管件规格如图 4-28 所示。

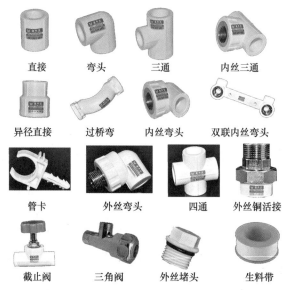

图 4-27　PP-R 管的常用配件

PP-R管及管件规格	管材的尺寸是指外径，管件的尺寸是指内径					
无螺纹端规格	ϕ20mm	ϕ25mm	ϕ32mm	ϕ40mm	ϕ50mm	ϕ63mm
有螺纹端规格	1/2寸	3/4寸	1寸	11/4寸	11/2寸	2寸
对应的通俗规格	4分	6分	1寸	1.2寸	1.5寸	2寸

图 4-28　PP-R 管及管件规格

4.3.3　不同类型住宅的 PP-R 管及管件需求量

在安装住宅给水管道时，需要购买 PP-R 管及管件，对于不同类型的住宅，其 PP-R 管及管件的需求量不同，购买前可以询问水电工师傅。表 4-1 列出了一厨一卫和一厨两卫型住宅的 PP-R 管及管件需求量参考值。

表4-1　一厨一卫和一厨两卫型住宅的PP-R管及管件需求量参考值

产品名称	图片展示	房型	常用数量	产品用途
PP-R水管		一厨一卫	40m	4分（20mm）管或6分（25mm）管，选择的管件要与之配套
		一厨两卫	72m	
直接		一厨一卫	14只	由于衔接两条直路走向的水管，因为有时一根管子不能满足所需长度
		一厨两卫	18只	

续表

产品名称	图片展示	房型	常用数量	产品用途
90°弯头		一厨一卫	35只	用于管道需要转90°弯的连接配件
		一厨两卫	66只	
45°弯头		一厨一卫	7只	用于管道需要转45°弯的连接配件
		一厨两卫	10只	
等径三通		一厨一卫	8只	用于把一路水管分成两路的地方
		一厨两卫	10只	
过桥弯		一厨一卫	3只	用于使两个交叉走向的水管错开
		一厨两卫	5只	
堵头		一厨一卫	11只	用于临时堵住带丝口的出水口配件，起密封作用
		一厨两卫	18只	
内丝弯头		一厨一卫	10只	用于接水龙头、角阀等需要丝口的配件
		一厨两卫	14只	
内丝直接		一厨一卫	3只	用于直接穿墙的水管，连接水龙头、洗衣机、草坪等
		一厨两卫	4只	
内丝三通		一厨一卫	1只	用于管路之间接一个出水口，如拖把池龙头、洗衣机龙头或其他备用接口
		一厨两卫	2只	
塑料小管卡		一厨一卫	30只	用于固定水管，一般间隔80cm左右一个
		一厨两卫	68只	
异径直接		一厨一卫	1~2只	用于变换管路大小的连接配件，6分管转接4分管
		一厨两卫	1~2只	
截止阀		一厨一卫	1只	一般装在水表前后，作为入户主阀，起开关作用。可换阀芯，可暗敷，升降式
		一厨两卫	2只	
双联内丝弯头		一厨一卫	1只	用于连接淋浴花洒或浴缸的冷、热水龙头
		一厨两卫	2只	
生料带		一厨一卫	2卷	用于龙头、角阀安装时起密封作用，一般建议缠绕10圈以上
		一厨两卫	3卷	

4.4 PP-R 管的加工与连接

PP-R 管是一种常用的住宅给水管，在敷设时，管子长需要切断，管子短时需要与其他管子连接，转弯时需要与弯头连接（PP-R 管不能像 PVC 电线管一样可以弯管），当 PP-R 管需要接水龙头时，需要与带内丝的接头连接。PVC 电线管可采用热熔连接，也可以采用胶水连接，而 PP-R 管只能采用热熔连接。

4.4.1 断管

1. 小管径 PP-R 管的断管

对于小管径（管径 63mm 以下）的 PP-R 管，可用图 4-29 所示的管剪来断管，管剪断管操作如图 4-30 所示，断管后要求断口平整。

图 4-29　管剪

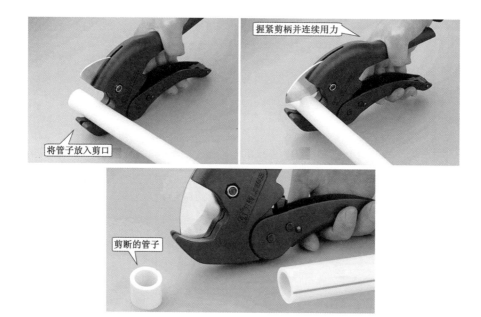

图 4-30　用管剪断管操作

2. 大管径 PP-R 管的断管

对于大管径（管径 63mm 以上）的 PP-R 管，可用图 4-31 所示的割管刀或钢锯来断管，在用割管刀断管时，将管子放在割口内，然后旋动顶杆让割轮在管子上压紧，将管子固定不动同时旋转整个割管刀，旋转几圈后再旋紧顶杆再旋转割管刀，直至将管子割断。

图 4-31　割管刀和钢锯

4.4.2　管子的连接

PP-R 管不能用胶水连接，只能使用热熔法连接，在热熔时要使用热熔器。

1. 热熔器

热熔器是一种用于加热熔化热塑性塑料管材、模具以进行连接的专业熔接工具。在使用时，用一对模头同时加热两根待连接的管子（或管件），热熔后将其中一根管子迅速插入另一根管子内，冷却后两根管子就熔接在一起。热熔器的外形如图 4-32 所示，它主要由加热器、支架和几对模头组成。

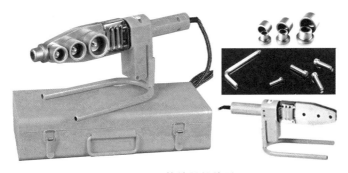

图 4-32　热熔器的外形

2. 热熔器的使用及 PP-R 管的连接

（1）热熔器的使用及 PP-R 管熔接的要点

热熔器的使用及 PP-R 管熔接的要点如下。

① 将加热器安装在支架上，根据需连接的管材规格安装对应的加热模头，安装模头时使用内六角扳手旋紧两模头固定螺钉，一般小模头安装在加热器的前端，大模头安装在后端。

② 热熔器通电后，绿指示灯亮代表加温，红指示灯代表恒温（达到焊接温度），热熔时温度为 260 ～ 280℃，低于或高于该温度，都会造成连接处不能完全熔合，留下渗水隐患。

③ 在焊接前，应检查管材两端是否损伤，如有损伤或不确定，可将两端割掉 4 ～ 5cm，不可用锤子或重物敲击水管，以防管子爆裂或缩短管子的使用寿命。

④ 在焊接前切割管材时，切割后的管材端面应垂直于管轴线，管材切割应使用专用管剪

或割管刀。

⑤ 在加热管材时，把管子端口导入加热模头套内，插入到所标示的深度（见表4-2），同时把管件推到加热模头上，达到规定标志处。

⑥ 达到加热时间后，立即把管子和管件从加热模具上同时取下，迅速直线均匀地插入到已热熔的深度，使接头处形成均匀凸缘，并要控制插进去后的反弹。

⑦ 在规定的加工时间内，刚熔接好的接头还可校正，可少量旋转，但过了加工时间，严禁强行校正。注意：接好的管材和管件不可有倾斜现象，要做到基本的横平竖直，避免在安装龙头时角度不对，不能正常安装。

⑧ 在规定的冷却时间内，严禁让刚加工好的接头处承受外力。

表4-2　PP-R管热熔技术要求

管材外径/mm	熔接深度/mm	热熔时间/mm	接插时间/s	冷却时间/min
20	14	5	4	3
25	16	7	4	3
32	20	8	4	4
40	21	12	6	4
50	22.5	18	6	5
63	24	24	6	6
75	26	30	10	8
90	32	40	10	8
110	38.5	50	15	10

注：在热熔操作时，若环境温度小于5℃，加热时间应再延长1/2，另外不要在通风口进行熔接。

（2）用热熔器熔接 PP-R 管的操作

用热熔器熔接 PP-R 管的操作如图 4-33 所示。

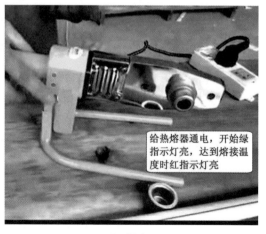

找到与管子、管件尺寸相匹配的一对凹凸模头，用内六角扳手和螺钉将它们固定到加热器上

给热熔器通电，开始绿指示灯亮，达到熔接温度时红指示灯亮

（a）固定模头　　　　　　　　（b）通电

图 4-33　用热熔器熔接 PP-R 管的操作

准备好待熔接的管件和管子

（c）准备好管件和管子

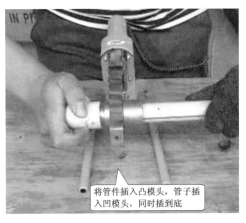

将管件插入凸模头，管子插入凹模头，同时插到底

（d）加热管件与管子

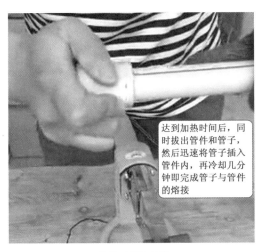

达到加热时间后，同时拔出管件和管子，然后迅速将管子插入管件内，再冷却几分钟即完成管子与管件的熔接

（e）将管子插入管件

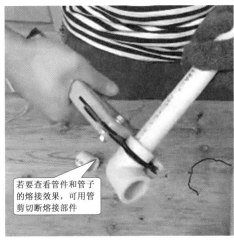

若要查看管件和管子的熔接效果，可用管剪切断熔接部件

（f）剪断熔接部件查看熔接效果

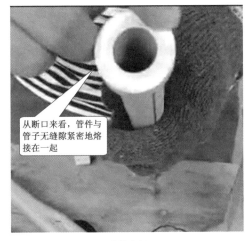

从断口来看，管件与管子无缝隙紧密地熔接在一起

（g）熔接良好

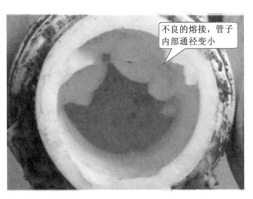

不良的熔接，管子内部通径变小

（h）不良的熔接

图 4-33　用热熔器熔接 PP-R 管的操作（续）

4.5 给水管道的敷设与加压测试

4.5.1 给水管道的敷设

给水管道的敷设有走地、走顶和走墙三种方式,这三种敷设方式的优缺点在 4.2.3 节已介绍过,在安装给水管时可以根据情况选择某种敷设方式,也可以综合应用三种方式来敷设给水管。

住宅给水管的敷设的一般过程如下。

① 了解室外进水管的位置和室内各处需用到的用水设备,并在墙面上标出用水设备的接水口位置(即给水管在各处的出水接口位置)。

② 确定给水管道的敷设方式,再规划水管的走向,要横平竖直,在墙壁尽量走竖不走横,冷、热水管敷设时要保持一定的距离,以免冷水带走热水的热量,另外尽量减少水管接头的数量(接头处易漏水)。

③ 从室外进水管开始,用尺子或弹线器在地面、房顶或墙面标出给水管的走管路线,即对走管进行定位。

④ 按画好的走管路线在地面、房顶或墙壁上开槽或钻孔,再将水管敷设在槽内或穿孔而过,如果不需开槽可用管卡固定或直接敷在地面。

⑤ 用试压泵往给水管道注水加压测试,检查给水管道是否漏水,如果漏水找出漏水点并排除,如果不漏水可以将管道用水泥砂灰掩埋起来,或者用吊顶隐藏好,但水管各处的接口必须留出墙面,以便后期安装水龙头或接其他用水设备。

4.5.2 用试压泵打压测试给水管道

给水管道敷设安装完成后,需要检查管道是否存在漏水,检查时用试压泵往管道内注水,并对水加压,如果管道不漏水,则表明管道安装正常。

1. 试压泵

试压泵又称打压泵、打压机,在工作时,试压泵将一定压力的水或其他液体注入封闭的管道、容器内,通过观察液体的压力变化来判断管道、容器密封及耐压情况。试压泵的外形及组成部件如图 4-34 所示。

2. 用试压泵测试给水管道

用试压泵测试给水管道的操作步骤如下。

① 用软管将冷、热水管道的某两个接口(如热水器或淋浴花洒的冷、热水管接口)连接在一起,这样冷、热水管道就连成一个管道。

② 将试压泵的高压软管接给水管道某个接口,关闭室外进水管的阀门,并将给水管道其他所有接口用堵头堵好。

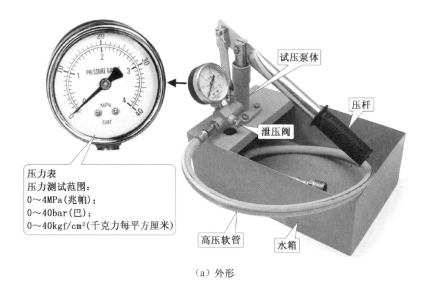

（a）外形

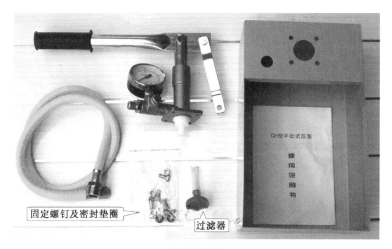

（b）组成部件

图 4-34　试压泵的外形及组成部件

③ 往试压泵的水箱内加水（管道越长要求水箱加水越多），然后操作压杆，通过高压软管往给水管道内注水加压，同时查看试水泵上的压力表读数，当压力表的压力值为 0.9～1.0MPa（约为正常水压 0.3MPa 的 3 倍）时，也即 9～10 千克力时，停止打压，打压过高易炸管和损坏试压泵。

④ 试压泵停止打压后，等待一定时间（PP-R 管约 30min，铝塑管和镀锌管约 4h）后，压力表压力值无变化或减少幅度小于 0.1MPa，说明给水管道是好的；如果压力表压力下降超过 0.1MPa，说明管道存在漏水，应逐个检查管道各处的接口、堵头和管子管件的连接点是否有渗水，有渗水应找出原因，重新接管或更换新管和管件。如果堵头与接口间漏水，也可能是两者之间密封不严，可在堵头上缠绕生料带，旋入水管接口，再进行打压测试；如果水管各处无漏水，可能是试压泵高压软管接口处或试压泵体部分密封不好。

用试压泵测试给水管道是否漏水的操作如图 4-35 所示。

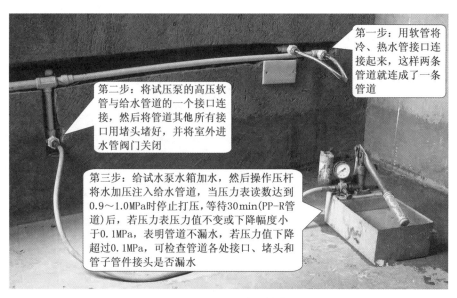

第一步：用软管将冷、热水管接口连接起来，这样两条管道就连成了一条管道

第二步：将试压泵的高压软管与给水管道的一个接口连接，然后将管道其他所有接口用堵头堵好，并将室外进水管阀门关闭

第三步：给试水泵水箱加水，然后操作压杆将水加压注入给水管道，当压力表读数达到0.9～1.0MPa时停止打压，等待30min(PP-R管道)后，若压力表压力值不变或下降幅度小于0.1MPa，表明管道不漏水，若压力值下降超过0.1MPa，可检查管道各处接口、堵头和管子管件接头是否漏水

图4-35 用试压泵测试给水管道是否漏水

第5章 Chapter 5
住宅排水管道的规划与安装 ▪▪▪▪

自来水由给水管道送入住宅室内使用后，必须要及时排出到室外进入下水道。住宅内的污水排出室外由排水管道来完成。

5.1 认识住宅各处的排水管道

5.1.1 厨房和阳台的排水管道

厨房和阳台的排水管道用于将洗菜盆中的水和阳台地板上的水排放到室外。住宅的污水排往室外时首先进入排水立管，图 5-1 是厨房和阳台的室外排水管，洗菜盆的水位高于地板，其排水管可略高于地板，而阳台地面的水与地面齐平，要将它排出去需要排水管低于地板，故本层的地漏排水管需穿过本层地板安装在下层上部。洗菜盆的室内排水管如图 5-2 所示，阳台地面的排水地漏及排水管如图 5-3 所示。

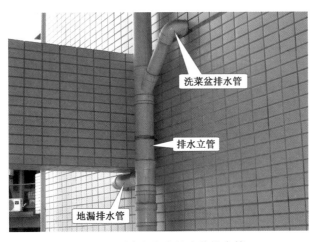

洗菜盆排水管

排水立管

地漏排水管

图 5-1　厨房和阳台的室外排水管

图 5-2 洗菜盆的室内排水管

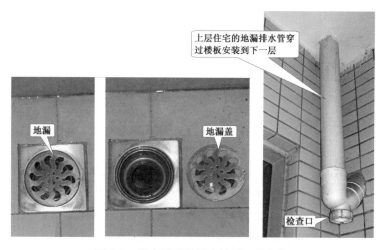

图 5-3 阳台地面的排水地漏及排水管

5.1.2 卫生间和浴室的排水管道

大多数住宅的卫生间和浴室在一起，中间使用简单的隔离或不隔离。卫生间排水管道主要包括洗漱盆排水管道、地漏排水管道和便器排水管道，浴室的排水管道主要包括地漏排水管道和浴池排水管道（不安装浴池则无须该排水管道）。如果洗衣机放置在卫生间使用，则其排水可使用地漏管道；如果放置在阳台使用，则可利用阳台的地漏排水。

卫浴间（卫生间和浴室的简称）的排水管道布局主要有两种方式，一种是隔层式布局，另一种是本层沉箱式布局。

1. 隔层式布局排水管道

有的住宅卫浴间采用隔层式布局排水管道，如图 5-4 所示，它将排水管道安装在下一层住宅卫浴间的顶部。如果采用隔层式布局排水管道，在安装、检修和更改管道时，需要进入下层住宅进行，容易打扰下层住户。

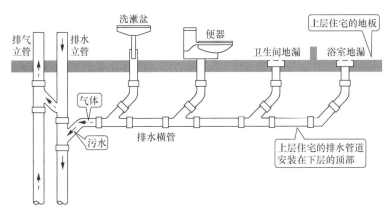

图 5-4　隔层式布局排水管道结构示意图

卫浴间排水管道多使用两根立管，一根为排水立管，另一根为排气立管。洗漱盆、便器和地漏的污水先从各支排水管流入排水横管，再流入更粗的排水立管，如果污水中含有气体，会对污水下流有一定的影响，另外上层住宅排水管往下流的污水会挤压下方立管中的气体，导致气体可能会逆向进入下层卫浴间的排水横管，并从支排水管中出来，会对下层卫浴间的空气造成污染。在排气立管旁边安装一根排气立管，并将两管连通（连通管的高处接排气立管，低处接排水立管），排水立管中的气体会通过连通管进入排气立管往上排出。有的房地产开发商为了节省成本，在卫浴间仅使用一根排水立管，当然也有的卫浴间将便器排水单独用一根立管，这样就用到三根立管（排气管、排污水管和排废水管）。

图 5-5 是隔层式布局排水管道结构示意图。

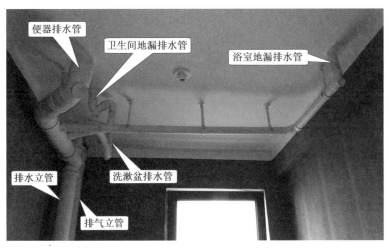

图 5-5　隔层式布局排水管道实图

2. 本层沉箱式布局排水管道

隔层式布局排水管道的排水管安装在下层住宅的顶部，在安装、检修和更改管道时，需要进入下层住宅进行，容易打扰下层住户。为此有的房地产开发商将卫浴间设计成沉箱式结构，即让卫浴间的地板下沉 30 ～ 50cm，将排水管道安装在沉箱内，这样在安装、更改和检修管道时就无须去下层住宅。

卫浴间采用的本层沉箱式布局排水管道结构示意图如图 5-6 所示，图 5-7 是实际的本层沉箱式布局排水管道，沉箱积水排放口用于排放沉箱内的积水。

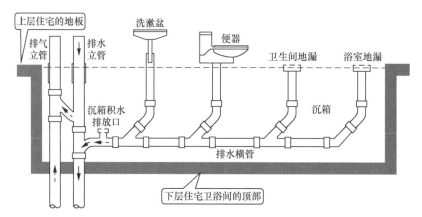

图 5-6　卫浴间采用的本层沉箱式布局排水管道结构示意图

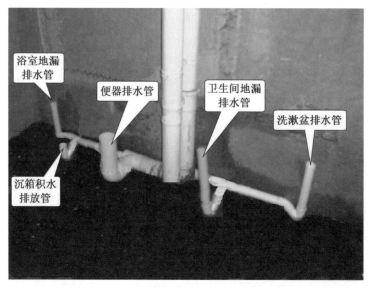

图 5-7　实际的本层沉箱式布局排水管道

3. 卫浴间沉箱的填充

在沉箱中安装完排水管后，需要将沉箱填平至略低于客厅地面高度，在填平过程中要作防水处理，防止水渗透到下一层。卫浴间的沉箱填充可按图 5-8 的说明进行。卫浴间立管可用砖砌包起来，再在砖块上抹灰，如图 5-9 所示。卫浴间沉箱的填充过程如图 5-10 所示。

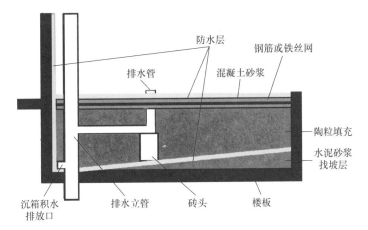

图 5-8　卫浴间沉箱的填充说明图

（a）砌砖将立管包起来

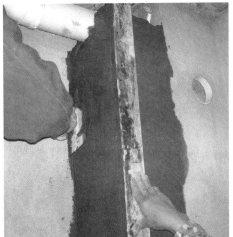

（b）再在砌砖上抹灰

图 5-9　卫浴间包立管

（a）在沉箱底部制作找坡并涂上防水涂料

（b）在沉箱内填充陶粒并在上面放置钢筋网架

图 5-10　卫浴间沉箱的填充

（c）在钢筋网架浇注水泥砂浆　　　　（d）在水泥砂浆上铺设瓷砖

图 5-10　卫浴间沉箱的填充（续）

5.2　排水管及管件的选用、加工与连接

5.2.1　排水管的种类及选用

市政排水管（公共排水管）主要有高密度聚乙烯（PE）缠绕管和钢筋混凝土管，如图 5-11 所示。住宅排水管主要有铸铁排水管和 PVC-U 排水管。

图 5-11　市政排水管

1. 铸铁排水管

铸铁排水管在 20 世纪 90 年代之前广泛使用，现在仍有少数旧住宅和工业建筑仍采用铸铁排水管，图 5-12 是两种常用的铸铁排水管，左图为卡箍式铸铁排水管、右图为法兰机械式铸铁排水管。

（1）卡箍式铸铁排水管

对于卡箍式铸铁管，在连接时需要使用卡箍将管子与管件连接起来，卡箍式铸铁排水管的常用管件及连接如图 5-13 所示。

图 5-12　两种常用的铸铁排水管

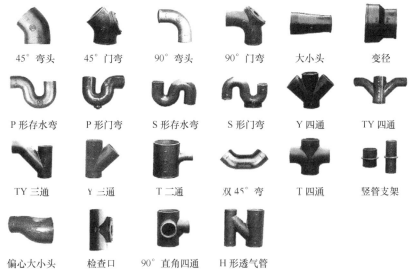

45°弯头	45°门弯	90°弯头	90°门弯	大小头	变径
P 形存水弯	P 形门弯	S 形存水弯	S 形门弯	Y 四通	TY 四通
TY 三通	Y 二通	T 二通	双 45°弯	T 四通	竖管支架
偏心大小头	检查口	90°直角四通	H 形透气管		

（a）常用管件

（b）用卡箍连接管子与管件

图 5-13　卡箍式铸铁排水管的管件与连接

（2）法兰机械式铸铁排水管

对于法兰机械式铸铁排水管，在连接时需要使用管件、垫圈和紧固螺钉，法兰机械式铸铁排水管的常用管件及连接如图 5-14 所示。

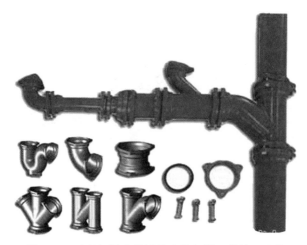

图 5-14　法兰机械式铸铁排水管的常用管件及连接

2. PVC-U 排水管

PVC-U 管又称硬聚氯乙烯管、**UPVC** 管，是一种现在广泛使用的住宅排水管材，PVC-U 排水管如图 5-15 所示。

图 5-15　PVC-U 排水管

住宅排水管的规格主要有 D50×2.0（管径 mm× 壁厚 mm）、D75×2.3、D110×3.2、D160× 4.0 和 D200×4.9。

现在的住宅大多数采用 PVC-U 管作为排水管。PVC-U 管主要有以下特点。

① 抗腐蚀能力较强。其可以耐酸碱溶液（接近饱和的强酸强碱溶液除外），适合有化工原料排放的厂房及车间使用，另外 PVC-U 管不能被细菌及菌类腐化。

② 不导电。PVC-U 材料不能导电，也不受电解、电流的腐蚀，应此无须二次加工。

③ 难以燃烧。PVC-U 材料不能燃烧，也不助燃，没有消防隐患。

④ 安装简易，成本低廉。PVC-U 管的切割及连接都很简易，实践证明，使用 PVC 胶水连接可靠安全、操作简便、成本低廉。

⑤ 阻力小，流率高。PVC-U 管内壁光滑，流体流动性损耗小，加以污垢不易附着在平滑管壁，保养较为简易且费用较低。

5.2.2　PVC-U 排水管的常用管件

PVC-U 排水管的常用管件如图 5-16 所示，如果管件在使用时用于插入管子，那么其规格（内径）应与管子的规格（外径）一致，如 D75 规格的 90°弯头可以插入两根 D75 规格的管子。

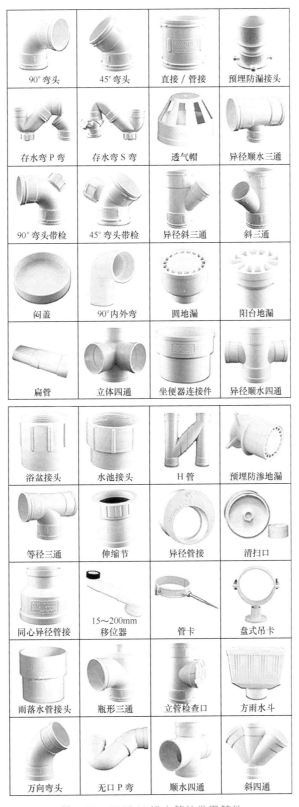

90°弯头	45°弯头	直接／管接	预埋防漏接头
存水弯 P 弯	存水弯 S 弯	透气帽	异径顺水三通
90°弯头带检	45°弯头带检	异径斜三通	斜三通
闷盖	90°内外弯	圆地漏	阳台地漏
扁管	立体四通	坐便器连接件	异径顺水四通
浴盆接头	水池接头	H 管	预埋防渗地漏
等径三通	伸缩节	异径管接	清扫口
同心异径管接	15～200mm 移位器	管卡	盘式吊卡
雨落水管接头	瓶形三通	立管检查口	方雨水斗
万向弯头	无口 P 弯	顺水四通	斜四通

图 5-16　PVC-U 排水管的常用管件

5.2.3 PVC-U 排水管的断管

在安装 **PVC-U** 排水管时，若使用的 **PVC-U** 排水管偏长，可以使用工具将其割断。PVC-U 排水管的常用切割工具如图 5-17 所示，割管刀适合管径在 110mm 以下的管子，管锯和切割机切割比较灵活，可以切割更大管径的管子（也可切割小管径的管子），在便用切割机断管时，需要安装适合切割管子的切割片。

（a）割管刀　　　　　　　　　　　　　　　（b）管锯

（c）切割机

图 5-17　PVC-U 排水管的常用切割工具

5.2.4 PVC-U 排水管的连接

PP-R 给水管采用热熔法连接，**PVC-U** 排水管则采用胶粘剂粘接。PVC-U 管的胶粘剂如图 5-18 所示。

用胶粘剂粘接 PVC-U 管与管件的操作如图 5-19 所示，具体步骤如下。

① 使用细齿锯、割刀或专用 PVC-U 切管工具，将管材按照要求的尺寸均匀、垂直地割断。

② 用扁锉将断口处的毛边去掉，在涂抹胶粘剂之前，用干布将承插口处的粘接表面残屑、灰尘、水、油污擦干净。

③ 用毛刷将胶粘剂均匀地涂抹在管子的粘接表面。

④ 将管子对好管件口，迅速将管子插入管件口并转 1/4 圈，以便胶粘剂均匀分布固化。

⑤ 用布擦去管子表面多余的胶粘剂，待胶粘剂干燥、管子粘接牢固后方可使用。

图 5-18　PVC-U 管的胶粘剂

（a）　　　　　　　　　　（b）　　　　　　　　　　（c）

（d）　　　　　　　　　　（e）

图 5-19　用胶粘剂粘接 PVC-U 管与管件

5.3　排水地漏的选用与安装

　　地漏是一种安装在地面的带孔排水部件，其主要作用是将地面的水排放到排水管道。地漏如图 5-20 所示。好的地漏应具有图 5-21 所示的四大功能，即防堵塞（下水快）、防菌虫（如防蟑螂从排水管进入室内）、防返味（如防排水管内的臭味进入室内）、防返水（如防水从排水管倒灌入室内）。

图 5-20　地漏

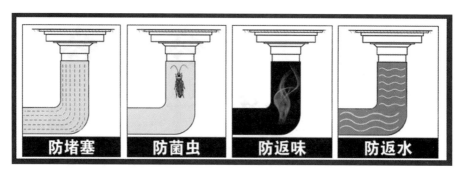

图 5-21　好的地漏具有的四大功能

5.3.1　五种类型的地漏及工作原理

1. 水封式地漏

水封式地漏的外形与结构原理如图 5-22 所示，地漏盖板的下方有一个扣碗，它将存水弯的下水口扣住，当地面水漏到存水弯并超出下水口时，超出部分的水从下水口流出进入排水管，由于扣碗将存水弯的一部分水扣住，这部分水起密封作用，可以阻止排水管内的臭气和虫子通过地漏进入室内。

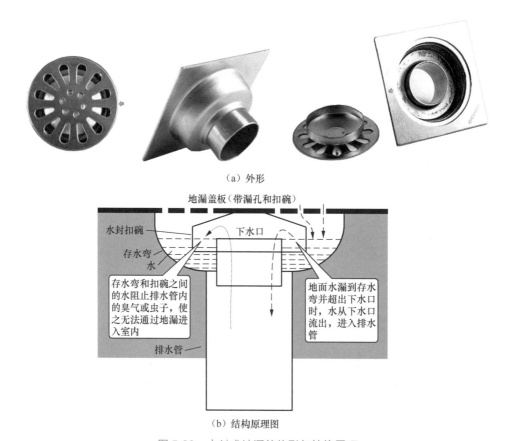

图 5-22　水封式地漏的外形与结构原理

2. 偏心式地漏

偏心式地漏又称翻板式地漏，其外形与工作原理如图 5-23 所示，偏心式地漏的下方有一个翻板，无水流入地漏时，翻板闭合，可以阻止排水管内的臭气和虫子通过地漏进入室内，有水流入地漏时，水的重力使翻板打开，让水流入排水管。

（a）外形

无水流入地漏时，翻板闭合，阻止排水管内的臭气通过地漏进入室内

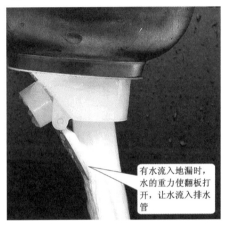

有水流入地漏时，水的重力使翻板打开，让水流入排水管

（b）工作原理

图 5-23　偏心式地漏的外形与工作原理

偏心式地漏安装比较简单，只要将它直接插入并卡在排水管口即可。如果要将水封式地漏更换成偏心式地漏，可以将偏心式地漏安装在水封式地漏的下水口上，如图 5-24 所示。

（a）取下盖板　　　　　　　　　　（b）将偏心式地漏塞入下水口

图 5-24　用偏心式地漏更换水封式地漏

（c）塞在下水口已安装好的偏心式地漏　　　（d）盖上适合的带孔盖板

图 5-24　用偏心式地漏更换水封式地漏（续）

3. 弹簧式地漏

弹簧式地漏的外形、结构与工作原理如图 5-25 所示，弹簧式地漏的下方有一个密封件，无水流入地漏时，密封件关闭，可以阻止排水管内的臭气和虫子通过地漏进入室内，有水流入地漏时，水的重力使密封件克服弹簧作用力而打开，水往下流出。

（a）外形与结构

水

水从上方流入地漏时，水的重力使下方的密封件克服弹簧的作用力而打开，水往下流出

（b）工作原理

图 5-25　弹簧式地漏的外形、结构与工作原理

4. 磁吸式地漏

磁吸式地漏的外形与工作原理如图 5-26 所示，磁吸式地漏的下方有一个磁性密封件，无水流入地漏时，密封件因磁吸而关闭，可以阻止排水管内的臭气和虫子通过地漏进入室内，有水流入地漏时，水的重力使密封件克服磁吸力而打开，水往下流出。

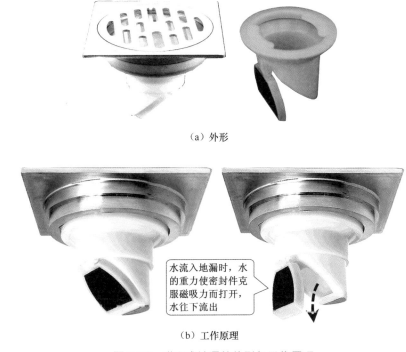

（a）外形

水流入地漏时，水的重力使密封件克服磁吸力而打开，水往下流出

（b）工作原理

图 5-26　磁吸式地漏的外形与工作原理

5. 硅胶式地漏

硅胶式地漏的外形与工作原理如图 5-27 所示，硅胶式地漏的底部有一段闭合部分，在无水流入时处于闭合状态，可以阻止排水管内的臭气和虫子通过地漏进入室内，有水流入时，闭合部分被冲开，水往下流出。

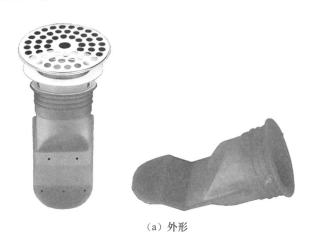

（a）外形

图 5-27　硅胶式地漏的外形与工作原理

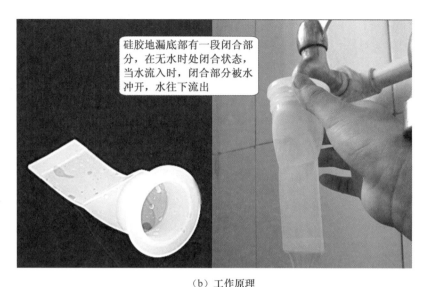

（b）工作原理

图 5-27　硅胶式地漏的外形与工作原理（续）

5.3.2　地漏的材质及特点

地漏的材质主要有铸铁、PVC、锌合金、陶瓷、铸铝、不锈钢、铜合金、黄铜等材质。不同材质地漏的特点如下。

①铸铁地漏：优点是价格低廉，但容易生锈、不美观，生锈后会挂粘脏物，不易清理。

②PVC地漏：优点是价格低廉，但易受温度影响发生变形，耐划伤和冲击性较差，不美观。

③锌合金地漏：优点是价格低廉，但易腐蚀。

④陶瓷地漏：优点是价格低廉，耐腐蚀，但不耐冲击。

⑤铸铝地漏：价格适中，质量小，较粗糙。

⑥不锈钢地漏：价格适中，美观，耐用。

⑦铜合金地漏：价格适中，实用型。

⑧黄铜地漏：价格较高，高档，质重，表面可作电镀处理。

5.3.3　地漏安装位置及数量的确定

地漏是住宅排水管道的重要组成部分，除便器外，室内的水基本都是由地漏进入排水管道的。在安装排水管道时，需要先确定住宅各处地漏的安装位置、数量与类型，敷设排水管道和选择地漏都要按此进行。

对于不同住宅，需要安装地漏的情况不一样，图 5-28 是典型的排水管道及地漏安装位置示意图。浴室的地漏用于排放浴室地面水，一般使用普通的地漏；厨房的地漏用于排放洗菜盆流出的水，卫生间的地漏用于排放卫生间地面水及洗漱盆流出的水，可使用单接头地漏，如图 5-29 所示，小阳台的地漏用于排放小阳台地面水、洗衣机出水和拖把池出水，可使用两接头地漏，合理使用带接头的地漏可以节省水路安装成本，但使用时尽量不要让多个接头同时排水。

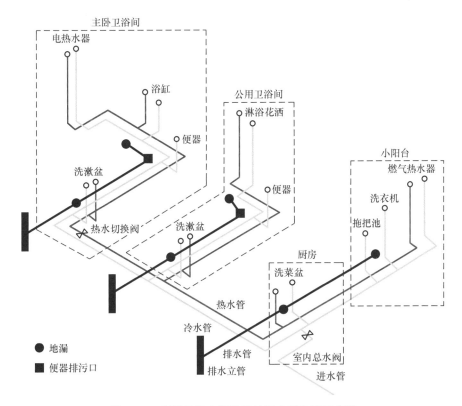

图 5-28　典型的排水管道及地漏安装位置示意图

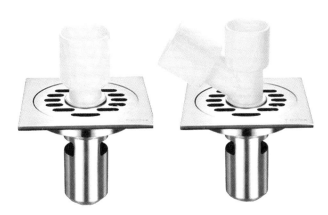

图 5-29　单接头和两接头地漏

5.3.4　地漏的安装

地漏的安装过程如下。

① 测量地漏排水管内径及深度，选择合适的地漏，如图 5-30 所示。

② 将选好的地漏底部放入排水管并摆好，再在地漏面板四周画好安装标线，如图 5-31 所示。

测量地漏排水管的管径及深度，以便选择合适的地漏

（a）测量地漏排水管内径及深度

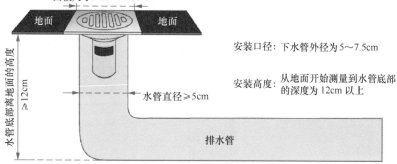

面板尺寸：10cm×10cm

地面　地面

水管底部离地面的高度 ≥12cm

水管直径≥5cm

排水管

安装口径：下水管外径为5～7.5cm

安装高度：从地面开始测量到水管底部的深度为12cm以上

（b）某型号的长款地漏安装要求

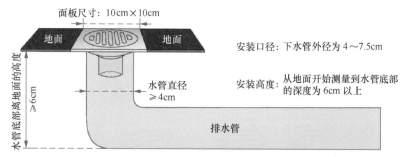

面板尺寸：10cm×10cm

地面　地面

水管底部离地面的高度 ≥6cm

水管直径 ≥4cm

排水管

安装口径：下水管外径为4～7.5cm

安装高度：从地面开始测量到水管底部的深度为6cm以上

（c）某型号的短款地漏安装要求

图 5-30　测量地漏排水管管径及深度选择合适的地漏

将地漏底部放入排水管并摆好，再在地漏面板四周画好安装标线

图 5-31　给地漏画好安装标线

③ 开始铺设瓷砖，从中心开始向两边开始铺贴，地面与墙面的瓷砖对齐铺缝，如图 5-32（a）所示，铺设瓷砖时要保持较小的坡度，确保地漏处最低，地面所有的水都可流入地漏，如果瓷砖尺寸不合要求，可用切割机（云石切割机）切割，如图 5-32（b）所示。当瓷砖铺设到地漏周围时，可以地漏为中心空出一个正方形空间，如图 5-32（c）所示。

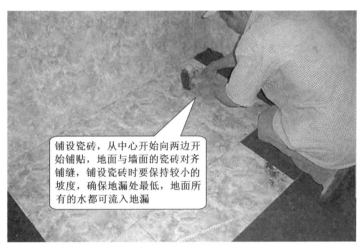

（a）铺设瓷砖

（b）用切割机切割瓷砖

（c）以地漏为中心四周留出一定的空间

图 5-32　铺设瓷砖

④ 从排水管上取出地漏，在地漏的背面四周涂上水泥，如图 5-33（a）所示，然后将地漏安装到排水管上，再切割出四块梯形瓷砖，铺贴在地漏四周，如图 5-33（b）所示，接着用锤子木柄轻轻敲击地漏，如图 5-33（c）所示，使地漏与地面密封紧密，并让地漏面略低于瓷砖面 2mm 左右，安装完成的地漏如图 5-33（d）所示。

（a）在地漏背面抹上水泥　　　　（b）在地漏四周铺贴梯形瓷砖

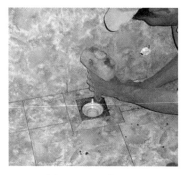 

（c）用锤子木柄轻轻敲击地漏四周　　（d）安装好的地漏

图 5-33　安装地漏

5.3.5　旧地漏的更换

如果先前安装的地漏损坏或防臭漏水效果不好，可以拆掉旧地漏，更换新地漏。

1. 拆除旧地漏

拆除旧地漏可以使用切割机，也可以使用一字螺钉旋具（或錾子）。用切割机拆除旧地漏的操作如图 5-34 所示。用一字螺钉旋具或錾子拆除旧地漏的操作如图 5-35 所示。

用切割机将地漏与四周的水泥分离，切割时可用水对切割部位降温

用锤子敲击地漏，使地漏与下面的水泥分离

（a）用切割机将地漏与四周的水泥分离　　（b）用锤子敲击地漏使之与下面的水泥分离

图 5-34　用切割机拆除旧地漏的操作

（c）取下的地漏

图 5-34　用切割机拆除旧地漏的操作（续）

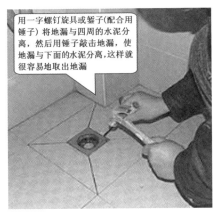

用一字螺钉旋具或錾子(配合用锤子) 将地漏与四周的水泥分离，然后用锤子敲击地漏，使地漏与下面的水泥分离,这样就很容易地取出地漏

（a）用一字螺钉旋具和锤子将地漏与水泥分离　　　　　（b）取下的地漏

图 5-35　用一字螺钉旋具或錾子拆除旧地漏的操作

2. 安装新地漏

在安装新地漏时，先要将地漏坑内的水泥碎块清理掉，使坑内保持平整，然后安装新地漏。新地漏的安装过程如图 5-36 所示。

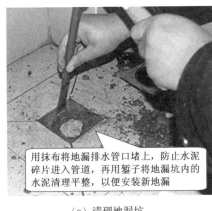

用抹布将地漏排水管口堵上，防止水泥碎片进入管道，再用錾子将地漏坑内的水泥清理平整，以便安装新地漏

在地漏坑的排水管四周抹上水泥

（a）清理地漏坑　　　　　　　　　　　　（b）在地漏坑的排水管口四周抹上水泥

图 5-36　新地漏的安装

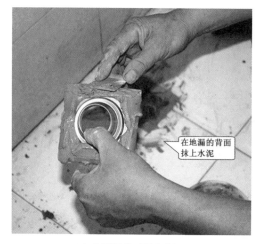

在地漏的背面抹上水泥

（c）在地漏背面抹上水泥

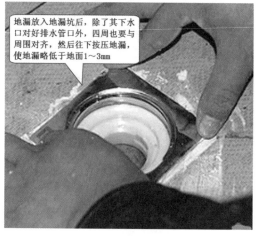

将地漏下水口对好排水管口放入地漏坑

（d）将地漏放入地漏坑

地漏放入地漏坑后，除了其下水口对好排水管口外，四周也要与周围对齐，然后往下按压地漏，使地漏略低于地面1～3mm

（e）将地漏四周与周围对齐

（f）安装地漏芯

（g）安装地漏网和地漏盖

（h）安装完成的新地漏

图 5-36　新地漏的安装（续）

第6章
水阀、水表和水龙头的结构与拆卸安装

6.1 水阀的结构与拆卸安装

6.1.1 闸阀与球阀

闸阀与球阀是给水管道中的开关部件，既可开通、切断水路，又可调节水的流量，虽然闸阀与球阀的结构与工作原理不同，但都可以用在给水管道的干路或支路中。

1. 闸阀

闸阀可以安装在给水管道的干、支路中，用于开、关水路，有些闸阀还可以调节水流量，住宅通常使用具有开、关水路和调节水流量的闸阀。

图 6-1（a）是一种常见的闸阀，闸阀的典型结构如图 6-1（b）（c）所示，对于图 6-1（b）结构的闸阀，当闸阀内部的阀门关闭时，水无法通过；当阀门开启时，有水流过，阀门开启越大，水的流量越大。对于图 6-1（c）结构的闸阀，在关闭阀门时需要克服水往上的压力。

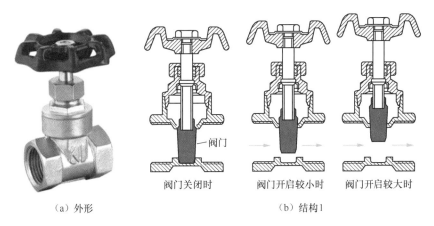

（a）外形   （b）结构1

图 6-1 一种常见的闸阀

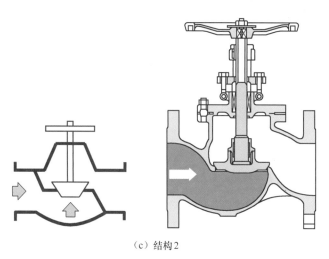

（c）结构2

图 6-1 一种常见的闸阀（续）

2. 球阀的结构与原理

球阀与闸阀一样，可以开、关水路和调节水的流量，球阀既可以安装在给水管道的干路，又可以安装在给水管道的支路。**住宅给水管道常用的球阀主要有双通球阀和三通球阀。**

双通球阀的外形与结构原理如图 6-2 所示，在球阀内部有一个球形阀芯，阀芯中间有一个通孔，当通孔与阀体垂直时，阀门关闭，水无法通过；当通孔与阀体平行时，阀门全开，水可以通过且流量最大，如果通孔与阀体处于平行和垂直之间时，阀门开启较小，水可以通过但流量小。

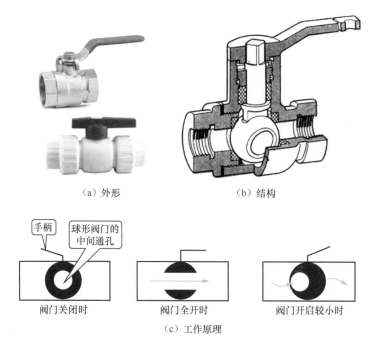

（a）外形　　　　　　　　　　（b）结构

图 6-2 双通球阀的外形与结构原理

三通球阀有三个接口，根据手柄旋转角度的不同，可分为 T 形（手柄可旋转 180°）和 L

形（手柄可旋转 90°）。T 形和 L 形三通球阀外形及内部导通情况如图 6-3 所示。有些三通球阀的内部导通情况可能与图 6-3 不同，遇到这种情况除了可查看球阀附带说明书外，还可以采用吹气的方法来判断。在用吹气法判断时，将手柄旋至某个位置，然后往一个接口吹气，同时用手在另外两个接口处感受有无气体吹出，以此判断手柄在该位置时球阀各接口内部导通情况，再将手柄旋至另一个位置，进行同样的操作判断。

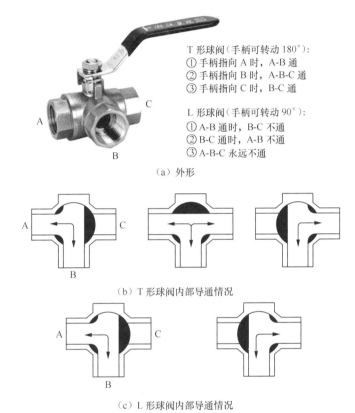

图 6-3　T 形和 L 形三通球阀内部导通情况

6.1.2　三角阀

1．外形与功能

三角阀又称角阀、角型阀和折角水阀等，其阀体有进水口、出水口和水量控制端，进水口和出水口之间呈 **90°**，三角阀是住宅给水管道安装中使用最多的一种水阀。三角阀的外形如图 6-4 所示。

三角阀的功能：①转接内外出水口；②开、关水路；③调节水压。

2．结构与工作原理

三角阀开、关水路和调节水压是依靠内部的阀芯来完成的，现在的三角阀多数采用陶瓷阀芯。三角阀的典型结构与工作原理如图 6-5 所示。

图 6-4 三角阀的外形

陶瓷片阀门（当扇形瓷片完全盖住圆形瓷片的扇形孔时，阀门关闭）

图 6-5 三角阀的典型结构与工作原理

3. 分类

（1）按使用温度分类

按使用温度，三角阀可分为冷水型三角阀和热水型三角阀。

热水型三角阀用于热水管道，一般带有红色标志；冷水型三角阀用于冷水管道，一般带有蓝色或绿色标志。同一厂家同一型号中的冷、热水型三角阀其材质绝大部分是一样，没有本质区别，只有部分低档的慢开型三角阀是橡圈阀芯，橡圈材质不能承受 90℃热水，故热水型三角阀不能用橡圈材质作为阀芯。

（2）按开启方式分类

按开启方式，三角阀可分为快开型三角阀和慢开型三角阀。

快开型三角阀的调节钮转动 90° 即可快速开启和关闭阀门；慢开型三角阀的调节钮需转动 360° 才能开启和关闭阀门。现在大多数使用快开型三角阀。

（3）按阀芯分类

按阀芯，三角阀可分为球形阀芯、陶瓷阀芯、ABS（工程塑料）阀芯、合金阀芯和橡胶旋转式阀芯。

① 球形阀芯：其优点是口径比陶瓷阀芯大，不会减小水压和流量，操作便捷（旋转90°

就可以全开／全关），镀铬球形阀芯高耐磨，使用寿命长，可避免产生铜绿。

②陶瓷阀芯：其优点是开关的手感顺滑轻巧。其适用于家庭，使用寿命长，建议使用，但造价稍高。

③ABS（工程塑料）：塑料阀芯造价低，但质量较差。

④橡胶旋转式阀芯：以前使用较多，现在已经淘汰，原因是开启和关闭非常费时费力，现在的住宅已很少采用这种材质的三角阀。

（4）按外壳材料分类

按外壳材料，三角阀可分为黄铜、合金、铁、塑料。

①黄铜外壳：容易加工，可塑性强，有硬度，抗折抗扭力强。

②合金外壳：造价低，缺点是抗折抗扭力低，表面易氧化。

③铁外壳：易生锈，污染水源。在环保低碳的当今社会不建议使用。

④塑料外壳：造价低廉，不易在极寒冷的北方使用。

4. 使用场合及数量

三角阀是住宅给水管道使用最多的一种水阀，主要用在洗菜盆（一冷一热两个三角阀）、洗漱盆（一冷一热）、便器（一个冷水型三角阀）和热水器（一冷一热）的水管接口。三角阀的使用场合及数量如图6-6所示。

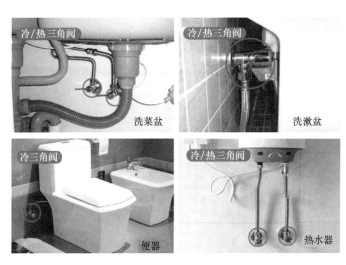

图6-6　三角阀的使用场合及数量

6.1.3　水阀的拆卸与安装

住宅给水管道使用的水阀主要有闸阀、球阀和三角阀，由于三角阀的拆卸安装难度大且使用数量多，掌握三角阀的拆装后，再拆装闸阀和球阀就会觉得很简单，因此下面以三角阀为例来介绍水阀的拆卸与安装。

1. 三角阀的拆卸

三角阀有两个接口，在安装时，一个接口旋入预埋在墙内的水管接口，另一个接口通常与一根带有螺母的水管连接。三角阀的拆卸如图6-7所示，首先用扳手将三角阀外部接口上连接外部水管的螺母旋下；然后将螺钉旋具插入外部接口，手握住螺钉旋具手柄逆时针旋转，即可将三角阀另一个接口从墙内水管接口内旋出。

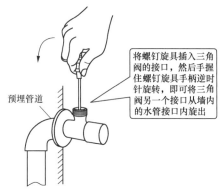

用扳手将三角阀外部接口上连接外部水管的螺母旋下

将螺钉旋具插入三角阀的接口，然后手握住螺钉旋具手柄逆时针旋转，即可将三角阀另一个接口从墙内的水管接口内旋出

预埋管道

（a）旋下外部接口上的螺母　　　　　（b）将另一个接口从墙内水管接口内旋出

图 6-7　三角阀的拆卸

2. 三角阀的安装

三角阀的安装如图 6-8 所示，在安装时，要确保管道内的泥沙已清理干净，安装完成后要通水测试是否漏水，如果接口处漏水可拆下三角阀，再多缠几圈生料带重新安装，以增强接口间的密封性。

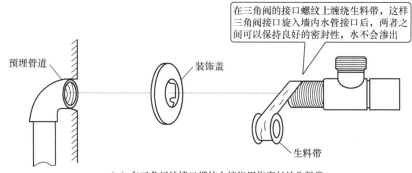

在三角阀的接口螺纹上缠绕生料带，这样三角阀接口旋入墙内水管接口后，两者之间可以保持良好的密封性，水不会渗出

预埋管道　　装饰盖

生料带

（a）在三角阀的接口螺纹上缠绕用作密封的生料带

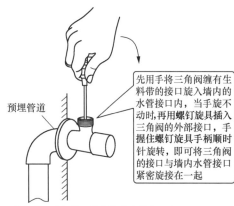
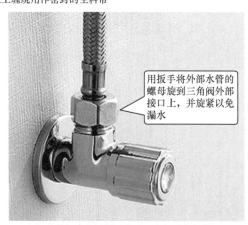

预埋管道

先用手将三角阀缠有生料带的接口旋入墙内的水管接口内，当手旋不动时，再用螺钉旋具插入三角阀的外部接口，手握住螺钉旋具手柄顺时针旋转，即可将三角阀的接口与墙内水管接口紧密旋接在一起

用扳手将外部水管的螺母旋到三角阀外部接口上，并旋紧以免漏水

（b）将三角阀接口旋入墙内水管接口内　　　　（c）将外部水管的螺母旋到三角阀的外部接口上

图 6-8　三角阀的安装

大多数三角阀的接口规格为外丝 G1/2（20mm，4 分），与之匹配的墙内水管接口及外部水管螺母规格均应为内丝 G1/2（20mm，4 分）。

6.2　水表的识读与安装

6.2.1　常用水表的外形

水表的功能用于累计用水总量。图 6-9 列出了几种水表，左边的水表最常用。

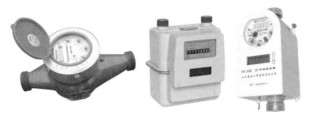

图 6-9　几种水表外形

6.2.2　水表用水量的识读

住宅使用的水表计量单位为 m³（立方米），1m³（等于 1 000L）的水的质量为 1 000kg，即 1t。水表的表盘及用水量的识读如图 6-10 所示。

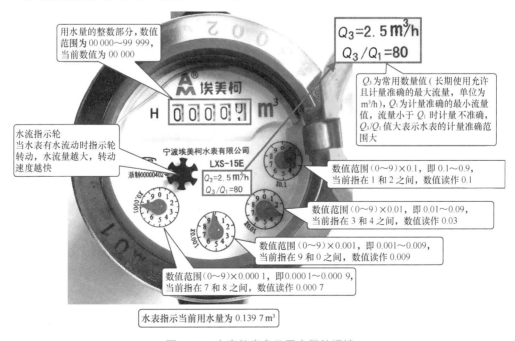

图 6-10　水表的表盘及用水量的识读

6.2.3　水表的规格与安装

1. 水表的规格
住宅使用的水表规格主要有 4 分表和 6 分表，两种水表的区分如图 6-11 所示。

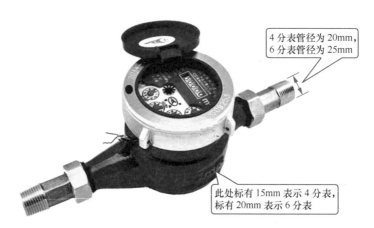

　4 分表管径为 20mm，
　6 分表管径为 25mm

此处标有 15mm 表示 4 分表，
标有 20mm 表示 6 分表

图 6-11　4 分水表和 6 分水表的区分

2. 水表的安装
在安装水表时，先要在两个接口装上配带的铜接头（外丝），再将铜接头拧入给水管的管件（内丝）内。水表的安装如图 6-12 所示，为了避免水表铜接头与管件连接部位漏水，可以先在铜接头的螺纹上缠绕生料带，再拧入水管的管件内。

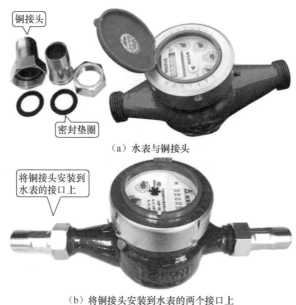

铜接头

密封垫圈

（a）水表与铜接头

将铜接头安装到
水表的接口上

（b）将铜接头安装到水表的两个接口上

图 6-12　水表的安装

（c）将水表的铜接头拧入给水管的管件（内丝）内

图 6-12　水表的安装（续）

水龙头的安装、拆卸与维修

水龙头是给水管道的出水开关装置，同时还能调节出水流量大小。水龙头的更新换代速度很快，从早期的铸铁式水龙头到电镀旋钮式水龙头，又发展到不锈钢单温单控水龙头、不锈钢双温双控龙头和自动感应自动龙头等。

6.3.1　水龙头的分类

① 按材料来分，水龙头可分为铸铁、黄铜、塑料、锌合金和不锈钢水龙头，如图 6-13 所示，铸铁水龙头和老式黄铜水龙头基本被淘汰。

铸铁水龙头　　黄铜水龙头　　塑料水龙头

锌合金水龙头　　不锈钢水龙头

图 6-13　五种不同材料的水龙头

② 按功能来分，水龙头可分为洗漱盆、浴缸、淋浴、洗菜盆水龙头。

③ 按结构来分，水龙头可分为单联式、双联式和三联式等几种水龙头，如图 6-14 所示，单联式水龙头（一个进水口一个出水口）可接冷水管或热水管，双联式水龙头（两个进水口一个出水口）可同时接冷热两根管道，多用于洗漱盆、浴缸、淋浴和洗菜盆，三联式水龙头（两个进水口两个出水口）除接冷热水两根管道外，还可以接淋浴喷头，主要用于淋浴的水龙头。

（a）单联式水龙头（一进一出）　　　　　　　（b）双联式水龙头（两进一出）

（c）三联式水龙头（两进两出）

图 6-14　三种不同结构的水龙头

④ 按开启方式来分，水龙头可分为螺旋式、扳手式、抬启式和感应式等。螺旋式手柄打开时，要旋转很多圈，扳手式手柄一般只需旋转 90°，抬启式手柄只需往上一抬即可出水，感应式水龙头只要把手伸到水龙头下，便会自动出水。

⑤ 按阀芯来分，水龙头可分为橡胶阀芯（慢开阀芯）、陶瓷阀芯（快开阀芯）和不锈钢阀芯等几种。影响水龙头质量最关键的就是阀芯，使用橡胶阀芯的水龙头多为螺旋式开启的铸铁水龙头和老式黄铜水龙头，已经基本被淘汰，陶瓷阀芯水龙头是近几年出现的，质量较好，使用最为广泛，不锈钢阀芯目前使用较少。

6.3.2　水龙头的安装

1.水龙头的安装示意图及说明

水龙头的安装示意图如图 6-15 所示，先在水龙头的接口螺纹上缠绕十几圈生料带（可根据实际情况增减圈数），然后将缠有生料带的水龙头接口插入给水管的管件内，再顺时针旋转水龙头，直至无法转动且出水口朝下为止。

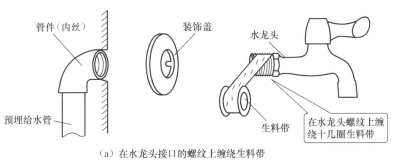

（a）在水龙头接口的螺纹上缠绕生料带

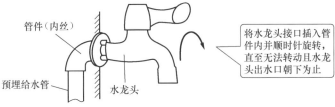

（b）将水龙头的接口拧入给水管的管件内

图 6-15　水龙头的安装示意图

2. 水龙头的实际安装

水龙头的实际安装过程如图 6-16 所示。

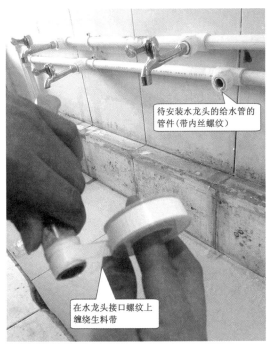

（a）在水龙头接口螺纹上缠绕生料带　　（b）将水龙头接口插入给水管的管件内并转动

图 6-16　水龙头的实际安装过程

（c）用扳手进一步紧固水龙头　　　　（d）安装完成的水龙头

图 6-16　水龙头的实际安装过程（续）

6.3.3　水龙头的拆卸

单联式水龙头有一个进水口和一个出水口，其拆卸如图 6-17 所示。

（a）待拆卸的水龙头　　　　（b）用手或使用管钳将出水口滤嘴旋下

图 6-17　水龙头的拆卸

（c）拆下的出水口滤嘴

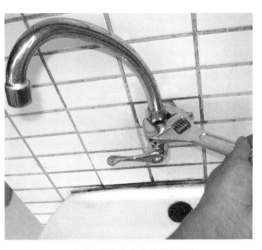

（d）用扳手旋拧出水管紧固螺母

（e）取出水龙头出水管

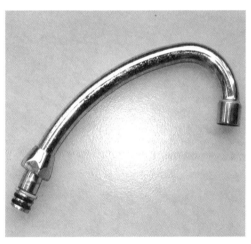

（f）拆下的水龙头出水管

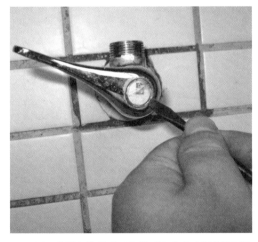

（g）用一字螺钉旋具或刀片撬下水龙头手柄上的标签

（h）标签取下后可看见手柄上有一个固定螺钉

图 6-17　水龙头的拆卸（续）

（i）用螺钉旋具将标签遮盖的螺钉旋下

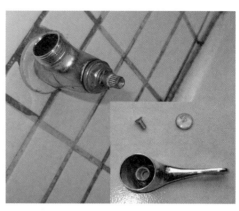

（j）拆下水龙头手柄后可看见阀芯

（k）用扳手旋拧阀芯

（l）从水龙头中取出阀芯

（m）用钳子钳住水龙头并逆时针转动

（n）从墙内的管件中取出水龙头

图 6-17　水龙头的拆卸（续）

6.3.4　一进一出水龙头阀芯的结构原理、维修与更换

1. 结构与工作原理

一进一出水龙头阀芯的结构与工作原理如图 6-18 所示。在拆卸阀芯时，先取出密封垫圈，然后取出圆形陶瓷片，再取出扇形陶瓷片，在扇形陶瓷片边沿有两个缺口，转轴卡入缺口后

可以转动扇形陶瓷片，在安装时，用密封垫圈将圆形陶瓷片和扇形陶瓷片紧压在一起，转动转轴可以让扇形陶瓷片遮住圆形陶瓷片的两个扇形孔，从而关闭阀门。

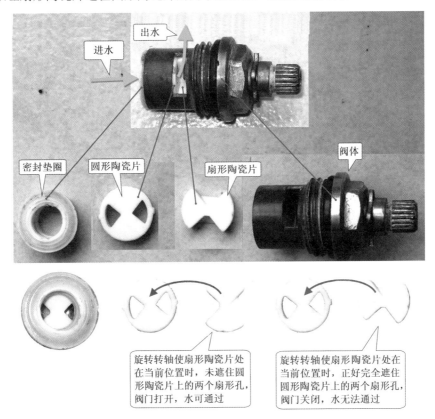

图 6-18　一进一出水龙头阀芯的结构与工作原理

　　一进一出水龙头阀芯主要用于单联单控水龙头、三角阀和双联双控水龙头，如图 6-19 所示，双联双控水龙头要用到两个一进一出阀芯。

图 6-19　一进一出水龙头阀芯应用场合

2. 漏水故障的应急维修

　　水龙头常见的故障是漏水，这通常是阀芯密封不严引起的，最好的维修方法是更换新阀芯，如果一时无法找到合适的阀芯更换，可采用一些应急的方法来解决。

　　若密封垫圈密封不严，可用生料带在垫圈周围缠绕，再将缠有生料带的垫圈装回阀芯。

如果垫圈老化变短，其对圆形陶瓷片压力减小，可能会使圆形陶瓷片与扇形陶瓷片不能紧贴在一起，水会从两者之间渗出，从而出现水龙头漏水，对于这种情况，可用生料带在垫圈底部边缘包缠，并让部分生料带超出底部边缘，然后将垫圈装回阀芯，垫圈底部超出的生料带被压在垫圈与圆形陶瓷片之间，相当于在两者之间增加了一个有一定厚度的密封环，它对圆形陶瓷片产生一定的压力，使圆形陶瓷片与扇形陶瓷片紧贴在一起，可消除漏水或减轻漏水。

3. 常用规格与选用更换

一进一出水龙头阀芯没有统一的规格标准，有少数厂家设计的阀芯仅能用于本厂生产的水龙头，多数厂家生产的阀芯可以通用，但规格较多。图6-20列出了几种常见的水龙头阀芯规格类型，其中类型1最为常用。

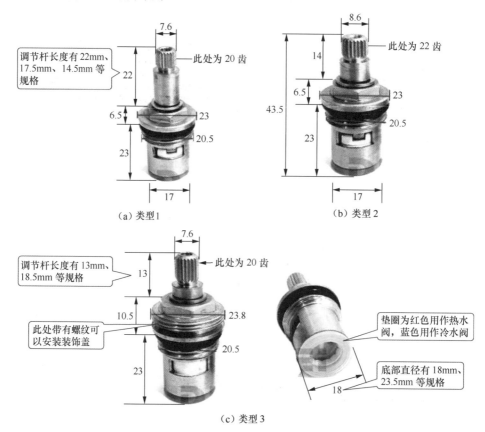

图6-20　一进一出水龙头阀芯的几种规格类型

在选用更换新阀芯时主要应注意：①新、旧阀芯的调节杆长度是否一致；②阀芯底部直径是否一致，直径在**16～18mm**范围内可以换用；③新、旧阀芯调节杆顶部齿数是否一致（绝大多数为20齿）；④新、旧阀芯是否有装饰盖螺纹。如果更换的阀芯与旧阀芯不一致，出现密封不严漏水时，应找出漏水部位，然后用生料带包缠、填充该部位。

6.3.5　二进一出水龙头阀芯的拆卸安装、结构原理与选用更换

洗菜盆、洗漱盆、淋浴花洒和浴缸一般采用二进一出水龙头，它有一冷一热两个进水口

和一个出水口。

1. 从双联单控水龙头中拆出二进一出阀芯

从双联单控水龙头中拆出二进一出阀芯的操作过程如图 6-21 所示，阀芯的安装过程正好相反，在安装阀芯时，要将阀芯底部两个定位凸点对准水龙头相应位置的两个定位凹坑。

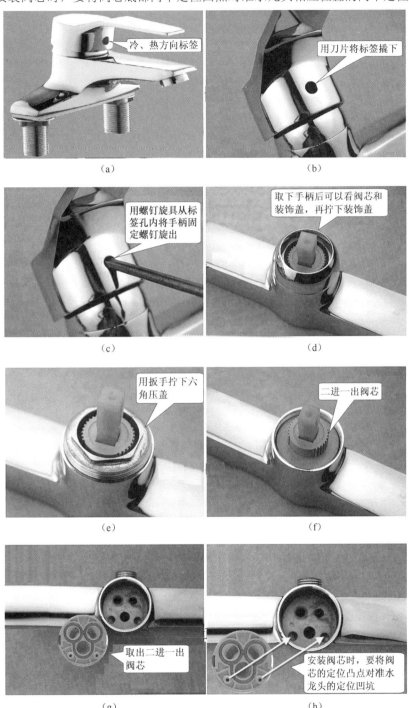

图 6-21　从双联单控水龙头中拆出二进一出阀芯的操作过程

2. 二进一出阀芯的拆卸与结构原理

（1）阀芯的拆卸

二进一出阀芯的拆卸如图6-22所示，在阀芯上找到底座卡在阀体上的卡扣，用一字螺钉旋具往卡孔内顶压并往下撬动卡扣，卡扣与卡孔脱离后，即可取下阀芯的底座，阀芯内部的动、静陶瓷片和阀杆随之取出。

（2）结构原理

二进一出阀芯由底座、静陶瓷片、动陶瓷片、阀体和阀杆组成，如图6-23所示。二进一出阀芯工作原理说明如图6-24所示。

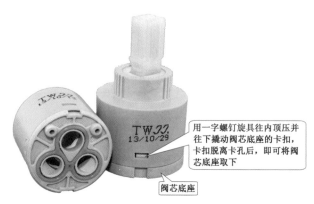

用一字螺钉旋具往内顶压并往下撬动阀芯底座的卡扣，卡扣脱离卡孔后，即可将阀芯底座取下

阀芯底座

图6-22　二进一出阀芯的拆卸

底座　　静陶瓷片　　动陶瓷片　　阀体　　阀杆

图6-23　二时一出阀芯的组成部件

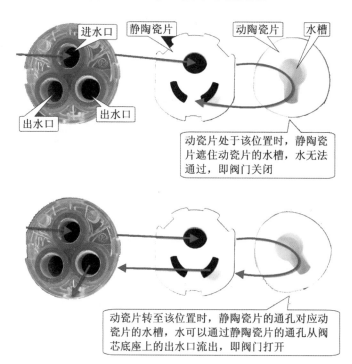

进水口　静陶瓷片　动陶瓷片　水槽

出水口　　出水口

动瓷片处于该位置时，静陶瓷片遮住动瓷片的水槽，水无法通过，即阀门关闭

动瓷片转至该位置时，静陶瓷片的通孔对应动瓷片的水槽，水可以通过静陶瓷片的通孔从阀芯底座上的出水口流出，即阀门打开

图6-24　二进一出阀芯工作原理说明图

3. 二进一出阀芯的规格及选用更换

二进一出阀芯根据底部直径不同，可分为35mm阀芯和40mm阀芯；根据阀杆不同，可分为普通阀杆阀芯和螺杆阀芯；根据底部高度不同，可分为平脚阀芯和高脚阀芯。在高脚阀芯中，根据密封圈的位置不同，二进一出阀芯可分为上密封高脚阀芯和下密封高脚阀芯。二进一出阀芯的类型及规格参数如图6-25所示，其中35mm和40mm的普通阀杆平脚阀芯较为常用。

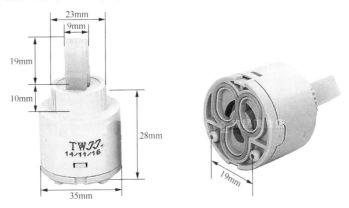

（a）35mm普通阀杆平脚阀芯

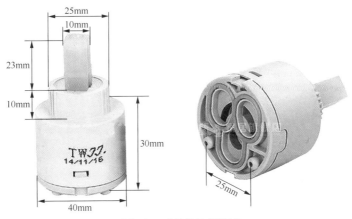

（b）40mm普通阀杆平脚阀芯

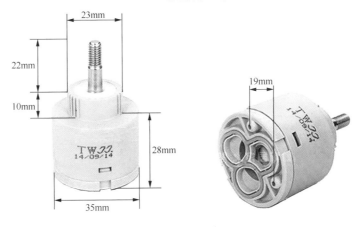

（c）35mm螺杆平脚阀芯

图6-25　二进一出阀芯的类型及规格参数

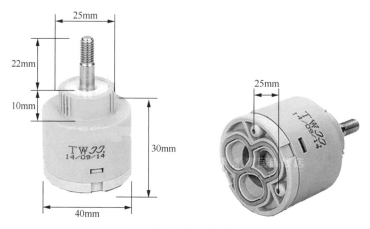

（d）40mm 螺杆平脚阀芯

（e）35mm 普通阀杆高脚上密封阀芯

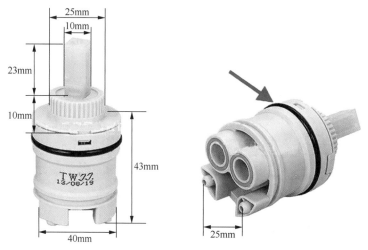

（f）40mm 普通阀杆高脚上密封阀芯

图 6-25　二进一出阀芯的类型及规格参数（续）

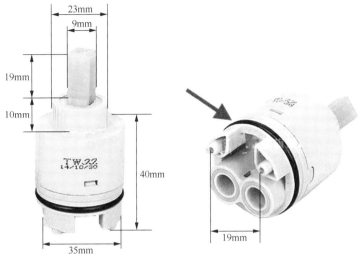

（g）35mm 普通阀杆高脚上密封阀芯

（h）40mm 普通阀杆高脚下密封阀芯

图 6-25　二进一出阀芯的类型及规格参数（续）

　　在选用更换新阀芯时，需要了解旧阀芯底部直径是 **35mm** 还是 **40mm**，阀杆是普通阀杆还是螺杆，底部是平脚还是高脚，若是高脚阀芯，是上密封还是下密封，选用的新阀芯在这些方面应与旧阀芯一致。

第7章 Chapter 7
洗菜盆、浴室柜和马桶的安装

7.1 洗菜盆的安装

7.1.1 洗菜盆安装台面的开孔

洗菜盆安装台面的开孔如图 7-1 所示，也可以在订购厨具时告诉商家洗菜盆水槽开孔尺寸，商家会让厂家按该尺寸开孔，由于厂家用专门的工具开孔，会比较美观和精确。

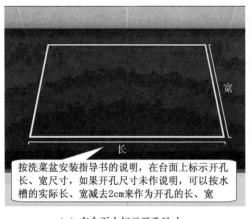

按洗菜盆安装指导书的说明，在台面上标示开孔长、宽尺寸，如果开孔尺寸未作说明，可以按水槽的实际长、宽减去2cm来作为开孔的长、宽

（a）在台面上标示开孔尺寸

（b）用切割机在台面上开孔

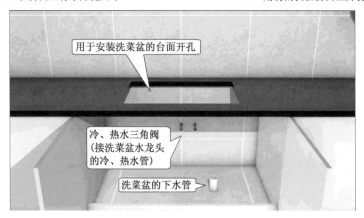

用于安装洗菜盆的台面开孔

冷、热水三角阀（接洗菜盆水龙头的冷、热水管）

洗菜盆的下水管

（c）台面开孔完成

图 7-1 洗菜盆安装台面的开孔

7.1.2　水槽各部分说明

洗菜盆的水槽及各部分说明如图 7-2 所示。

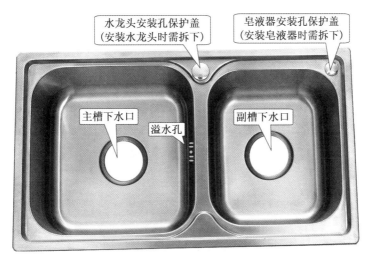

图 7-2　洗菜盆的水槽及各部分说明

7.1.3　下水器的安装

1. 下水器的组成部件

下水器用于连接水槽下水口和排水管，主要由密封盖、提篮、下水杯、密封垫圈和下水隔离外壳组成，如图 7-3 所示。

图 7-3　下水器的组成部件

2. 下水器的安装

下水器的安装如图 7-4 所示，再用同样的方法给另一个水槽安装下水器。

（a）从包装盒中取出下水器

（b）从正面将下水器装入水槽的下水口

 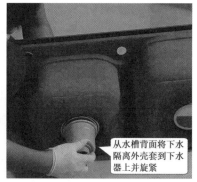

（c）从水槽背面给下水器套上密封垫圈和下水隔离外壳并旋紧

图 7-4　下水器的安装

7.1.4　水龙头的安装

1. 水龙头的组成部件

洗菜盆的水龙头由水龙头主体、牙管、固定螺母、垫圈和冷、热水管组成，如图 7-5 所示。

2. 水龙头的安装

洗菜盆水龙头的安装如图 7-6 所示。

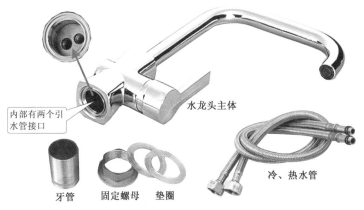

内部有两个引水管接口

水龙头主体

牙管　固定螺母　垫圈

冷、热水管

图 7-5　洗菜盆水龙头的组成部件

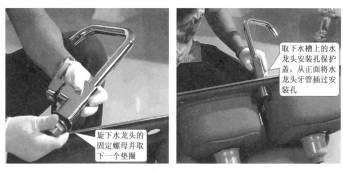

旋下水龙头的固定螺母并取下一个垫圈

取下水槽上的水龙头安装孔保护盖，从正面将水龙头牙管插过安装孔

（a）将水龙头插入水槽安装孔

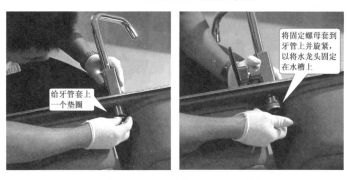

给牙管套上一个垫圈

将固定螺母套到牙管上并旋紧，以将水龙头固定在水槽上

（b）用螺母将水龙头固定在水槽上

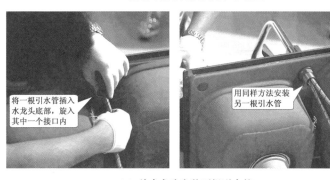

将一根引水管插入水龙头底部，旋入其中一个接口内

用同样方法安装另一根引水管

（c）给水龙头安装两根引水管

图 7-6　洗菜盆水龙头的安装

7.1.5 皂液器的安装

1.皂液器的组成部件

皂液器的组成部件有按压出液头、装饰固定盖、紧固螺母、螺管、引液管和储液瓶，如图 7-7 所示。

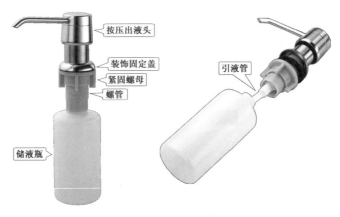

图 7-7 皂液器的组成部件

2.皂液器的安装

皂液器的安装如图 7-8 所示。

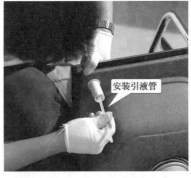

（a）从水槽正面将皂液器螺管插入安装孔并安装引液管

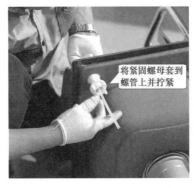
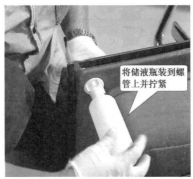

（b）安装紧固螺母和储液器

图 7-8 皂液器的安装

7.1.6　下水管道的安装

1. 下水管道的组成部件

洗菜盆的下水管道主要由下水干管、副水槽下水器软管、溢水器软管、S 弯下水管和下水软管等组成，如图 7-9 所示。

2. 下水管道的安装

洗菜盆下水管道的安装如图 7-10 所示。

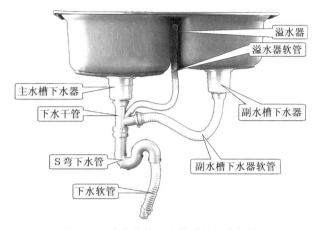

溢水器
溢水器软管
主水槽下水器
下水干管
副水槽下水器
S 弯下水管
副水槽下水器软管
下水软管

图 7-9　洗菜盆的下水管道的组成部件

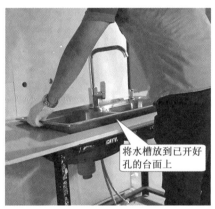

将水槽放到已开好孔的台面上

往下水干管的上接口内放入密封垫圈

（a）将水槽放到开好孔的台面后开始安装下水管道

将下水干管安装到主水槽下水器的下水口上并拧紧

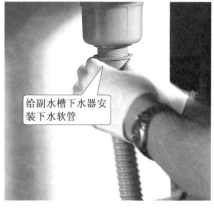

给副水槽下水器安装下水软管

（b）分别给主、副水槽下水器安装下水干管和下水软管

图 7-10　洗菜盆下水管道的安装

（c）在下水干管上安装副水槽下水软管和 S 弯下水管

图 7-10　洗菜盆下水管道的安装（续）

7.1.7　溢水器的安装

溢水器的功能是当水槽水位达到一定高度超过溢水孔时，自动将超出水位的水排放掉。溢水器的安装如图 7-11 所示。

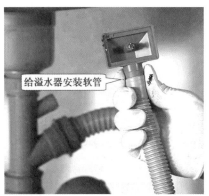

（a）给溢水器安装下水软管和密封垫圈

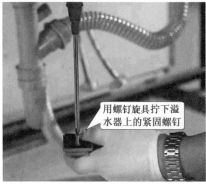

（b）将溢水器软管另一端接到下水干管相应接口上再拧下溢水器上的紧固螺钉

图 7-11　溢水器的安装

将溢水器放到溢水孔的背面

从溢水孔正面拧入紧固螺钉，将溢水器与溢水孔紧固在一起

（c）将溢水器放到水槽溢水孔背面并从正面用螺钉固定

图 7-11　溢水器的安装（续）

7.1.8　洗菜盆与给、排水管道的连接

洗菜盆与给水管道的连接是指水龙头的冷、热引水管与冷、热三角阀的连接，洗菜盆与排水管道的连接是指水槽下水管与排水管道的排水管的连接。

水龙头的冷、热引水管与冷、热三角阀的连接如图 7-12 所示，水槽下水管与排水管道的排水管的连接如图 7-13 所示。

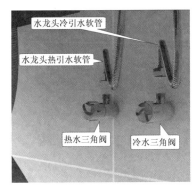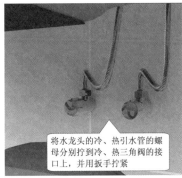

水龙头冷引水软管

水龙头热引水软管

热水三角阀　冷水三角阀

将水龙头的冷、热引水管的螺母分别拧到冷、热三角阀的接口上，并用扳手拧紧

图 7-12　水龙头的冷、热引水管与冷、热三角阀的连接

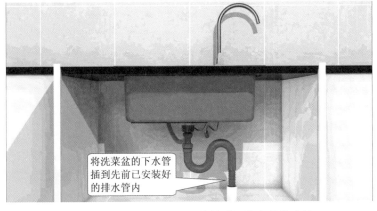

将洗菜盆的下水管插到先前已安装好的排水管内

图 7-13　水槽下水管与排水管道的排水管的连接

7.1.9 洗菜盆与台面的粘接密封

洗菜盆安装在台面的开孔内，为了防止水从台面与洗菜盆之间的缝隙流入下方，同时为了将洗菜盆与台面固定在一起，可以用打胶枪在台面开孔边缘和洗菜盆边缘涂上具有密封和粘接作用的硅胶（俗称玻璃胶）。洗菜盆与台面的粘接密封如图 7-14 所示。

在将水槽放入台面开孔前，用打胶枪先在开孔四周边缘涂一层硅胶（玻璃胶）

（a）在台面开孔四周边缘打胶

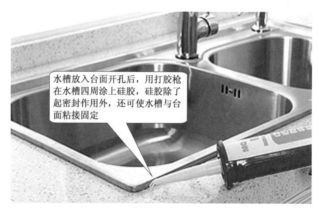

水槽放入台面开孔后，用打胶枪在水槽四周涂上硅胶，硅胶除了起密封作用外，还可使水槽与台面粘接固定

（b）在水槽四周打胶

图 7-14　洗菜盆与台面的粘接密封

7.2 浴室柜与洗漱盆的安装

7.2.1 浴室柜的组件

浴室柜的种类很多，图 7-15 是一种典型的浴室柜，由主柜、台盆及水龙头、镜柜（含镜柜、镜子和镜子托盘）和侧柜组成。

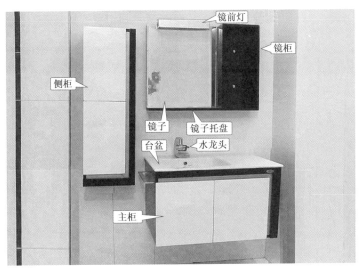

图 7-15　一种典型的浴室柜

7.2.2　主柜的安装

浴室柜的主柜安装如图 7-16 所示。

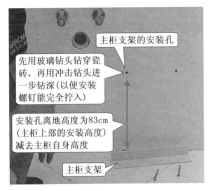

（a）安装主柜支架

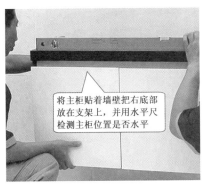

（b）标记安装孔

图 7-16　浴室柜的主柜安装

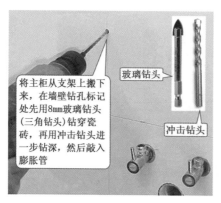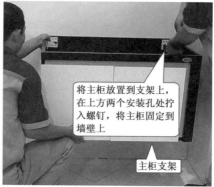

（b）钻孔并用螺钉将主柜固定到墙上

图 7-16 浴室柜的主柜安装（续）

7.2.3 水龙头、下水器和台盆的安装

水龙头、下水器和台盆的安装如图 7-17 所示。

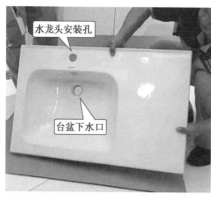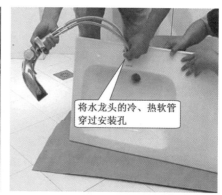

（a）安装水龙头

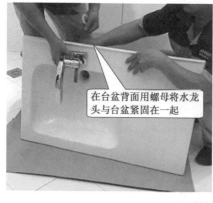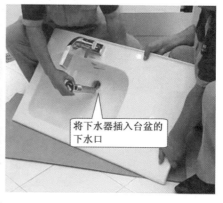

（b）固定水龙头并安装下水器

图 7-17 水龙头、下水器和台盆的安装

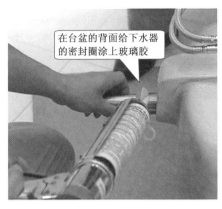

在台盆的背面给下水器的密封圈涂上玻璃胶

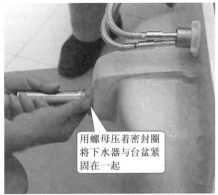

用螺母压着密封圈将下水器与台盆紧固在一起

（c）固定并密封下水器

将台盆放到主柜上

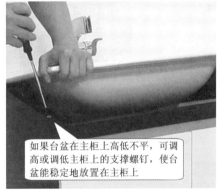

如果台盆在主柜上高低不平，可调高或调低主柜上的支撑螺钉，使台盆能稳定地放置在主柜上

（d）安装台盆

图 7-17　水龙头、下水器和台盆的安装（续）

7.2.4　镜柜的安装

镜柜的安装如图 7-18 所示。

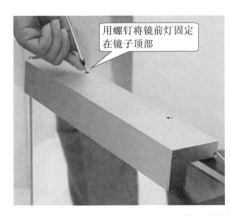

用螺钉将镜前灯固定在镜子顶部

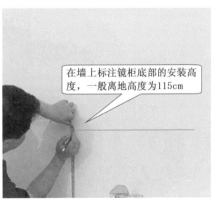

在墙上标注镜柜底部的安装高度，一般离地高度为115cm

（a）安装镜前灯并在墙上标注镜柜底部安装高度

图 7-18　镜柜的安装

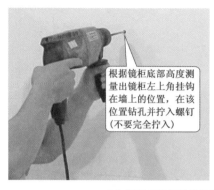
根据镜柜底部高度测量出镜柜左上角挂钩在墙上的位置，在该位置钻孔并拧入螺钉（不要完全拧入）

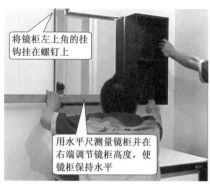
将镜柜左上角的挂钩挂在螺钉上

用水平尺测量镜柜并在右端调节镜柜高度，使镜柜保持水平

（b）测量出镜柜挂钩位置并钻孔安装螺钉再挂上镜柜

用铅笔穿过镜柜的安装孔，在墙上标注钻孔标记

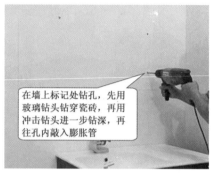
在墙上标记处钻孔，先用玻璃钻头钻穿瓷砖，再用冲击钻头进一步钻深，再往孔内敲入膨胀管

（c）标注镜柜右方两个安装孔位置并钻孔

将镜柜左上角的挂钩挂到螺钉上，然后紧贴墙壁在右方调节镜柜高度，使镜柜右方两个安装孔与墙上的两个孔对好

往镜柜的安装孔内拧入螺钉，将镜柜固定在墙上

（d）挂上镜柜并用螺钉固定

给固定螺钉装上装饰盖

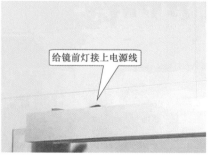
给镜前灯接上电源线

（e）在固定螺钉上装上装饰盖再给镜前灯接上电源线

图 7-18　镜柜的安装（续）

7.2.5　侧柜的安装

侧柜的安装如图 7-19 所示。

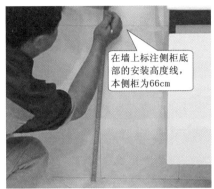
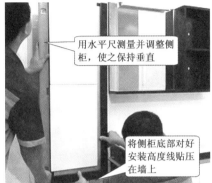

在墙上标注侧柜底部的安装高度线，本侧柜为66cm

用水平尺测量并调整侧柜，使之保持垂直

将侧柜底部对好安装高度线贴压在墙上

（a）在墙上标注侧柜底部高度

用铅笔穿过侧柜的安装孔，在墙上标注钻孔标记

取下侧柜，用电钻在墙上标记处钻孔，并敲入膨胀管

（b）在墙上标注安装孔并钻孔

将侧柜贴压在墙上，对好墙上的安装孔，再往安装孔内拧入螺钉，将侧柜固定在墙上，然后给螺钉装上装饰盖

（c）用螺钉将侧柜固定在墙上

图 7-19　侧柜的安装

7.2.6　下水管和给水管的安装

下水管和给水管的安装如图 7-20 所示。

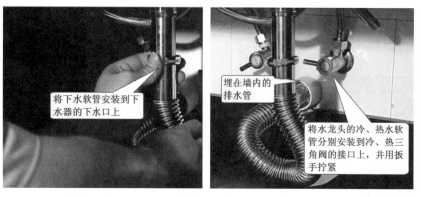

将下水软管安装到下水器的下水口上

埋在墙内的排水管

将水龙头的冷、热水软管分别安装到冷、热三角阀的接口上，并用扳手拧紧

图 7-20　下水管和给水管的安装

7.2.7　打胶

台盆和主柜安装好后，还需要在台盆与墙壁之间打胶，这样不但可以填充两者之间的缝隙，而且可以将两者粘接起来。台盆与墙壁之间的打胶如图 7-21 所示，安装完成的浴室柜如图 7-22 所示。

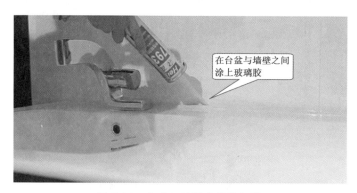

在台盆与墙壁之间涂上玻璃胶

图 7-21　台盆与墙壁之间的打胶

图 7-22　安装完成的浴室柜

7.3　马桶的结构原理与安装维修

7.3.1　马桶的结构与工作原理

1. 外形与结构

图 7-23 是一种常见的马桶。马桶的典型结构如图 7-24 所示，箭头表示水的流向及途径。

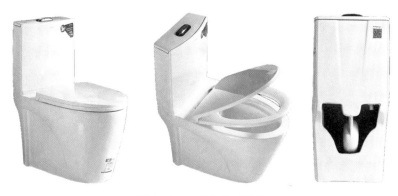

图 7-23　一种常见的马桶

2. 两种工作方式

马桶排污下水有直冲式与虹吸式两种方式，如图 7-25 所示。

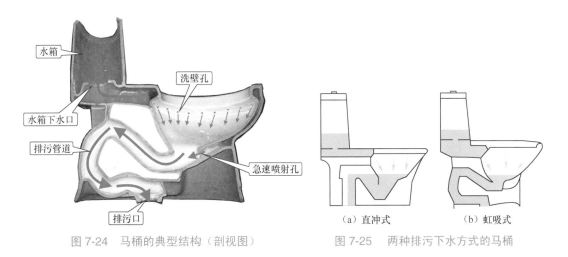

图 7-24　马桶的典型结构（剖视图）　　　　图 7-25　两种排污下水方式的马桶

（1）直冲式马桶

直冲式马桶是利用水流的冲力来排出脏污，一般池壁较陡，存水面积较小，这样水力集中，管道周围落下的水力大，冲污效率高，且冲水速度快，用水少。直冲式马桶由于使用的是水流瞬间强大的动能，所以冲击管壁的声音比较大。直冲式马桶下水管道直径大，容易冲下较大的污物。

直冲式马桶冲水管路简单，路径短，管径粗（直径一般为 9 ~ 10cm)），利用水的冲力就可以把污物冲干净，冲水的过程短，没有返水弯，容易冲下较大的污物，在冲刷过程中不容易造成堵塞，卫生间里不用备置纸篓。从节水方面来说，也比虹吸式马桶好。

直冲式马桶最大的缺点是冲水声大，还有由于存水面较小，易出现结垢现象，防臭功能也不如虹吸式马桶。

（2）虹吸式马桶

虹吸式马桶的排污下水管道呈 "∽" 型，在排污下水管道充满水后会产生虹吸现象，借冲洗水在排污管道内产生的吸力将污物吸走，由于虹吸式马桶冲排不是借助水流冲力，所以池内存水面较大，冲水噪音较小。

虹吸式马桶的最大优点就是冲水噪声小，静音效果好。从冲污能力上来说，虹吸式容易冲掉黏附在马桶表面的污物，因为虹吸的存水较高，防臭效果优于直冲式。

虹吸式马桶冲水时先要放水至很高的水面，然后才将污物冲下去，所以要具备一定的水量才可达到冲净的目的，每次至少要用 8 ~ 9L 水，相对来说比较费水。虹吸式的排污下水管道直径在 56mm 左右，有大污物时易堵塞。

7.3.2 马桶的安装

1. 测量坑距选择合适坑距的马桶

如果卫生间的便器排污管已安装，需要先测量地面排污管口中心到墙壁（已贴好瓷砖）的距离（简称坑距），再选购相应坑距的马桶，这样才能确保马桶安装后，在贴着墙壁的同时其排污口也能对准排污管口。坑距的测量如图 7-26 所示，200mm 坑距的马桶实际坑距为 180mm，其预留了 20mm 的瓷砖厚度。另外，排污管口和马桶法兰盘下水口都有一定的调整量，故当测得坑距为 180 ~ 230mm 时，可选用 200mm 坑距的马桶。

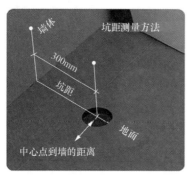

180~230mm 适合 200mm 坑距的马桶
240~270mm 适合 250mm 坑距的马桶
280~330mm 适合 300mm 坑距的马桶
340~370mm 适合 350mm 坑距的马桶
380mm 以上适合 400mm 坑距的马桶

图 7-26　坑距的测量

2. 马桶盖的安装

马桶盖与马桶是分离的，在安装时需要将马桶盖固定到马桶上。马桶盖的安装如图 7-27 所示。

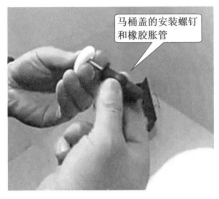 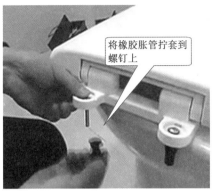

（a）将橡胶胀管套到螺钉上

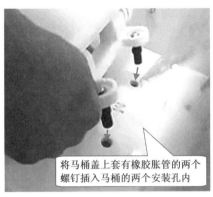 

（b）将套有橡胶胀管的螺钉插入马桶的安装孔内并拧紧

（c）用装饰盖遮住螺钉结束马桶盖的安装

图 7-27　马桶盖的安装

3.马桶水箱连接给水软管

马桶水箱的水由给水软管提供，马桶水箱连接给水软管如图 7-28 所示。

4.安装马桶

在安装马桶前，需要对地面排污管进行修整，将突出地面的部分去掉，排污管的修整可使用刀、锯子或切割机，图 7-29 是使用云石切割机修整排污管。

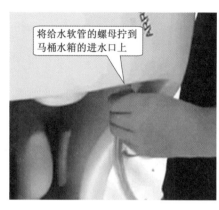
将给水软管的螺母拧到马桶水箱的进水口上

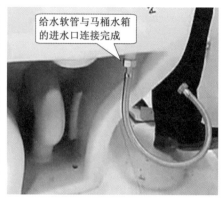
给水软管与马桶水箱的进水口连接完成

图 7-28　马桶水箱连接给水软管

用切割机切割排污管口，使管口与地面齐平

图 7-29　使用云石切割机修整排污管

在安装马桶时，需要在马桶排污口套上法兰盘，再将法兰盘的小口放入排污管内，然后将马桶贴着墙壁摆放端正即可。马桶的安装如图 7-30 所示。

5.马桶接给水管并冲水测试

马桶排污口对好地面排污管后，需要将马桶与给水管道连接，再冲水测试，以检查排水是否正常、有无漏水等。马桶接给水管道并冲水测试如图 7-31 所示。

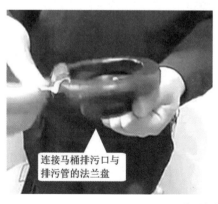
连接马桶排污口与排污管的法兰盘

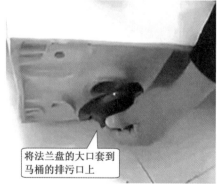
将法兰盘的大口套到马桶的排污口上

（a）在马桶排污口安装法兰盘

图 7-30　马桶的安装

搬动马桶，将法兰盘（已套到马桶排污口上）的小口放入地面排污管口内

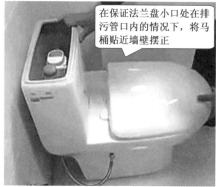

在保证法兰盘小口处在排污管口内的情况下，将马桶贴近墙壁摆正

（b）将法兰盘小口放入排污管内并将马桶贴近墙壁摆放端正

图 7-30 马桶的安装（续）

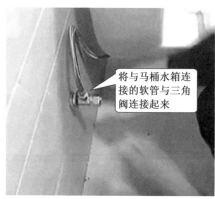

将与马桶水箱连接的软管与三角阀连接起来

按压马桶水箱盖上的按钮，进行冲水测试，查看马桶是否能正常排水、有无漏水等

图 7-31 马桶接给水管道并冲水测试

6. 打胶

马桶安装并测试通过后，需要在马桶与地面接触的边缘打胶，如图 7-32 所示。

用干抹布或毛巾将马桶周围擦拭干净

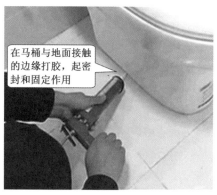

在马桶与地面接触的边缘打胶，起密封和固定作用

图 7-32 马桶边缘打胶

7.3.3 进水阀的结构原理与拆卸

1. 结构原理

马桶进水阀的功能是当马桶水箱无水或冲洗马桶后水箱水位下降时打开阀门,让水进入水箱,一旦水箱水位达到一定高度时,自动关闭阀门,水箱水位保持不变。

马桶进水阀的结构与工作原理如图 7-33 所示,当马桶水箱无水时浮球下落,针阀打开,水从阀孔流入水箱,当水箱水位上升到一定高度时,浮球随水位上升而不断上升,针阀的阀针则不断下移,最后阀针完全堵住阀孔,针阀关闭,水箱水位不再上升,一旦水箱水位下降,浮球下落,针阀打开,水又流入水箱。

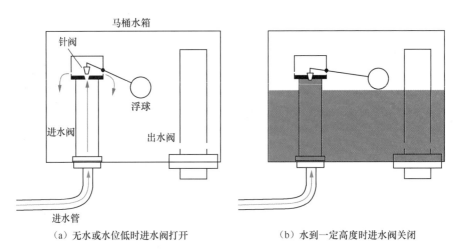

（a）无水或水位低时进水阀打开　　　　（b）水到一定高度时进水阀关闭

图 7-33　马桶进水阀的结构与工作原理说明图

2. 类型

马桶进水阀的基本工作原理相同,但具体类型较多,图 7-34 是三种常见类型的马桶进水阀,左、中进水阀的阀芯设在顶部,右进水阀的阀芯设在底部,当马桶水箱无水或水位低时,阀芯的阀门打开,水通过阀门从周围流出,当马桶水箱水位达到一定高度时,浮球或浮筒随之上升,带动杠杆关闭阀门。对于浮球或浮筒高度可以调节的进水阀,调低浮球或浮筒的高度可以使进水阀在水箱水位较低时就能关闭,可以减少每次马桶的冲水量,有节水作用。有的进水阀具有阀体高度调节功能,当安装在较低的水箱内时,可以将阀体调低些,反之将阀体调高些。在马桶冲水后出水阀关闭、进水阀打开时,补水管将进水阀的一部分水引入出水阀溢水孔为马桶存水弯补水,使存水弯有一定的水量,可以阻止排污管中的臭气进入室内,水箱水位达到一定高度时,进水阀关闭,补水管无水流出,补水结束。

3. 拆卸

如果进水阀有故障需要维修更换时,应从马桶水箱中将进水阀拆下。进水阀的拆卸如图 7-35 所示。

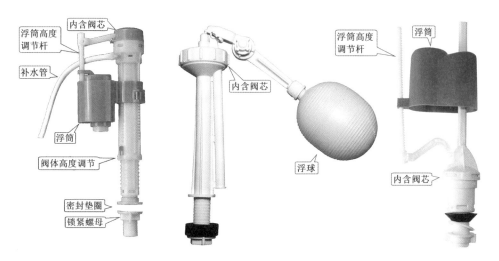

图 7-34　三种常见类型的马桶进水阀

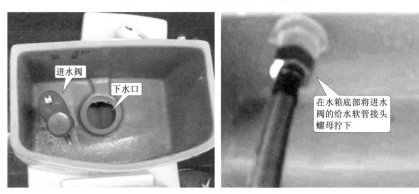

（a）拆下进水阀的给水软管

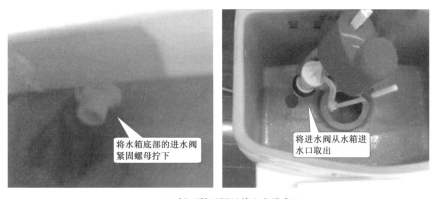

（b）拆下紧固螺母并取出进水阀

图 7-35　马桶进水阀的拆卸

7.3.4　排水阀的结构原理与拆卸

1.结构原理

马桶排水阀的功能是当按下排水按钮时，排水阀打开，水箱内蓄存的水通过排水阀冲入便池，然后排水阀自动关闭。

马桶排水阀的结构示意图如图 7-36 所示。当马桶水箱无水或水位很低时，进水阀打开，水不断进入水箱，当水位达到一定高度时，浮球上升将进水阀关闭。如果按下冲便按钮，传动机构将排水阀的阀门上拉，排水阀打开，水箱内的水通过排水阀下部的通孔和阀门迅速从下水口流出，进入马桶的便池，松开冲便按钮后，排水阀的阀门依靠重力下落，排水阀关闭，水箱内的水无法继续流出。同时由于水箱水位下降，浮球下落，进水阀打开，往水箱注水，另外进水阀中的少量水通过补水管流入溢水器，通过溢水器流入

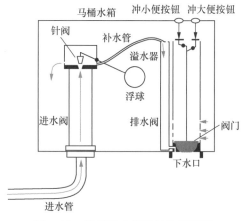

图 7-36　马桶排水阀的结构示意图

下水口，对便池存水弯进行补水。有些马桶有冲大便和冲小便两个按钮，按冲大便按钮时，排水阀的阀门上升更高，阀门开度更大，水箱下水更多。

2. 拆卸

马桶排水阀安装在水箱的下水口上，其拆卸如图 7-37 所示。

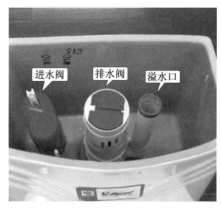

（a）拆卸排水阀主体

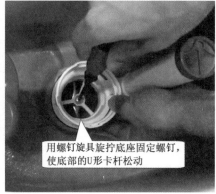

（b）取出排水阀主体并拆卸排水阀底座

图 7-37　马桶排水阀的拆卸

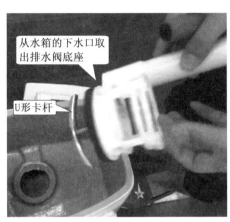
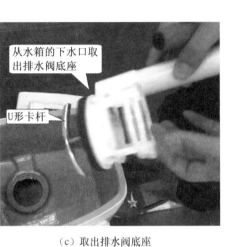

（c）取出排水阀底座　　　　　　　　（d）排水阀的组成部件

图 7-37　马桶排水阀的拆卸（续）

7.3.5　进水阀和排水阀的选用更换

1. 进水阀的选用更换

在更换进水阀时，需要先测量马桶水箱内壁的高度，选用的进水阀高度应略低于水箱内壁高度（**1cm** 左右），由于马桶进水口直径均为 **4 分（20mm）**，所以选用进水阀时，只要考虑进水阀高度略低于水箱内壁高度即可。测量水箱内壁和进水阀的高度如图 7-38 所示。图 7-39 是两种高度可调节的进水阀，适用于大多数马桶。

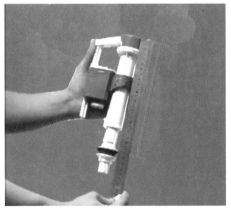

图 7-38　测量水箱内壁和进水阀的高度

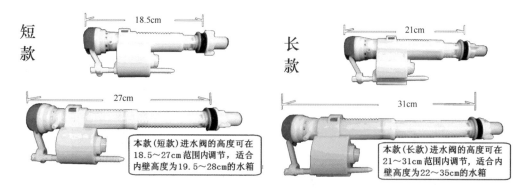

图 7-39　两种高度可调节的进水阀

2. 排水阀的选用更换

在选用更换马桶排水阀时，要考虑的因素主要如下：①马桶的类型（连体式或分体式）；②马桶内壁高度；③马桶下水口直径。

（1）根据马桶类型选择进水阀

马桶类型有分体式和连体式，分体马桶采用螺纹固定底座的排水阀，连体马桶采用 U 形卡杆固定底座的排水阀，如图 7-40 所示。

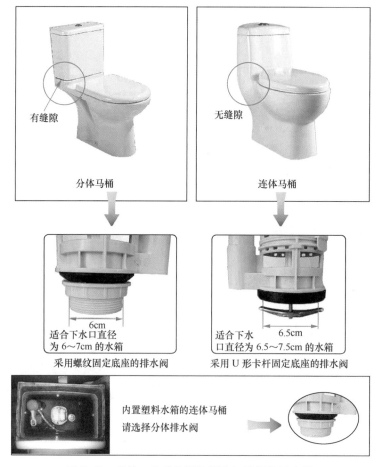

图 7-40　分体、连体马桶的区分与使用的排水阀

（2）根据水箱高度和排水口直径选择排水阀

马桶水箱高度和排水口（下水口）直径的测量如图 7-41 所示，选用的排水阀的底座排水管直径应等于或略小水箱排水口直径，排水阀的高度应小于水箱的含盖高度，具体如图 7-42 所示。

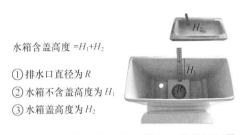

水箱含盖高度 $=H_1+H_2$

① 排水口直径为 R

② 水箱不含盖高度为 H_1

③ 水箱盖高度为 H_2

图 7-41　马桶水箱高度和排水口直径的测量

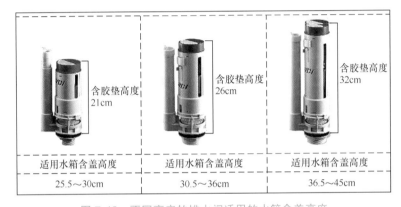

图 7-42　不同高度的排水阀适用的水箱含盖高度

第8章 Chapter 8
淋浴花洒、浴缸和热水器的安装

8.1 淋浴花洒的安装

8.1.1 淋浴花洒的组件及安装完成图

淋浴花洒的组件及安装完成图如图 8-1 所示。

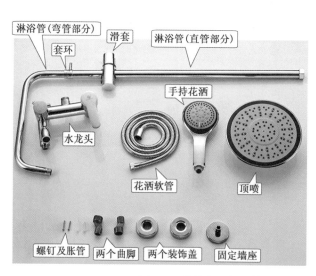
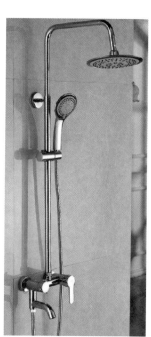

图 8-1 淋浴花洒的组件及安装完成图

8.1.2 淋浴花洒水龙头的安装

淋浴花洒水龙头的安装如图 8-2 所示。

在安装水龙头时，先将给水冷、热管道通水约半分钟，冲掉管内的脏物

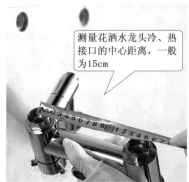

测量花洒水龙头冷、热接口的中心距离，一般为15cm

（a）通水冲洗管道并测量水龙头冷、热接口距离

曲脚

给曲脚螺纹上缠绕几圈生料带

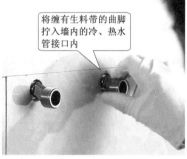

将缠有生料带的曲脚拧入墙内的冷、热水管接口内

（b）给曲脚缠绕生料带再拧入墙内冷、热水管接口

安装曲脚时，两曲脚应处于一条水平线上，不要一上一下，否则水龙头安装后会一边高一边低

用扳手旋拧曲脚，同时测量内曲脚中心距离，让两曲角处于一条水平线上，并且中心距离为15cm

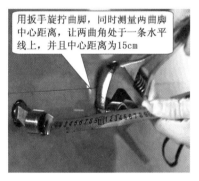

（c）调整两曲脚位置使之处于同一水平线上

将水龙头冷、热接口试着套入两曲脚，如果不能正常套入，可再调整两曲脚位置

曲脚位置调好后，给曲脚拧上装饰盖

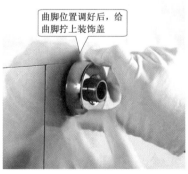

（d）用水龙头测试曲脚是否调整好后再给曲脚安装装饰盖

图 8-2　淋浴花洒水龙头的安装

将起密封作用的6分垫圈安装到曲脚口上

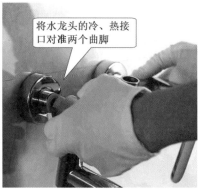

将水龙头的冷、热接口对准两个曲脚

（e）在曲脚口上装好密封垫圈再安装水龙头

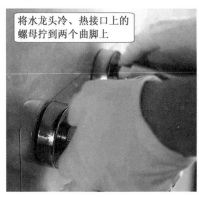

将水龙头冷、热接口上的螺母拧到两个曲脚上

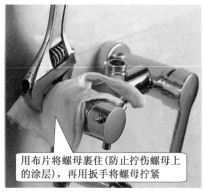

用布片将螺母裹住（防止拧伤螺母上的涂层），再用扳手将螺母拧紧

（f）将水龙头冷、热接口上的螺母套到曲脚上并拧紧

图 8-2　淋浴花洒水龙头的安装（续）

8.1.3　淋浴管和墙座的安装

淋浴管分为直管和弯管两部分，两者通过螺环连接在一起。淋浴管和墙座的安装如图 8-3 所示。

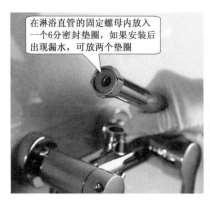

在淋浴直管的固定螺母内放入一个6分密封垫圈，如果安装后出现漏水，可放两个垫圈

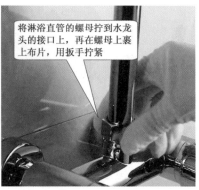

将淋浴直管的螺母拧到水龙头的接口上，再在螺母上裹上布片，用扳手拧紧

（a）在淋浴直管螺母内放入垫圈后再拧到水龙头接口上

图 8-3　淋浴管和墙座的安装

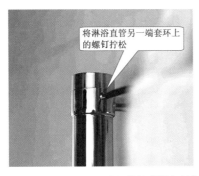
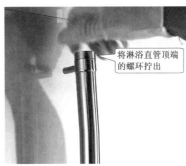

将淋浴直管另一端套环上的螺钉拧松

将淋浴直管顶端的螺环拧出

（b）拧松直管套环上的螺钉再拧出顶端的螺环

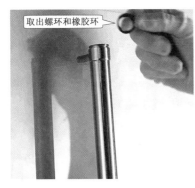

取出螺环和橡胶环

将螺环和橡胶环套到淋浴弯管上

（c）取出直管顶端的螺环和橡胶环再套到弯管上

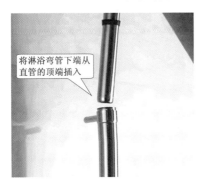
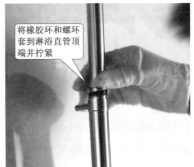

将淋浴弯管下端从直管的顶端插入

将橡胶环和螺环套到淋浴直管顶端并拧紧

（d）将弯管下端从直管顶端插入再拧紧螺环固定

将淋浴直管摆放端正，然后将直管套环的卡杆贴在墙上用笔作墙座定位标记

将墙座的底座中心孔对好标记，再通过底座的安装孔在墙上作钻孔标记，然后钻孔、敲入胀管，最后用螺钉将底座固定到墙上

（e）在墙上作墙座安装标记再钻孔用螺钉将底座固定在墙上

图 8-3　淋浴管和墙座的安装（续）

（f）在底座上安装装饰盖和螺筒

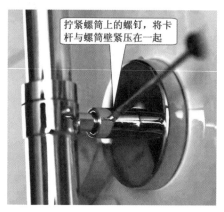

（g）将淋浴管的卡杆插入墙座的螺筒并用螺钉将卡杆与螺筒紧固在一起

图8-3　淋浴管和墙座的安装（续）

8.1.4　顶喷的安装

顶喷的安装如图8-4所示。

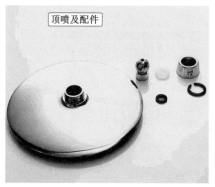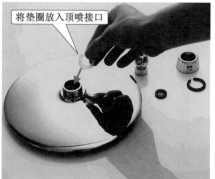

（a）将垫圈放入顶喷接口

图8-4　顶喷的安装

将球头放入顶喷接口

将垫圈放入螺母

（b）将球头放入顶喷接口

将螺母拧到顶喷接口上，固定住球头

将垫圈放入球头接口

（c）用螺母将球头固定住

将顶喷的球头接口套入淋浴弯管的螺纹接口

将顶喷球头接口（内螺纹）与淋浴弯管接口（外螺纹）拧接到一起

（d）将顶喷的球头接口套拧到淋浴弯管接口上

图 8-4　顶喷的安装（续）

8.1.5　手持花洒的安装

手持花洒的安装如图 8-5 所示。

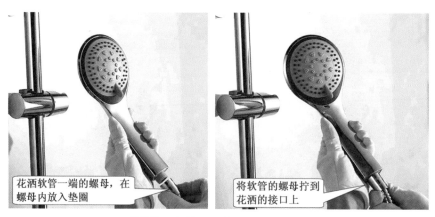

花洒软管一端的螺母，在螺母内放入垫圈

将软管的螺母拧到花洒的接口上

（a）将软管一端的螺母（放入垫圈）拧到花洒接口上

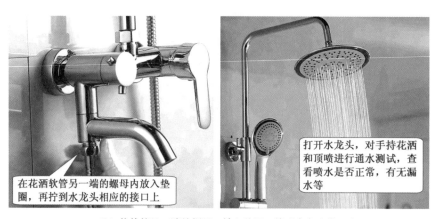

在花洒软管另一端的螺母内放入垫圈，再拧到水龙头相应的接口上

打开水龙头，对手持花洒和顶喷进行通水测试，查看喷水是否正常，有无漏水等

（b）将软管另一端的螺母（放入垫圈）拧到水龙头接口上

图 8-5　手持花洒的安装

8.2　浴缸的安装

8.2.1　浴缸及组件介绍

浴缸种类很多，图 8-6 是一种具有冲浪按摩功能的浴缸，下面对照图 8-6 来说明其工作原理。

在安装时，将浴缸的冷、热进水管与给水管道的冷、热水管接口连接，冷、热水先到冷/热水切换开关，选择冷、热水后，通过管道到达花洒/水龙头出水切换开关，选择花洒出水时，冷水或热水从花洒中喷出，选择水龙头出水时，冷水或热水从水龙头中流出进入浴缸。打开浴缸的冲浪动力调节开关，浴缸下方的水泵电动机运转，浴缸内的水经冲浪回水阀、冲浪回水管被吸入水泵，加压后从水泵出水口流出，进入冲浪出水管，到达到浴缸各处的冲浪喷嘴，水从各处喷嘴中快速喷出，使浴缸内的水流动起来，产生类似冲浪的按摩效果。如果打开气动开关，空气会进入空气管，再进入冲浪出水管，这样冲浪喷嘴会喷出含有气泡的水，对人体进行气泡水按摩。

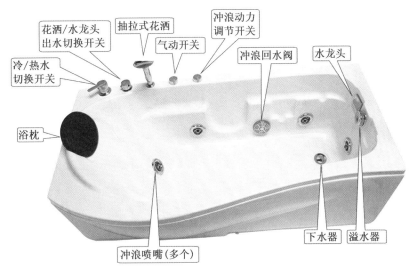

（a）俯视图

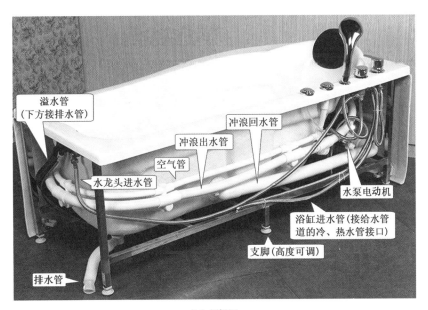

（b）侧视图

图 8-6　一种具有冲浪按摩功能的浴缸

8.2.2　浴缸方向类型及给水接口、排水管口、电源插座的安装规划

1.浴缸方向类型的识别

浴缸方向类型有左向（又称左裙）和右向（又称右裙）两种，浴缸方向类型识别如图 8-7

所示，在选购浴缸时，要根据浴室情况选择相应方向的浴缸。

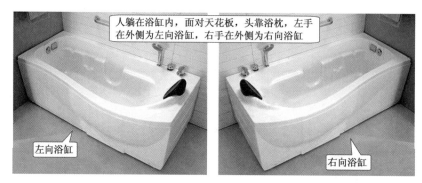

图 8-7　浴缸方向类型识别

2. 给水接口、排水管口、电源插座安装规划

浴缸要与给水管道的冷、热水管接口连接，以接受给水，也要与排水管道的下水口连接，将污水排出，对于带冲浪按摩功能的浴缸，还需要连接电源，以便给浴缸的水泵电动机供电。

浴缸的给水接口、下水口和电源插座不能随意安装，否则可能会出现浴缸的进水管、排水管和电源线长度不够，或者安装在浴缸外部不美观的情况。图 8-8 是一种左、右向浴缸安装规划图，其中一些尺寸应根据不同的浴缸作相应地改变，冷、热水管接口距离地面约 350mm，两接口间相距 100mm，电源插座中心距地面约 350mm，距离热水管接口约 200mm，下水口安装在靠近墙角的位置。

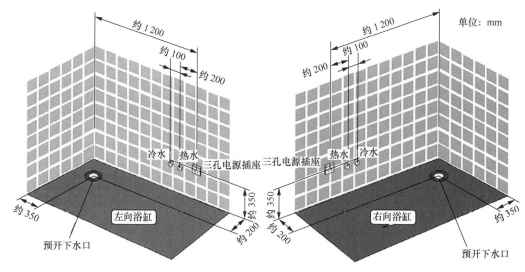

图 8-8　一种左、右向浴缸安装规划图

总之，在安装浴缸的给水接口、电源插座和排水管口时，给水接口和电源插座应尽量安装在靠近浴缸的进水管和电源插座的位置，下水口尽量安装在靠近浴缸排水管的位置，这样可避免出现浴缸进水管、排水管和电源线长度不够用的情况。

8.2.3　浴缸的安装

浴缸的安装如图 8-9 所示。

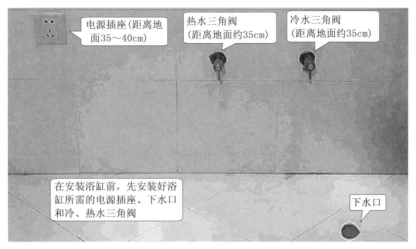

电源插座(距离地面35～40cm)

热水三角阀(距离地面约35cm)

冷水三角阀(距离地面约35cm)

在安装浴缸前，先安装好浴缸所需的电源插座、下水口和冷、热水三角阀

下水口

（a）安装浴缸所需的电源插座、下水口和冷、热水三角阀

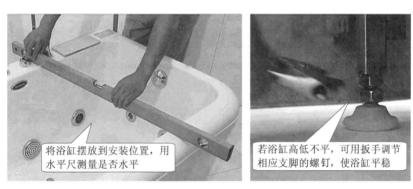

将浴缸摆放到安装位置，用水平尺测量是否水平

若浴缸高低不平，可用扳手调节相应支脚的螺钉，使浴缸平稳

（b）调节浴缸的支脚螺钉使之摆放平整

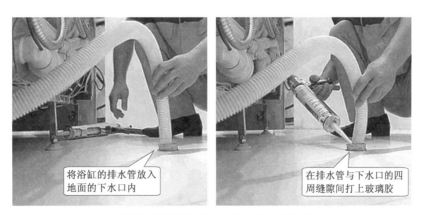

将浴缸的排水管放入地面的下水口内

在排水管与下水口的四周缝隙间打上玻璃胶

（c）将浴缸排水管放入地面下水口并在周围打上玻璃胶

图 8-9　浴缸的安装

将浴缸的冷、热水软管与墙上的冷、热水三角阀接口连接起来

将浴缸的电源插头插入电源插座

（d）接好浴缸的冷、热水软管和电源插头

从浴缸的花洒支架上抽出花洒的软管

将花洒软管与花洒连接起来

（e）将浴缸的花洒软管与花洒连接起来

将浴缸沿墙壁摆放端正

在浴缸与墙壁间的缝隙处打上玻璃胶

（f）将浴缸沿墙壁摆放好并在浴缸与墙壁产的缝隙处打上玻璃胶

图 8-9　浴缸的安装（续）

8.3　热水器的安装

8.3.1　电热水器及组件介绍

电热水器是利用电热管通电发热对水箱内的水进行加热的原理来工作的。电热水器的外

形结构及组件说明如图 8-10 所示。

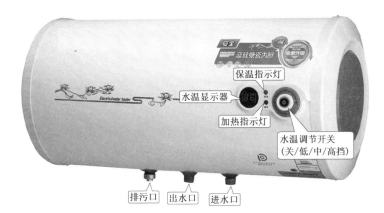

（a）前视图

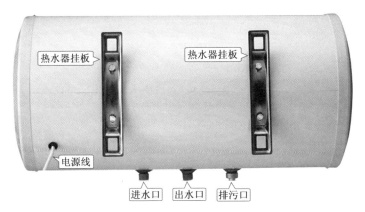

（b）后视图

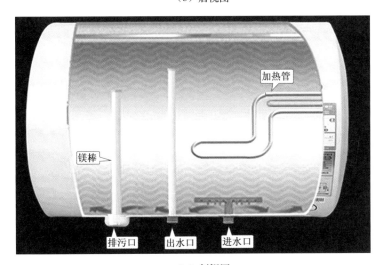

（c）剖视图

图 8-10　电热水器的外形结构及组件说明

电热水器在工作时，冷水由进水口进入水箱，内部加热管通电后发热，对水箱内的水进行加热，水温高的热水密度小，故升到水箱的上部，它通过热水管从出水口流出。由于水箱内的水不是纯净水，含有一定的杂质，当水温达到40℃以上时，水中的某些杂质易与水箱内壁和加热管表面的金属发生反应，从而形成水垢，在水箱内放入镁棒后，这些杂质转而与活性更好的镁棒发生化学反应，从而减少水箱内壁和加热管表面的水垢，不过镁棒也因此不断被腐蚀而消耗，故电热器使用几年后，可打开排污口查看镁棒消耗情况，如果消耗完则要更换新镁棒，未消耗完可刮去镁棒表面的腐蚀层继续使用一段时间。

8.3.2　电热水器的安装

1. 安装位置要求

在安装电热水器时，有关安装位置要求如图8-11所示。

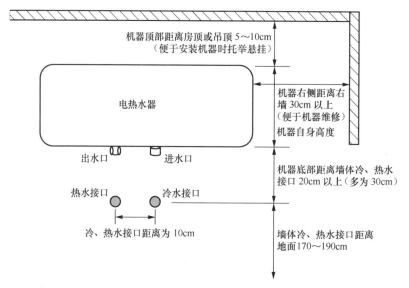

图 8-11　电热水器的安装尺寸要求

2. 安装配件

电热器的常用配件如图8-12所示。

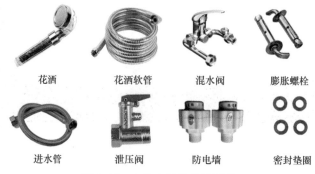

图 8-12　电热水器的常用配件

3. 安装操作

（1）将电热水器安装到墙上

将电热水器安装到墙上的有关操作如图 8-13 所示。

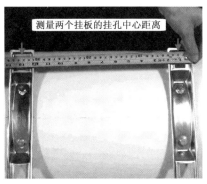
测量两个挂板的挂孔中心距离

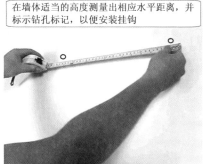
在墙体适当的高度测量出相应水平距离，并标示钻孔标记，以便安装挂钩

（a）测量挂板的挂孔距离并在墙上作相应的钻孔标记

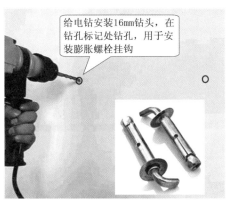
给电钻安装16mm钻头，在钻孔标记处钻孔，用于安装膨胀螺栓挂钩

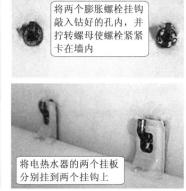
将两个膨胀螺栓挂钩敲入钻好的孔内，并拧转螺母使螺栓紧紧卡在墙内

将电热水器的两个挂板分别挂到两个挂钩上

（b）在标记处钻孔敲入膨胀螺栓挂钩再将电热器挂到挂钩上

图 8-13　将电热水器安装到墙上的有关操作

（2）安装防电墙、泄压阀、混水阀、进水管和花洒

防电墙又称隔电墙，它通过将水通道变细变长来增加水电阻，当一端口的水带电时，经过内部较大的水电阻降压后，另一端口电压很低，使人体不易触电。防电墙外形与工作原理说明如图 8-14 所示。

泄压阀是一种保护器件，当容器或管道内的气体或液体压力达到一定值时自动打开阀门，泄放掉部分气体或液体，以减轻容器或管道的压力，很多泄压阀具有单向阀的止回功能，即气体或液体只能从一个方向通过，反方向无法通过。电热水器的泄压阀如图 8-15 所示，水从入口进入泄压阀后，再从出口流入电热水器的水箱，如果水箱中的水加热后压力高，泄压阀内的水压也很高，由于泄压阀具有止回功能，水无法从入口流出来降压，高水压使泄压阀内的泄压阀门打开，水箱中的一部分水从泄压阀的泄压口排出，水箱内的水减少使水压降低，防止水箱承受高压而易损坏，也可以手动排放水箱内的水进来减压，手动减压时，先拆下手柄锁定螺钉，再操作手柄人为使泄压阀的泄压阀门打开，排放水箱内的水。

自来水具有一定的导电性，当水管为塑料粗管时，管内水的横截面积大，水管两端之间的水电阻较小

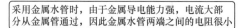

采用金属水管时，由于金属导电能力强，电流大部分从金属管通过，因此金属水管两端之间的电阻很小

防电墙内部的管道横截面积小，并且管道长（弯曲绝缘管道），故防电墙入口与出口之间的水电阻大，相当于在入口与出口之间串联了一只阻值较大的电阻，当一端口的水带电时，由于内部水电阻大，水对电压有较大的降压，另一端口的水电压低，在安全范围内，人体不易发生触电事故

（a）外形　　　　　　　　　　　　　（b）工作原理说明

图 8-14　防电墙外形与工作原理说明

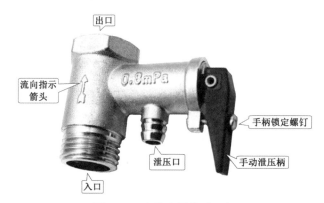

图 8-15　电热水器的泄压阀

安装防电墙、泄压阀、混水阀、进水管和花洒的操作如图 8-16 所示。

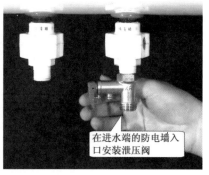

（a）安装防电墙和泄压阀

图 8-16　安装防电墙、泄压阀、混水阀、进水管和花洒的操作

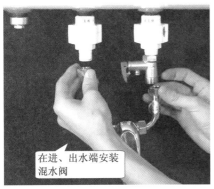

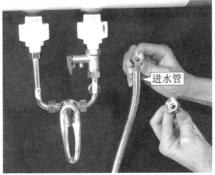
进水管

在进、出水端安装混水阀

（b）安装混水阀

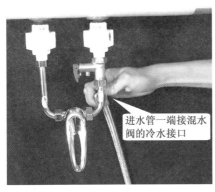
进水管一端接混水阀的冷水接口

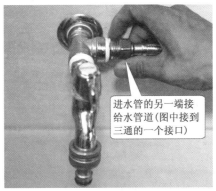
进水管的另一端接给水管道（图中接到三通的一个接口）

（c）安装进水管

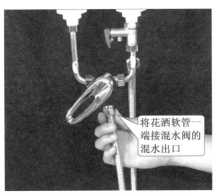
将花洒软管一端接混水阀的混水出口

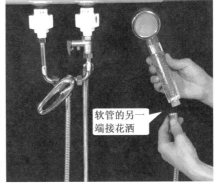
软管的另一端接花洒

（d）安装花洒

图 8-16　安装防电墙、泄压阀、混水阀、进水管和花洒的操作（续）

（3）注水排空与通电测试

电热水器安装完成后还不能马上使用，需要先往水箱内注水排空内部空气，再通电测试，测试正常后才可使用。电热水器的排空与通电测试操作如图 8-17 所示。

（4）电热水器与给水管道的直接连接

如果希望电热水器的热水提供给整个给水管道，可以将电热水器的进水口、出水口分别直接与给水管道的冷水管接口及热水管接口连接。

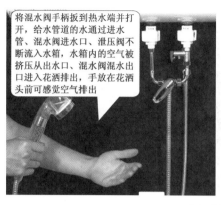

将混水阀手柄扳到热水端并打开，给水管道的水通过进水管、混水阀进水口、泄压阀不断流入水箱，水箱内的空气被挤压从出水口、混水阀混水出口进入花洒排出，手放在花洒头前可感觉空气排出

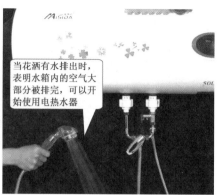

当花洒有水排出时，表明水箱内的空气大部分被排完，可以开始使用电热水器

（a）水箱注水排空

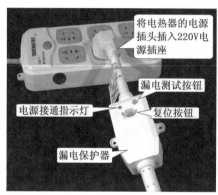

将电热器的电源插头插入220V电源插座

漏电测试按钮

电源接通指示灯

复位按钮

漏电保护器

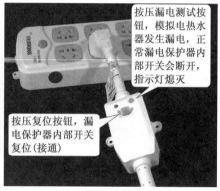

按压漏电测试按钮，模拟电热水器发生漏电，正常漏电保护器内部开关会断开，指示灯熄灭

按压复位按钮，漏电保护器内部开关复位（接通）

（b）测试电源线自带的漏电保护器

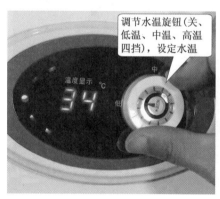

调节水温旋钮（关、低温、中温、高温四挡），设定水温

温度显示 ℃

当花洒有热水流出时即可使用

（c）通电加热测试

图 8-17　电热水器的排空与通电测试操作

　　电热水器与给水管道的直接连接如图 8-18 所示，图 8-18（a）使用 PP-R 管及管件将电热水器与给水管道连接起来，由于 PP-R 管不导电，因此采用 PP-R 管连接防电效果好，但需要切割熔接 PP-R 管及管件，安装过程麻烦且需要割刀和热熔器。如果电热水器本身漏电保护功能好，也可以直接用不锈钢波纹管连接电热水器与给水管道，如图 8-18（b）所示。

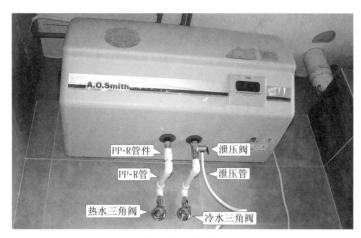

（a）用 PP-R 管及管件连接电热水器与给水管道

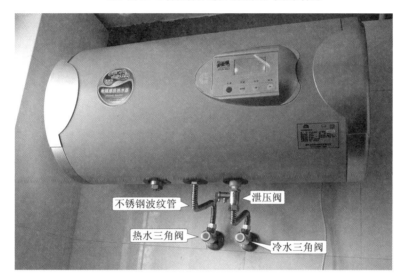

（b）用不锈钢波纹管连接电热水器与给水管道

图 8-18 电热水器与给水管道的直接连接

8.3.3 燃气热水器及组件介绍

1. 结构与工作原理

燃气热水器是利用燃气燃烧时产生的热量对冷水加热来得到热水的一种电器。根据操作方式不同，燃气热水器可分为机械式和电子式，其结构示意图如图 8-19 所示。

图 8-19（a）为机械式燃气热水器的结构示意图。在工作时，水从燃气热水器进水口流入，从出水口流出，流动的水使进水口端的水气联动阀动作，一方面打开气阀开关，让进气口的燃气进入燃烧器，另一方面使微动开关闭合，控制器电源接通开始工作，除了控制气路上的电磁阀打开外，还控制点火器使之产生很高的电压送往两根相距很近的点火针，两根点火针间产生电火花，点燃燃烧器中的燃气，气体燃烧产生的热量加热上方的热交换器，缠绕在热交换器上的管道及管道内的冷水被加热，加热的水从热水器的出水口流出。在热水器的热交

换器上方有一个排气风扇，在风机的驱动下，将热交换器内燃烧后的废气通过排气口往外排放，与此同时还将热水器下方的空气吸入燃烧器，使燃烧更充分。在热水器内部进水管道中，有一个水温调节阀，当阀门开启度调大时，水流量更大，出水口流出的水温度更低，在热水器内部进气管道中，有一个火力调节阀和一个季节转换阀，火力调节阀可通过调节进气量来改变燃烧火力大小，季节转换阀可以改变火焰的数量，如在冬天水温低时开启五排火焰，在夏天水温高时只开启三排火焰。在热交换器上方安装有过热保护开关，如果某种原因使热交换器温度过高（如水流量小），则保护开关动作，控制器检测到后马上控制气路上的电磁阀关闭，切断燃气。

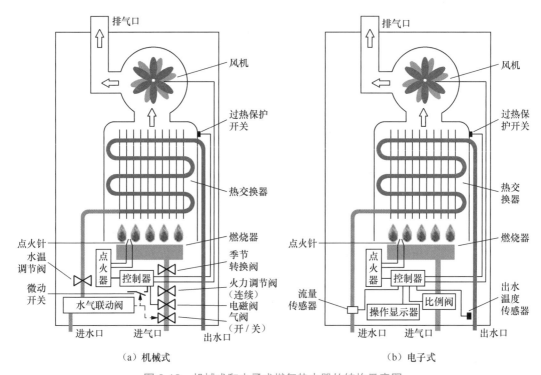

图 8-19　机械式和电子式燃气热水器的结构示意图

图 8-19（b）为电子式燃气热水器的结构示意图。电子式燃气热水器采用安装在进水口端的流量传感器来检测水有无流动和水的流量，一旦控制器通过流量传感器检测到水管的水流动时，马上输出控制电压，控制比例阀打开，开启气路，同时还控制点火器输出高压，让点火针产生电火花，对燃烧器内的燃气进行点火。如果希望出水口的水温升高，可以操作显示器上的温度增按键，控制器输出相应的控制电压，控制比例阀的阀门开启度增大，进入燃烧器的燃气增多，燃烧产生的热量大，缠绕在热交换器上的水管内的水温升高，热水器的出水温度升高。如果热水器出水口水温超过设定值，出水口温度传感器将该信息传送给控制器，控制器控制比例阀，使其阀门开启度减小，进入燃烧器的燃气减小。

2.外形与面板介绍

机械式和电子式燃气热水器的外形与面板如图 8-20 所示。机械式燃气热水器有火力调节、季节转换和水温调节三个旋钮，火力调节和季节转换旋钮都是调节热水器内部的气路阀门，改变燃气流量大小，水温调节旋钮是调节内部水路阀门，改变水流量大小。冷 / 热水开关的功能是接通热水器内部电路的电源，选择"冷水"时，内部主要电路电源切断，气路的电磁阀关闭，点火器也不工作。泄压阀的功能是排放热水器水管内的水，防止天冷不工作时水管内的水结冰。有的燃气热水器采用 220V 交流电源供电，有的则使用干电池供电，强排式燃气热水器采用风机将废气排出，整机电功率大，故需要交流电源供电，烟道式燃气热水器采用自然排出废气的方式，无排气风扇，整机电功率小，故一般采用干电池供电。

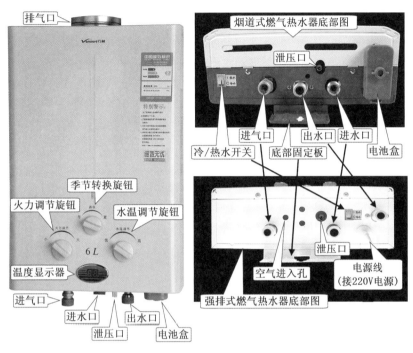

（a）机械式燃气热水器

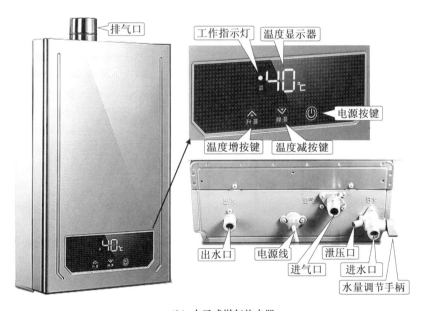

（b）电子式燃气热水器

图 8-20　机械式和电子式燃气热水器的外形与面板

电子式燃气热水器未采用机械式燃气热水器那样可以直接调节阀门的旋钮,它是通过操作面板上的按键来设置水温值,内部控制器发出相应的控制电压来控制气路中比例阀的阀门开启度,设置温度高时控制比例阀的阀门开启度大,进入燃烧器的燃气多,燃烧产生的热量大,出水口流出的水温高。有的燃气热水器在进水口安装一个水量调节阀门,可以手动调节进水量的大小。

3. 种类

根据气源的不同,燃气热水器主要可分为天然气热水器和液化石油气热水器。天然气热值和压力都较液化石油气低,故天然气热水器的燃气喷嘴孔径较液化石油气热水器大,若将天然气热水器接液化石油气,则会出现火力更大的情况。反之,若将液化石油气热水器接天然气,则会出现火力不足的情况。在选择燃气热水器时,其类型一定要与气源类型相同。

根据排烟方式不同,燃气热水器主要可分为烟道式、强排排风式、强排鼓风式和平衡式。烟道式燃气热水器未采用风扇电动机,利用高温气体的升力将废气从上方排气口自然排出;强排排风式燃气热水器在上方排气口安装一个排气风扇,排气风扇转动时产生抽吸力将废气从排气口排出;强排鼓风式燃气热水器在燃烧器下方安装一个鼓风电动机,它抽吸空气并吹入燃烧器,可以使燃烧器燃烧充分,同时可以产生一定的推力将废气从上方的排气口排出;平衡式燃气热水器采用双层烟管,外层管道吸入空气进入燃烧器,内层管道将燃烧后的气体排出,由于双层烟管口安装在室外,吸气和排气均在室外,因此安全系数高。

8.3.4 燃气热水器的安装

1. 安装位置要求

在安装燃气热水器时,有关安装位置要求如图 8-21 所示。

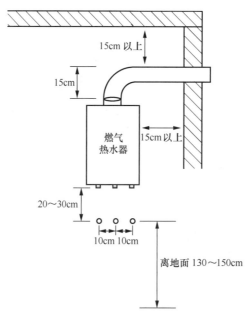

图 8-21 燃气热水器安装位置要求

2. 安装配件

燃气热水器的常用配件如图 8-22 所示。

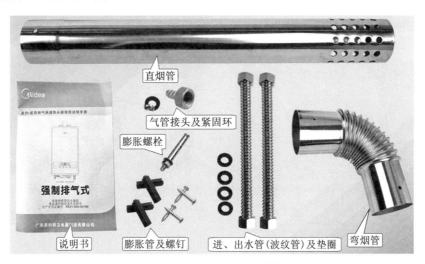

图 8-22 燃气热水器的常用配件

3. 安装操作

为了人身安全和燃烧更充分，燃气热水器尽量安装在室外（如阳台），平衡式燃气热水器可以安装在室内，但排烟管管口必须伸到室外。

在安装燃气热水器时，先确定其安装位置（可参考图 8-21），然后将热水器端正且背面紧贴在安装墙面上，用笔穿过上方的挂孔和上、下方的固定孔在墙上作钻孔标记并钻孔，如图 8-23 所示，往上方挂孔对应的墙孔内敲入膨胀螺栓，固定孔对应的墙孔内敲入塑料膨胀管，接着将热水器上方的挂孔挂到膨胀螺栓上，再往各固定孔的塑料膨胀管内拧入螺钉，这样就将热水器固定在墙上。

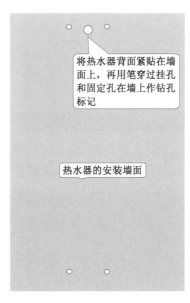

图 8-23 将热水器紧贴在墙面上作钻孔标记

　　燃气热水器固定在墙上后，接着安装进气管、进水管和出水管，再安装排烟（气）管。燃气热水器排烟管的安装方式如图 8-24 所示。图 8-25 列出了两个安装好的燃气热水器。

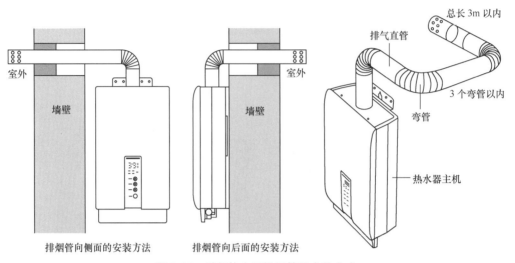

图 8-24　燃气热水器排烟管的安装方式

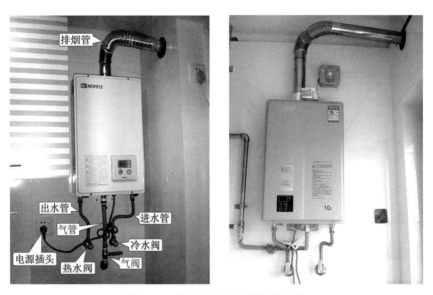

图 8-25　两个安装好的燃气热水器

第9章

Chapter 9

住宅配电线路的规划设计 ....

9.1 住宅供配电系统

9.1.1 电能的传输环节

一般住宅用户的用电由当地电网提供，而当地电网的电能来自发电站。电能的传输环节如图 9-1 所示，发电站的发电机输出电压先经升压变压器升至 220kV 电压，然后通过高压输电线进行远距离传输，到达用电区后，先送到一次高压变电站，由降压变压器将 220kV 电压降压成 110kV 电压，接着送到二次高压变压站，由降压变压器将 110kV 电压降压成 10kV 电压，10kV 电压一部分送到需要高压的工厂使用，另一部分送到低压变电站，由降压变压器将 10kV 电压降压成 220/380V 电压，提供给一般用户使用。

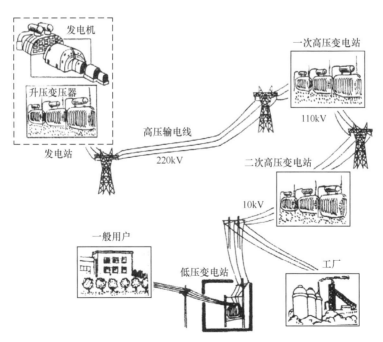

图 9-1 电能的传输环节

9.1.2 TN-C 供电方式和 TN-S 供电方式

住宅用户使用 220/380V 电压，它由低压变电站（或小区配电房）提供，低压变电站的降压变压器将 10kV 的交流电压转换成 220/380V 的交流电压，然后提供给用户。**低压变电站为住宅用户供电主要有两种方式：TN-C 供电方式（三相四线制）和 TN-S 供电方式（三相五线制）。**

1. TN-C 供电方式

TN-C 供电方式属于三相四线制，如图 9-2 所示，在该供电方式中，中性线直接与大地连接，并且接地线和中性线合二为一（即只有一根接地的中性线，无接地线）。**TN-C 供电方式常用在低压公用电网及农村集体电网等小负荷系统。**

在图 9-2 所示的 TN-C 供电系统中，低压变电站的降压变压器将 10kV 电压降为 220/380V（相线与中性线之间的电压为 220V，相线之间的电压为 380V），为了平衡变压器输出电能，将 L1 相电源分配给 A、B 村庄，将 L2 相电源分配给 C、D 村庄，将 L3 相电源分配给 E、F 村庄，将 L1、L2、L3 三相电源提供给三相电用户，每个村庄的入户线为两根，而三相电用户的输入线有四根。电能表分别用来计量各个村庄及三相用户的用电量，断路器分别用来切换各个村庄和三相用户的用电。图 9-2 中虚线框内的部分通常设在低压变电站。

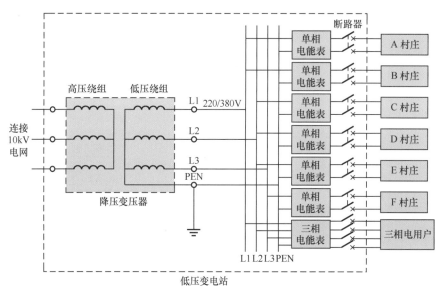

图 9-2　TN-C 供电方式

2. TN-S 供电方式

TN-S 供电方式属于三相五线制，如图 9-3 所示，在该供电方式中，中性线和接地线是分开的，在送电端，中性线和地线都与大地连接，在正常情况下，中性线与相线构成回路，有电流流过，而接地线无电流流过。**TN-S 供电方式的安全性能好，欧美各国普遍采用这种供电方式，我国也在逐步推广采用，一些城市小区普遍采用这种供电方式。**

在图 9-3 所示的 TN-S 供电系统中，单相电用户的入户线有三根（相线、中性线和接地线），三相电用户输入线有五根（三根相线、一根中性线和一根接地线）。电能表分别用来计量各幢楼及三相用户的用电量，断路器分别用来切换各幢楼及三相用户的用电。图 9-3 中虚线框内的部分通常设在小区的配电房内。

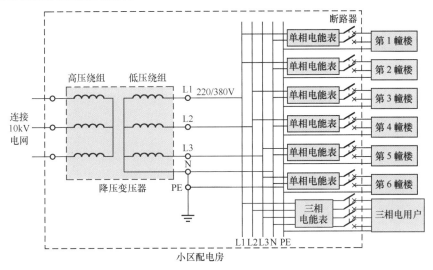

图 9-3　TN-S 供电方式

9.1.3　用户配电系统

当配电房将电源送到某幢楼时，就需要开始为每个用户分配电源。图 9-4 是一幢 8 层 16 用户的配电系统图。第 1 幢楼电能表用于计量整幢楼的用电量，断路器用于接通或切断整幢楼的用电，整幢楼的每户都安装有电能表，用于计量每户的用电量，为了便于管理，这些电能表一般集中安装在一起管理（如安装在楼梯间或地下车库），用户可到电能表集中区查看电量。电能表的输出端接至室内配电箱，用户可根据需要，在室内配电箱安装多个断路器、漏电保护器等配电电器。

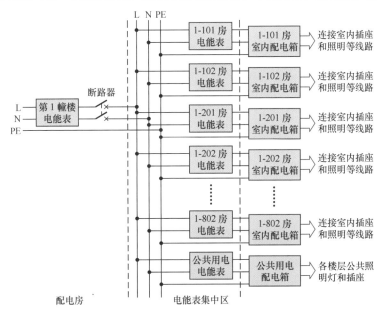

图 9-4　一幢 8 层 16 用户的配电系统图

9.2 住宅常用配电方式与配电原则

住宅配电是指根据一定的方式将住宅入户电源分配成多条电源支路，以提供给室内各处的插座和照明灯具。下面介绍三种住宅常用的配电方式与住宅配电的基本原则。

9.2.1 住宅常用的配电方式

1.按家用电器的类型分配电源支路

在采用该配电方式时，可根据家用电器类型，从室内配电箱分出照明、电热、厨房电器、空调等若干支路（或称回路）。由于该方式将不同类型的用电器分配在不同支路内，当某类型用电器发生故障需停电检修时，不会影响其他电器的正常供电。这种配电方式敷设线路长，施工工作量较大，造价相对较高。

图9-5采用了按家用电器的类型分配电源支路。三根入户线中的L、N线进入配电箱后先接用户总开关，厨房的用电器较多且环境潮湿，故用漏电保护器单独分出一条支路；一般住宅有多台空调，由于空调功率大，可分为两条支路（如一路接到客厅大功率柜式空调插座，另一条接到几个房间的小功率壁挂式空调）；浴室的浴霸功率较大，也单独引出一条支路；卫生间比较潮湿，用漏电保护器单独分出一条支路；室内其他各处的插座分出两路，如一条支路接餐厅、客厅和过道的插座，另一条支路接卧房的插座；照明灯具功率较小，故只分出一条支路接到室内各处的照明灯具。

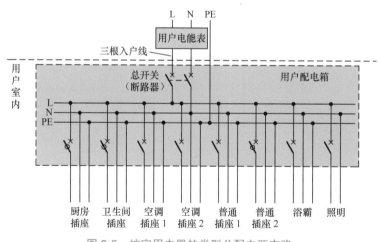

图9-5 按家用电器的类型分配电源支路

2.按区域分配电源支路

在采用该配电方式时，可从室内配电箱分出客餐厅、主卧室、客书房、厨房、卫生间等若干支路。该配电方式使各室供电相对独立，减少相互之间的干扰，一旦发生电气故障时仅影响一两处。这种配电方式敷设线路较短。图9-6采用了按区域分配电源支路。

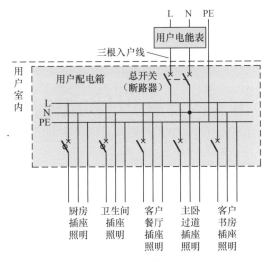

图 9-6　按区域分配电源支路

3. 混合型分配电源支路

在采用该配电方式时，除了大功率用电器（如空调、电热水器、电取暖器等）单独设置线路回路以外，其他各线路回路并不一定分割得十分明确，而是根据实际房型和导线走向等因素来决定各用电器所属的线路回路。这样配电对维修和处理故障有一定不便，但由于配电灵活，可有效地减少导线敷设长度，节省投资，方便施工，所以这种配电方式使用较广泛。

9.2.2　住宅配电的基本原则

现在的住宅用电器越来越多，为了避免某一电器出现问题影响其他或整个电器的工作，需要在配电箱中将入户电源进行分配，以提供给不同的电器使用。无论采用哪种配电方式，在配电时都应尽量遵循基本原则。

住宅配电的基本原则如下。

① 一个线路支路的容量应尽量在 **1.5kW** 以下，如果单个用电器的功率在 **1kW** 以上，建议单独设为一个支路。

② 照明、插座尽量分成不同的线路支路。当插座线路连接的电气设备出现故障时，只会使该支路的电源中断，不会影响照明线路的工作，因此可以在有照明的情况下对插座线路进行检修，如果照明线路出现故障，可在插座线路接上临时照明灯具，对插座线路进行检查。

③ 照明可分成几个线路支路。当一个照明线路出现故障时，不会影响其他照明线路工作，在配电时，可按不同的房间搭配分成二三个照明线路。

④ 对于大功率用电器（如空调、电热水器、电磁灶等），尽量一个电器分配一个线路支路，并且线路应选用截面积大的导线。如果多台大功率电器合用一个线路，当它们同时使用时，导线会因流过的电流很大而易发热，即使导线不会马上烧坏，长期使用也会降低导线的绝缘性能。与截面积小的导线相比，截面积大的导线的电阻更小，截面积大的导线对电能损耗更小，不易发热，使用寿命更长。

⑤ 潮湿环境（如浴室）的插座和照明灯具的线路支路必须采取接地保护措施。一般的插

座可采用两极、三极普通插座，而潮湿环境需要用防溅三极插座，其使用的灯具如有金属外壳，则要求外壳必须接地（与 PE 线连接）。

9.3 电能表、开关的容量及导线截面积的选择

9.3.1 电能表、总开关的容量和入户导线截面积的选择

在选择电能表、总开关的容量和入户导线截面积时，必须要知道住宅用电负荷（住宅用电的最大功率），再根据用电负荷值进行合理的选择。确定住宅用电负荷的方法主要有经验法和计算法，经验法快捷但精度稍差，计算法精度高但稍为麻烦。

1. 用经验法选择电能表、总开关容量和入户导线截面积

经验法是根据大多数住宅用电情况总结出来的，故在大多数情况下是适用的。表 9-1 列出一些不同住宅用户的用电负荷值和总开关、电能表应选容量值及入户导线的选用规格。例如，对于建筑面积在 80～120m² 的住宅用户，其用电负荷一般在 3kW 左右，负荷电流为 16A 左右，电能表容量选择 10（40）A，入户总开关额定电流选择 32A，入户线选择规格为三根截面积 10mm² 的塑料铜线。

表9-1　一些不同住宅用户的用电负荷值和总开关、电能表应选容量值及入户导线的选用规格

住宅类别	用电负荷/kW	负荷电流/A	总开关额定电流/A	电能表容量/A	进户线规格
复式楼	8	43	90	20（80）	BV-3×25mm²
高级住宅	6.7	36	70	15（60）	BV-3×16mm²
120m²以上住宅	5.7	31	50	15（60）	BV-3×16mm²
80～120m²住宅	3	16	32	10（40）	BV-3×10mm²

2. 用计算法选择电能表、总开关容量和入户导线截面积

在用计算法选择电能表、总开关容量和导线截面积时，先要计算出住宅用电负荷，再根据用电负荷进行选择。

用计算法选择电能表、总开关容量和导线截面积的步骤如下。

① 计算用户有功用电负荷功率 P_{js}。

用户有功用电负荷功率 P_{js} 即用户用电负荷功率。

用户有功用电负荷功率 P_{js}= 需求系数 K_c×用户所有电器的总功率 P_E

需求系数 K_c 又称同时使用系数，$K_c=P_{30}/P_E$，P_{30} 为半小时同时使用的电器功率，同时使用半小时的电器越多，需求系数越大，对于一般住宅用户，K_c 通常取 0.4～0.7，如果用户经常同时使用半小时的电器功率是总功率的一半，则需求系数 $K_c=0.5$。

表 9-2 列出了一个小康住宅的各用电设备功率和总功率 P_E，由于表中的 P_E 值是一个大致范围，为了计算方便，这里取中间值 $P_E=13kW$，如果取 $K_c=0.5$，那么该住宅的有功用电负荷

功率为

$$P_{js}=K_c \times P_E=0.5 \times 13kW=6.5kW$$

表9-2　一个小康住宅的各用电设备功率与总功率P_E

分类	序号	用电设备	功率/kW
照明	1	照明灯具	0.5~0.8
普通家用电器	2	电冰箱	0.2
	3	洗衣机	0.3~1.0
	4	电视机	0.3
	5	电风扇	0.1
	6	电烫斗	0.5~1.0
	7	组合音响	0.1~0.3
	8	吸湿机	0.1~0.15
	9	影视设备	0.1~0.3
厨房及洗浴电器	10	电饭煲	0.6~1.3
	11	电烤箱	0.5~1.0
	12	微波炉	0.6~1.2
	13	消毒柜	0.6~1.0
	14	抽油烟机	0.3~1.0
	15	食品加工机	0.3
	16	电热水器	0.5~1.0
空调卫生及其他	17	电取暖器	0.5~1.5
	18	吸尘器	0.2~0.5
	19	空调机	1.5~3.0
	20	计算机	0.08
	21	打印机	0.08
	22	传真机	0.06
	23	防盗保安	0.1
总计			8.12~16.27

② 计算用户用电负荷电流 I_{js}。

选择电能表、总开关容量和导线截面积必须要知道用户用电负荷电流 I_{js}。

$$用户用电负荷电流I_{js}=\frac{用户有功用电负荷功率P_{js}}{电流电压Ucos\phi}$$

$cos\phi$ 为功率因数，一般取 0.6 ~ 0.9，感性用电设备（如荧光灯、含电动机的电器）越多，$cos\phi$ 取值越小。以表 9-2 的小康住宅为例，如果取 $cos\phi=0.8$，那么其用户用电负荷电流为

$$I_{js}=\frac{P_{js}}{Ucos\phi}=\frac{6.5kW}{220 \times 0.8}\approx36.9A$$

③ 选择电能表和总开关的容量。

电能表和总开关的容量是以额定电流来体现的，选择时要求电能表和总开关的额定电流大于用户用电负荷电流 I_{js}，考虑一些电器（如空调）的启动电流很大，通常要求电能表和总开关的额定电流是用电负荷电流的两倍左右，上例中的 $I_{js} \approx 36.9A$，那么可选择容量为 15（60）A 的电能表和 70A 总开关（断路器）。

④ 入户导线截面积的选择。

导线截面积可根据 1A 电流对应 $0.275mm^2$ 截面积的经验值选择塑料铜导线。上例中的 $I_{js} \approx 36.9A$，根据经验值可计算出塑料铜导线的截面积为 $36.9 \times 0.275mm^2 \approx 10.14mm^2$，按 1.5～2.0 倍的余量，即可选择截面积在 15～20mm^2 的塑料铜导线作为入户导线。

9.3.2　支路开关的容量与支路导线截面积的选择

入户线引入配电箱后，先经过总开关，然后由支路开关分成多条支路，再通过各支路导线连接室内各处的照明灯具和开关。

配电箱的支路开关有断路器（空气开关）和漏电保护器（漏电保护开关）。断路器的功能是当所在线路或家用电器发生短路或过载时，能通过自动跳闸来切断本路电源，从而有效的保护这些设备免受损坏或防止事故扩大；漏电保护器除了具有断路器的功能外，还能执行漏电保护，当所在线路发生漏电或触电（如人体碰到电源线）时，能通过自动跳闸来切断本路电源，故对于容易出现漏电或触电的支路（如厨房、浴室支路），可使用漏电保护器作为支路开关。

支路开关的容量是以额定电流大小来规定的，一般小型断路器规格主要有 6A、10A、16A、20A、25A、32A、40A、50A、63A、80A、100A 等。在选择支路开关时，要求其容量大于所在支路负荷电流，一般要求其容量是支路负荷电流的两倍左右，容量过小，支路开关容易跳闸，容量过大，起不到过载保护作用，如果选用漏电保护器作为支路开关，住宅用户一般选择保护动作电流为 30mA 的漏电保护器。支路导线的截面积也由支路电器的负荷电流来决定，如果导线截面积过小，支路电流稍大导线就可能会被烧坏，如果条件许可，导线截面积可以选大一些，但过大会造成一定的浪费。

1. 用计算法选择支路开关和导线

在选择支路开关容量和支路导线截面积时，可采用前述总开关容量和入户线截面积选择一样的方法，只要将每条支路看成是一个用户即可。

用计算法选择支路开关容量和支路导线截面积的步骤如下。

① 计算分支用电负荷功率 P_{js}。

分支用电负荷功率 P_{js}= 需求系数 $K_c \times$ 分支所有电器的总功率 P_E

若某分支线路的电器总功率为 2kW，如果取 K_c=0.6，那么该住宅的有功用电负荷功率为

$$P_{js}=K_c \times P_E=0.6 \times 2kW=1.2kW$$

② 计算分支用电负荷电流 I_{js}。

$$分支用电负荷电流 I_{js}= \frac{分支用电负荷功率 P_{js}}{电流电压 U\cos\phi}$$

如果取 $\cos\phi$=0.7，那么分支用电负荷电流为

$$I_{js} = \frac{P_{js}}{U\cos\phi} = \frac{1.2\text{kW}}{220 \times 0.7} \approx 7.8\text{A}$$

③ 选择支路开关的容量。

在选择支路开关的容量（额定电流）时，要求其大于分支用电负荷电流，一般取两倍左右的负荷电流，因此支路开关的额定电流应大于 $2I_{js}=2\times7.8=15.6$A，由于断路器和漏电保护器的规格没有 15.6A，故选择容量为 16A 断路器或漏电保护器作为该支路开关。

④ 支路导线截面积的选择。

支路导线截面积可根据 1A 电流对应 0.275mm² 截面积的经验值选择塑料铜导线。上例中的 I_{js}=7.8A，根据经验值可计算出塑料铜导线的截面积为 7.8×0.275mm² ≈ 2.145mm²，按 1.5 ～ 2.0 倍的余量，即可选择截面积在 3 ～ 4mm² 的塑料铜导线作为该路支路导线。

2. 用经验法选择支路开关和导线

用计算法选择支路开关和导线虽然精度高一些，但比较麻烦，一般情况下，也可直接参照一些经验值来选择支路开关和导线。

下面列出了一些支路开关和导线选择的经验数据。

① 照明线路：选择 10A 或 16A 的断路器，导线截面积选择 1.5 ～ 2.5mm²。

② 普通插座线路：选择 16A 或 20A 的断路器或漏电保护器，导线截面积选择 2.5 ～ 4mm²。

③ 空调及浴霸等大功率线路：选择 25A 或 32A 的断路器或漏电保护器，导线截面积选择 4 ～ 6mm²。

9.4　配电箱的安装

9.4.1　配电箱的外形与结构

家用配电箱种类很多，图 9-7 是一种常用的家用配电箱，拆下前盖后，可以看见配电箱的内部结构，如图 9-7（d）所示，中部有一个导轨，用于安装断路器和漏电保护器，上部有两排接线柱，分别为地线（PE）公共接线柱和中性线（N）公共接线柱。

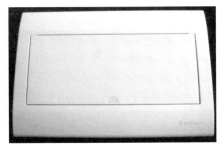

（a）正面　　　　　　　　　　　　　　　（b）侧面

图 9-7　一种常用的家用配电箱

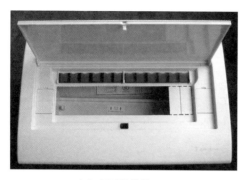

（c）打开保护盖　　　　　　　　　　（d）内部结构（拆下前盖）

图 9-7　一种常用的家用配电箱（续）

图 9-8 是一个已经安装了配电电器并接线的配电箱（未安装前盖）。

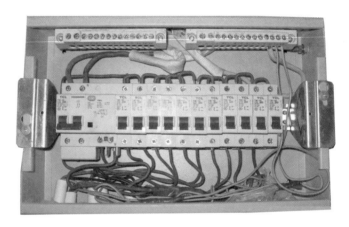

图 9-8　一个已经安装配电电器并接线的配电箱（未安装前盖）

9.4.2　配电电器的安装与接线

在配电箱中安装的配电电器主要有断路器和漏电保护器，在安装这些配电电器时，需要将它们固定在配电箱内部的导轨上，再给配电电器接线。

图 9-9 是配电箱线路原理图，图 9-10 是与之对应的配电箱的配电电器接线示意图。三根入户线（L、N、PE）进入配电箱，其中 L、N 线接到总断路器的输入端。而 PE 线直接接到地线公共接线柱（所有接线柱都是相通的），总断路器输出端的 L 线接到三个漏电保护器的 L 端和五个 1P 断路器的输入端，总断路器输出端的 N 线接到 3 个漏电保护器的 N 端和中性线公共接线柱。在输出端，每个漏电保护器的两根输出线（L、N）和 1 根由地线公共接线柱引来的 PE 线组成一个分支线路，而单极断路器的一根输出线（L）和一根由中性线公共接线柱引来的 N 线，再加上一根由地线公共接线柱引来的 PE 线组成一个分支线路，由于照明线路一般不需地线，因此该分支线路未使用 PE 线。

在安装住宅配电箱时，当箱体高度小于 **60cm** 时，箱体下端距离地面宜为 **1.5m**，箱体高度大于 **60cm** 时，箱体上端距离地面不宜大于 **2.2m**。

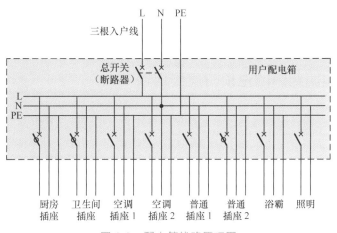

图 9-9　配电箱线路原理图

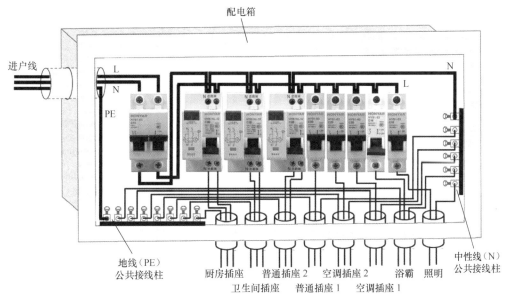

图 9-10　配电箱的配电电器接线示意图

在配电箱接线时，对导线颜色也有规定：相线应为黄、绿或红色，单相线可选择其中一种颜色，中性线应为浅蓝色，保护地线应为绿、黄双色导线。

9.5　住宅配电线路的走线规划

住宅配电线路可分为照明线路和插座线路。**在安装实际线路前，需要先确定好住宅各处的开关、插座和灯具的安装位置，再规划具体线路将它们连接起来。**住宅配电线路可采用走顶方式，也可以采用走地方式，如果采用走地方式布线，则需要在地面开槽埋设布线管（暗装方式布线时）；如果室内采用吊顶装修，则可以选择线路走顶方式布线，将线路安排在吊顶内，能节省线路安装的施工量。住宅布线采用走地还是走顶方式，可依据实际情况，按节省线材和施工量的原则来确定，目前住宅布线采用走地方式更为常见。

9.5.1 照明线路的走顶与连接规划

照明线路走顶是指将照明线路敷设在房顶，导线分支接点安排在灯具安装盒（又称底盒）内的走线方式。图 9-11 所示的二室二厅的照明线路采用走顶方式，照明线路包括普通照明线路 WL1 和具有取暖与照明功能的浴霸线路 WL2。

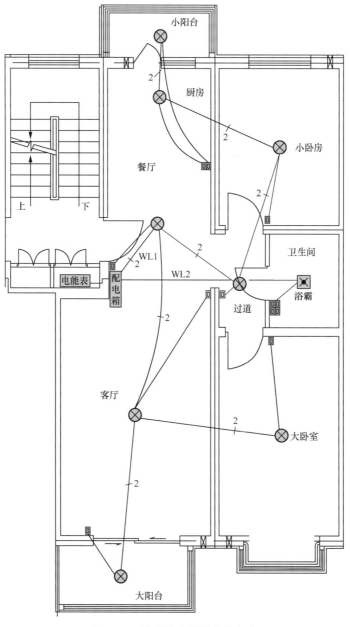

图 9-11 照明线路采用走顶方式

1. 普通照明线路 WL1

配电箱的照明支路引出 L、N 两根导线，连接到餐厅的灯具安装盒，L、N 导线再分作两路：一路连接到客厅的灯具安装盒，另一路连接到过道的灯具安装盒。连接到客厅灯具安装盒的 L、N 导线又分作两路：一路连接到客厅阳台的灯具安装盒，另一路连接到大卧室的灯具安装盒。连接到过道灯具安装盒的 L、N 导线又去连接小卧室的灯具安装盒，L、N 线连接到小卧室灯具安装盒后，再依次去连接厨房的灯具安装盒和小阳台的灯具安装盒。每个灯具都受开关控制，各处灯具的控制开关位置如图 9-12 所示，其中厨房灯具和小阳台灯具的控制开关安装在一起。

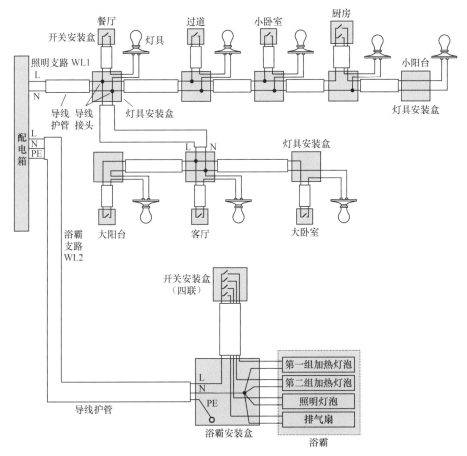

图 9-12　照明线路采用走顶方式的接线

普通照明线路 WL1 采用走顶方式的灯具和开关接线如图 9-12 上方部分所示。配电箱到灯具安装盒、灯具安装盒到开关安装盒和灯具安装盒之间的连接导线都穿在护管（塑料管或钢管）中，这样导线不易损伤；护管中的导线不允许出现接头，导线的连接点应放在灯具安装盒和开关安装盒中；灯具安装盒内的中性线直接接灯具的一端，而相线先引入开关安装盒，经开关后返回灯具安装盒，再接灯具的另一端。

2. 浴霸线路 WL2

浴霸是浴室用于取暖和照明的设备，它由两组加热灯泡、一个照明灯泡和一个排风扇组成，故浴霸要受四个开关控制。

浴霸线路采用走顶方式的灯具和开关接线如图 9-12 下方部分所示，配电箱的浴霸支路引出 L、N 和 PE 三根导线，连接到卫生间的浴霸安装盒，PE 导线直接接安装盒中的接地点，N 导线与四根导线接在一起，这四根导线分别接浴霸的两组加热灯泡、一个照明灯泡和一个排气扇的一端，L 导线先引到开关安装盒，经四个开关一分为四后，四根导线从开关安装盒返回浴霸安装盒，分别接浴霸的两组加热灯泡、一个照明灯泡和一个排气扇的另一端。

9.5.2 照明线路的走地与连接规划

照明线路走地是指将照明线路敷设在地面，导线分支接点安排在开关安装盒内的走线方式。图 9-13 所示为二室二厅的照明线路采用走地方式。

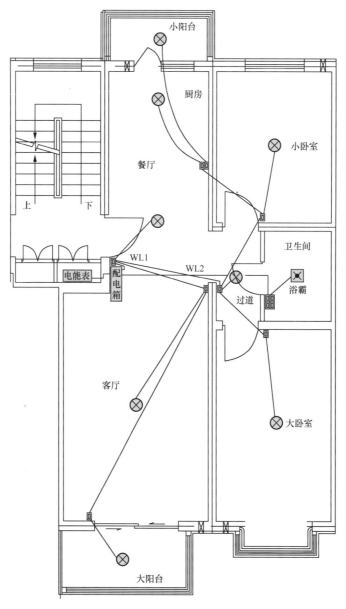

图 9-13 二室二厅的照明线路采用走地方式

1. 普通照明线路 WL1

配电箱的照明支路引出 L、N 两根导线，连接到餐厅的开关安装盒，开关安装盒内的 L、N 导线再分作三路：一路连接到客厅的开关安装盒，另一路连接到过道的开关安装盒，还有一路连接到餐厅灯具安装盒。连接到客厅开关安装盒的 L、N 导线又分作两路：一路连接到客厅大阳台的开关安装盒，另一路连接到客厅的灯具安装盒。连接到过道开关安装盒的 L、N 导线分作三路：一路连接到大卧室的开关安装盒，另一路连接到过道的灯具安装，还有一路连接到小卧室的开关安装盒。连接到小卧室开关安装盒的 L、N 线分作两路：一路连接到本卧室的灯具安装盒，另一路连接到厨房和小阳台的开关安装盒。

普通照明线路 WL1 采用走地方式的灯具和开关接线如图 9-14 上方部分所示，导线的分支接点全部安排在开关盒内。

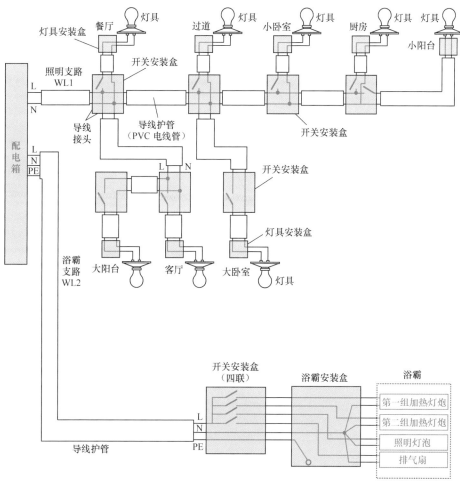

图 9-14　照明线路采用走地方式的接线

2. 浴霸线路 WL2

浴霸线路采用走地方式的灯具和开关接线如图 9-14 下方部分所示，配电箱的浴霸支路引出 L、N 和 PE 三根导线，连接到卫生间的浴霸开关安装盒，N、PE 线直接穿过开关安装盒接到浴霸安装盒，而 L 线在开关安装盒中分成 4 根，分别接 4 个开关后，4 根 L 线再接到浴霸安装盒，在浴霸安装盒中，N 导线分成 4 根，它与 4 根 L 线组成 4 对线，分别接浴霸的两组加热灯泡、一个照明灯泡和一个排气扇，PE 线接安装盒的接地点。

9.5.3 插座线路的走线与连接规划

除灯具由照明线路直接供电外，其他家用电器供电都来自插座。由于插座距离地面较近，因此插座线路通常采用走地方式。

图 9-15 所示为二室二厅的插座线路的各插座位置和线路走向图，它包括普通插座 1 线路 WL3、普通插座 2 线路 WL4、卫生间插座线路 WL5、厨房插座线路 WL6、空调插座 1 线路 WL7、空调插座 2 线路 WL8。

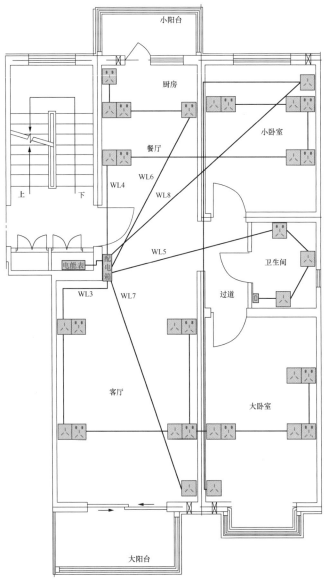

图 9-15　二室二厅的插座线路的各插座位置和线路走向图

　　普通插座 1 线路 WL3：配电箱的普通插座 1 支路引出 L、N 和 PE 三根导线→客厅左上插座→客厅左下插座→客厅右下插座，分作两路，一路连接客厅右上插座结束，另一路连接大卧室左下插座→大卧室右下插座→大卧室右上插座结束。

　　普通插座 2 线路 WL4：配电箱的普通插座 2 支路引出 L、N 和 PE 三根导线→餐厅插座→小卧室右下插座→小卧室右上插座→小卧室左上插座。

　　卫生间插座线路 WL5：配电箱的卫生间插座支路引出 L、N 和 PE 三根导线→卫生间上方插座→卫生间右中插座→卫生间下方插座及该插座控制开关。

　　厨房插座线路 WL6：配电箱的厨房插座支路引出 L、N 和 PE 三根导线→厨房右下插座→厨房左下插座→厨房左上插座。

　　空调插座 1 线路 WL7：配电箱的空调插座 1 支路引出 L、N 和 PE 三根导线→客厅右下角插座（柜式空调）。

　　空调插座 2 线路 WL8：配电箱的空调插座 2 支路引出 L、N 和 PE 三根导线→小卧室右上角插座→大卧室左下角插座。

　　插座线路的各插座间的接线如图 9-16 所示，插座接线要遵循"左零（N）、右相（L）、中间地（PE）"规则，如果插座要受开关控制，相线应先进入开关安装盒，经开关后回到插座安装盒，再接插座的右极。

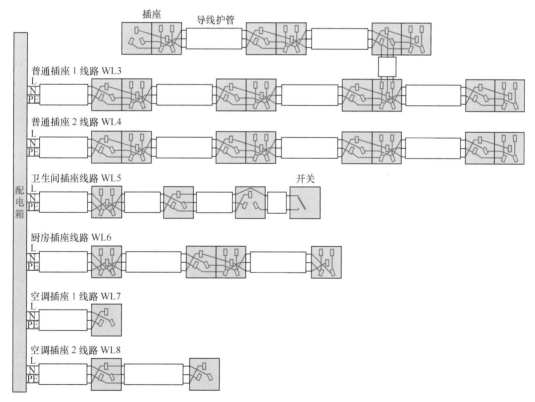

图 9-16　插座线路的各插座间的接线

第 10 章

Chapter 10

明装敷设电气线路

明装敷设电气线路简称明装布线，是指将导线沿着墙壁、顶棚（俗称天花板）、梁柱等表面敷设的布线方式。在明装布线时，要求敷设的线路横平竖直、线路短且弯头少。由于明装布线是将导线敷设在建筑物的表面，因此应在建筑物全部完工后进行。**明装布线的具体方式很多，常见的有线槽布线、护套线布线、线管布线、瓷夹板布线和线夹卡布线等。**

采用暗装布线的最大优点是可以将电气线路隐藏起来，使室内更加美观，但暗装布线成本高，并且线路更改难度大。与暗装布线相比，明装布线具有成本低、操作简单和线路更改方便等优点，一些简易建筑（如民房）或需新增加线路的场合常采用明装布线方式，由于明装布线直观简单，如果对布线美观要求不高，甚至略懂一点电工知识的人就可以进行。

10.1 线槽布线

线槽布线是一种较常用的住宅配电布线方式，它是将绝缘导线放在绝缘槽板（塑料或木质）内进行布线，由于导线有槽板的保护，因此绝缘性能和安全性较好。线槽布线用于在干燥场合作永久性明装敷设，或用于简易建筑或永久性建筑的附加线路。

布线使用的线槽类型很多，其中使用广泛的为 PVC 电线槽布线，其外形如图 10-1 所示，方形电线槽截面积较大，可以容纳较多导线，半圆形电线槽虽然截面积要小一些，但因其外形特点，用于地面布线时不易绊断。

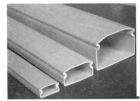

图 10-1　PVC 电线槽的外形

10.1.1　布线定位

在线槽布线定位时，要注意以下几点。

① 先确定各处的开关、插座和灯具的位置，再确定线槽的走向。插座采用明装时距离

地面一般为 1.3 ～ 1.8m，采用暗装时距离地面一般为 0.3 ～ 0.5m，普通开关安装高度一般为 1.3 ～ 1.5m，开关距离门框约 20cm，拉线开关安装高度为 2 ～ 3m。

　　② 线槽一般沿建筑物墙、柱、顶的边角处布置，要横平竖直，尽量避开不易打孔的混凝土梁、柱。

　　③ 线槽一般不要紧靠墙角，应隔一定的距离，这是因为紧靠墙角不易施工。

　　④ 在弹（画）线定位时，如图 10-2 所示，横线弹在槽上沿，纵线弹在槽中央位置，这样安装好线槽后就可将定位线遮拦住，使墙面干净整洁。

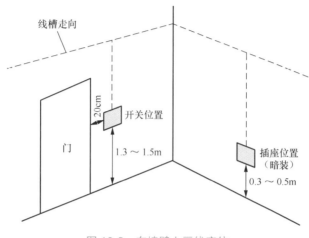

图 10-2　在墙壁上画线定位

10.1.2　线槽的安装

　　线槽的安装如图 10-3 所示，先用钉子将电线槽的槽板固定在墙壁上，再在槽板内铺入导线，然后给槽板压上盖板即可。

　　在安装线槽时，应注意以下几个要点。

　　① 在安装线槽时，内部钉子之间相隔距离不要大于 50cm，如图 10-4（a）所示。

　　② 在线槽连接安装时，线槽之间可以直角拼接安装，也可切割成 45°拼接安装，钉子与拼接中心点距离不大于 5cm，如图 10-4（b）所示。

　　③ 线槽在拐角处采用 45°拼接，钉子与拼接中心点距离不大于 5cm，如图 10-4（c）所示。

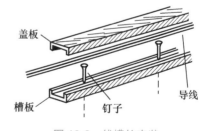

图 10-3　线槽的安装

　　④ 线槽在 T 字形拼接时，可在主干线槽旁边切出一个凹三角形口，分支线槽切成凸三角形，再将分支线槽的三角形凸头插入主干线槽的凹三角形口，如图 10-4（d）所示。

　　⑤ 线槽在十字形拼接时，可将四个线槽头部端切成凸三角形，再并接在一起，如图 10-4（e）所示。

　　⑥ 线槽在与接线盒（如插座、开关底盒）连接时，应将二者紧密无缝隙地连接在一起，如图 10-4（f）所示。

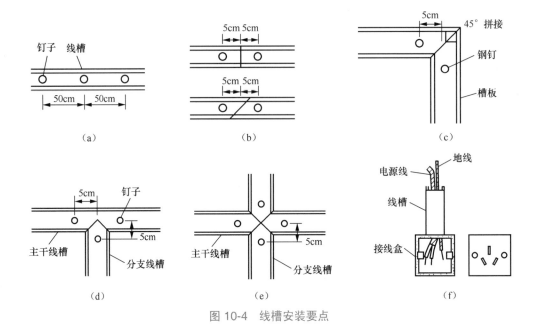

图 10-4　线槽安装要点

10.1.3　用配件安装线槽

　　为了让线槽布线更为美观和方便，可采用配件来连接线槽。PVC 电线槽常用的配件如图 10-5 所示，这些配件在线槽布线的安装位置如图 10-6 所示，需要注意的是，该图仅用来说明各配件在线槽布线时的安装位置，并不代表实际的布线。

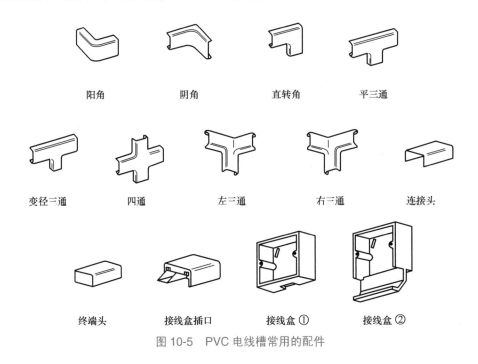

图 10-5　PVC 电线槽常用的配件

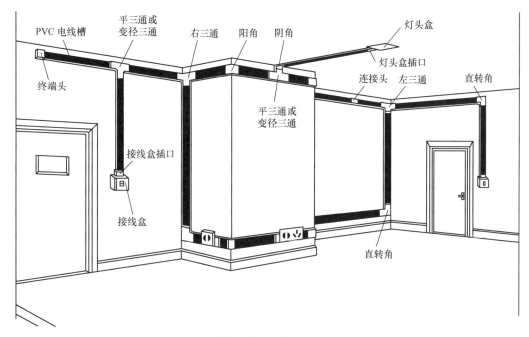

图 10-6　线槽配件在线槽布线时的安装位置

10.1.4　线槽布线的配电方式

在线管暗装布线时，由于线管被隐藏起来，因此将配电分成多个支路并不影响室内整洁美观，而采用线槽明装布线时，如果也将配电分成多个支路，则在墙壁上明装敷设大量的线槽，不但不美观，而且比较碍事。**为适合明装布线的特点，线槽布线常采用区域配电方式。配电线路的连接方式主要如下：①单主干接多分支配电方式；②双主干接多分支配电方式；③多分支配电方式。**

1. 单主干接多分支配电方式

单主干接多分支配电方式是一种低成本的配电方式，是指从配电箱引出一路主干线，该主干线依次走线到各厅室，每个厅室都用接线盒从主干线处接出一路分支线，由分支线路为本厅室配电。

单主干接多分支配电方式如图 10-7 所示，从配电箱引出一路主干线（采用与入户线相同截面积的导线），根据住宅的结构，并按走线最短原则，主干线从配电箱出来后，先后依次经过餐厅、厨房、过道、卫生间、主卧室、客房、书房、客厅和阳台，在餐厅、厨房等合适的主干线经过的位置安装接线盒，从接线盒中接出分支线路，在分支线路上安装插座、开关和灯具。主干线在接线盒穿盒而过，接线时不要截断主干线，只要剥掉主干线部分绝缘层，分支线与主干线采用 T 形接线即可。在给带门的房室内引入分支线路时，可先在墙壁上钻孔，然后给导线加保护管进行穿墙。

单主干接多分支配电方式的某房间走线与接线如图 10-8 所示。该房间的插座线和照明线通过穿墙孔接外部接线盒中的主干线，在房间内，照明线路的零线直接去照明灯具，相线先进入开关，经开关后去照明灯具，插座线先到一个插座，在该插座的底盒中，将线路中分作两个分支，分别去接另两个插座，导线接头是线路容易出现问题地方，不要放在线槽中。

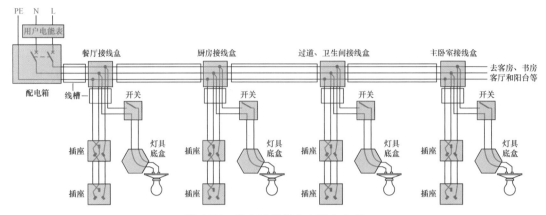

图 10-7　单主干接多分支配电方式

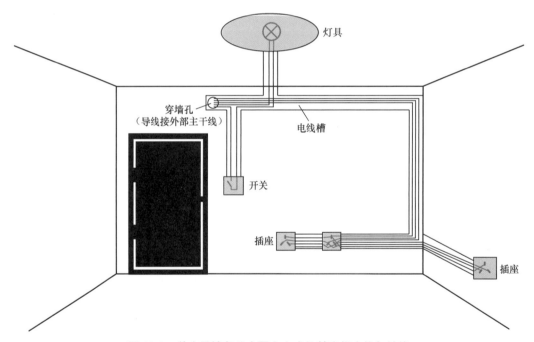

图 10-8　单主干接多分支配电方式的某房间走线与接线

2. 双主干接多分支配电方式

双主干接多分支配电方式是指从配电箱引出照明和插座两路主干线，这两路主干线依次走线到各厅室，每个厅室都用接线盒从两路主干线分别接出照明和插座支路线，为本厅室照明和插座配电。由于双主干接多分支配电方式要从配电箱引出两路主干线，同时配电箱内需要两个控制开关，因此较单主干接多分支配电方式的成本要高，但由于照明和插座分别供电，当一路出现故障时可暂时使用另一路供电。

双主干接多分支配电方式如图 10-9 所示，该方式的某房间走线与接线与图 10-8 是一样的。

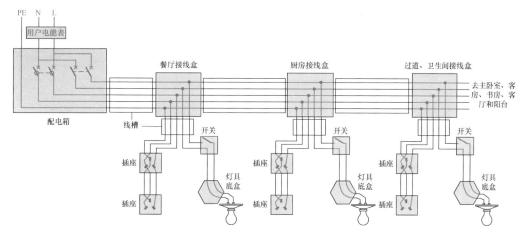

图 10-9　双主干接多分支配电方式

3. 多分支配电方式

多分支配电方式是指根据各厅室的位置和用电功率，划分为多个区域，从配电箱引出多路分支线路，分别供给不同区域。为了不影响房间美观，线槽明装布线通常使用单路线槽，而单路线槽不能容纳很多导线（在线槽明装布线时，导线总截面积不能超过线槽截面积的60%），故在确定分支线路的个数时，应考虑线槽与导线的截面积。

多分支配电方式如图 10-10 所示，它将一户住宅用电分为三个区域，在配电箱中将用电分作三条分支线路，分别用开关控制各支路供电的通断，三条支路共九根导线通过单路线槽引出，当分支线路 1 到达用申区域 1 的合适位置时，将分支线路 1 从线槽中引到该区域的接线盒，在接线盒再接成三路分支，分别供给餐厅、厨房和过道；当分支线路 2 到达用电区域 2 的合适位置时，将分支线路 2 从线槽中引到该区域的接线盒，在接线盒中接成三路分支，分别供给主卧室、书房和客房；当分支线路 3 到达用电区域 3 的合适位置时，将分支线路 3 从线槽中引到该区域的接线盒，在接线盒接成三路分支，分别供给卫生间、客厅和阳台。

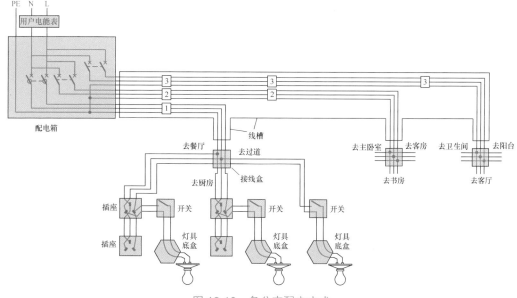

图 10-10　多分支配电方式

由于线槽中导线的数量较多，为了方便区别分支线路，可每隔一段距离用标签对各分支线路作上标记。

10.2 护套线布线

护套线是一种带有绝缘护套的两芯或多芯绝缘导线，它具有防潮、耐酸、耐腐蚀和安装方便且成本低等优点，可以直接敷设在墙壁、空心板及其他建筑物表面，但护套线的截面积较小，不适合大容量用电布线。

10.2.1 护套线及线夹卡

采用护套线进行室内布线时，对于铜芯导线，其截面积不能小于 $1.5mm^2$；对于铝芯导线，其截面积不能小于 $2.5mm^2$。在布线时，固定护套线一般用线夹卡。常见的线夹卡有铝片卡、单钉塑料线夹和双钉塑料线夹，如图 10-11 所示。

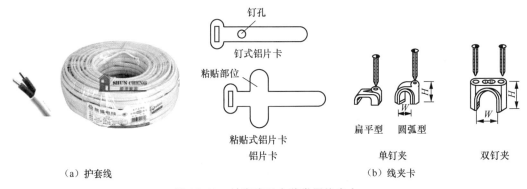

（a）护套线　　　　　　　　　　　　（b）线夹卡

图 10-11　护套线及安装常用线夹卡

10.2.2 单钉夹安装护套线

单钉夹只有一个固定钉，其安装护套线方便快捷，但不如双钉夹牢固，因此安装时要注意一定的技巧。使用单钉夹安装护套线如图 10-12 所示，具体如下。

① 在用单钉夹固定护套线时，钉子应交替安排在导线的上、下方，如图 10-12（a）所示。

② 在护套线转弯处，应在转弯前后各安排一个固定夹，如图 10-12（b）所示。

③ 在护套线交叉处，应使用四个固定夹，如图 10-12（c）所示。

④ 在护套线进入接线盒（开关或插座）前，应使用一个固定夹，如图 10-12（d）所示。

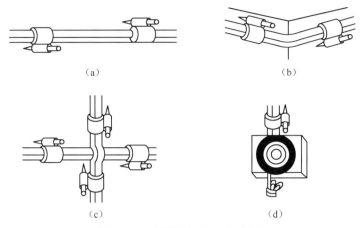

（a）　　　　　　　　　　　　　（b）

（c）　　　　　　　　　　　　　（d）

图 10-12　使用单钉夹安装护套线

10.2.3　铝片卡安装护套线

铝片卡又称钢精扎头，有钉式和粘贴式两种，前者用铁钉进行固定，后者用黏合剂固定。在安装护套线时，先用铁钉或黏合剂将铝片卡固定在墙壁上，如图 10-13 所示。在钉铝片卡时要注意铝片卡之间的距离一般为 200～250mm，铝片卡与接线盒、开关的距离要近一些，约为 50mm。铝片卡安装好后，将护套线放在铝片卡上，再按图 10-14 所示方法将护套线固定下来。

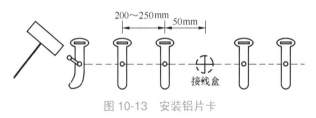

图 10-13　安装铝片卡

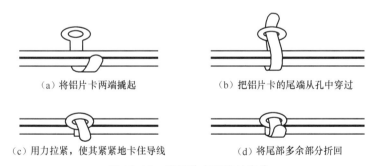

（a）将铝片卡两端撬起　　　　　　　（b）把铝片卡的尾端从孔中穿过

（c）用力拉紧，使其紧紧地卡住导线　　　（d）将尾部多余部分折回

图 10-14　用铝片卡固定护套线

图 10-15 所示是用铝片卡固定护套线的室内配电线路。

用铝片卡安装护套线应注意以下几个要点。

① 护套线与顶棚的距离为 50mm。

② 铝片卡之间的正常距离为 200～250mm，铝片卡与开关、吸顶灯和拐角的距离要短些，约为 50mm。

③ 在导线分支、交叉处要安装铝片卡。

④ 导线分支接头尽量安排在插座和开关中。

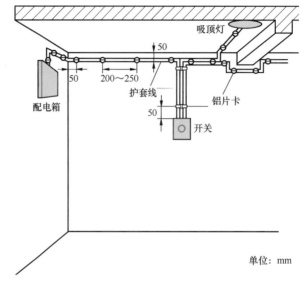

单位: mm

图 10-15　用铝片卡固定护套线的室内配电线路

10.2.4　护套线布线的注意事项

在使用护套线布线时，要注意以下事项。

① 在使用护套线在室内布线时，规定铜芯导线的最小截面积不小于 $1.5mm^2$，铝芯不小于 $2.5\ mm^2$。

② 在布线时，导线应横平竖直、紧贴敷设面，不得有松弛、扭绞和曲折等现象。在同一平面上转弯时，不能弯成死角，弯曲半径应大于导线外径的 6 倍，以免损伤芯线。

③ 在安装开关、插座时，应先固定好护套线，再安装开关、插座的固定木台，木台进线的一边应按护套线所需的横截面开出进线缺口。

④ 在布线时，尽量避免导线交叉，如果必须要交叉，交叉处应用四个线卡夹固定，两线卡夹距交叉处的距离为 50 ～ 100mm。

⑤ 塑料护套线不适合在露天环境明装布线，也不能直接埋入墙壁抹灰层内暗装布线，如果在空心楼板孔使用塑料护套线布线，则不得损伤导线护套层，选择的布线位置应便于更换导线。

⑥ 在护套线与电气设备或线盒的连接时，护套层应引入设备或线盒内，并在距离设备和线盒为 50 ～ 100mm。处用线卡夹固定。

⑦ 如果塑料护套线需要跨越建筑物的伸缩缝和沉降缝，在跨越处的一段导线应做成弯曲状并用线卡固定，以留有足够伸缩的余量。

⑧ 如果塑料护套线需要与接地导体和不发热的管道紧贴交叉，则应加装绝缘管保护；如果塑料护套线敷设在易受机械操作影响的场所，则应用钢管进行穿管保护；在地下敷设塑料护套线时，必须穿管保护；在与热力管道平行敷设时，其间距不得小于 1.0m，交叉敷设时，其间距不得小于 0.2m，否则必须对护套线进行隔热处理。

⑨ 塑料护套线严禁直接敷设在建筑物的顶棚内，以免发生火灾。

第 11 章
暗装敷设电气线路

暗装敷设电气线路简称暗装布线，是指将导线穿入 PVC 电线管或钢管并埋设在楼板、顶棚和墙壁内的敷设方式。暗装布线通常与建筑施工同步进行，在建筑施工时将各种预埋件（如插座盒、开关盒、灯具盒、线管）埋设固定在设定位置，在施工完成后再进行穿线和安装开关、插座、灯具等工作。如果在建筑施工主体工作完成后进行暗装布线，则需要用工具在墙壁、地面开槽来放置线管和各种安装盒，再用水泥覆盖和固定。

暗装布线的一般过程：规划配电线路→布线选材→布线定位→开槽凿孔→套管加工及铺管→导线穿管→插座、开关和灯具安装→线路测试。

规划配电线路的主要内容：①室内配电划分为几条分支线路；②每条支路线路的大致走向；③照明支路灯具、开关的大致位置及连接关系；④插座支路插座的大致位置及连接关系等。规划配电线路的有关内容在第 10 章已作过介绍，这里不再叙述。

11.1 布线选材

暗装布线的材料主要有套管、导线和插座、开关、灯具的安装盒。

11.1.1 套管的选择

在暗装布线时，为了保护导线，需要将导线穿在套管中。布线常用的套管有钢管和塑料管，家装布线广泛使用塑料管，而钢管由于价格较贵，在家装布线时较少使用。

家装布线主要使用具有绝缘阻燃功能的 **PVC 电工套管**，简称 **PVC 电线管**。PVC 电线管以聚氯乙烯树脂为主要原料，加入特殊的加工助剂并采用热熔挤出的方法制得。PVC 电线管内、外壁光滑平整，有良好的阻燃性能和电绝缘性能，可冷弯成一定的角度，适用于建筑物内的导线保护或电缆布线。

PVC 电线管外形如图 11-1 所示。PVC 电线管的管径有 $\phi16mm$、$\phi20mm$、$\phi25mm$、$\phi32mm$、$\phi40mm$、$\phi50mm$、$\phi63mm$、$\phi75mm$ 和 $\phi110mm$ 等规格。室内布线常使用 $\phi16mm \sim \phi32mm$ 管径的 PVC 电线管，其中室内照明线路常用 $\phi16mm$、$\phi20mm$ 管，插座及室内主线路常用 $\phi25mm$ 管，进户线路或弱电线路常用 $\phi32mm$ 管。管径在 $\phi40mm$ 以上的 PVC 电线管主要用在室外配电布线。

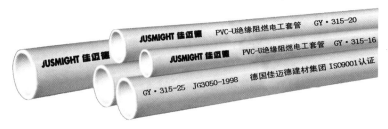

图 11-1　PVC 电线管的外形

为了保证选用的 PVC 电线管质量合格，可作如下检查。

① 管子外壁要带有生产厂标和阻燃标志。

② 在测试管子的阻燃性能时，可用火燃烧管子，火源离开后 30s 内火焰应自熄，否则为阻燃性能不合格产品。

③ 在使用弯管弹簧弯管时，将管子弯成 90°、弯管半径为 3 倍管径时，弯曲后外观应光滑。

④ 用锤子将管子敲至变形，变形处应无裂缝。

如果管子通过以上检查，则为合格的 PVC 电线管。

11.1.2　导线的选择

室内布线使用绝缘导线。根据芯线材料不同，绝缘导线可分为铜芯线和铝芯线，铜导线电阻率小，导电性能较好，铝导线电阻率比铜导线稍大些，但价格低；根据芯线的数量不同，绝缘导线可分为单股线和多股线，多股线是由几股或几十股芯线绞合在一起形成的，常见的有 7、19、37 股等。单股和多股芯线的绝缘导线如图 11-2 所示。

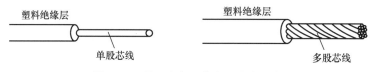

图 11-2　单股和多股芯线的绝缘导线

1. 室内配电常用导线的类型

室内配电主要使用的导线类型有 **BV** 型、**BVR** 型和 **BVV** 型。

（1）BV 型导线（单股铜导线）

BV 含义为 B——布线用，V——聚氯乙烯绝缘。**BV 型导线又称聚氯乙烯绝缘导线，它用较粗硬的单股铜丝作为芯线**，如图 11-3（a）所示，导线的规格是以芯线的截面积来表示的，常用规格有 1.5mm^2（BV-1.5）、2.5mm^2（BV-2.5）、4mm^2（BV-4）、6mm^2（BV-6）、10mm^2（BV-10）、16mm^2（BV-16）等。

（2）BVR 型导线（多股铜导线）

BVR 含义为 B——布线用，V——聚氯乙烯绝缘，R——软导线。**BVR 型导线又称聚氯乙烯绝缘软导线，它采用多股较细的铜丝绞合在一起作为芯线**，其硬度适中，容易弯折。BVR 型导线如图 11-3（b）所示。BVR 型导线较 BV 型导线柔软性更好，容易弯折且不易断，故布线更方便，在相同截面积下，BVR 型导线安全载流量要稍大一些，BVR 型导线的缺点是易出现接线容不牢固现象，接线头最好进行挂锡处理，另外 BVR 型导线的价格要贵一些。

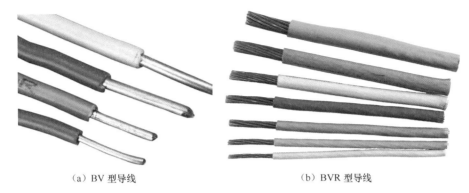

（a）BV 型导线　　　　　（b）BVR 型导线

图 11-3　BV 型及 BVR 型导线

（3）BVV 型导线（护套线）

BVV 含义为 B——布线用，V——聚氯乙烯绝缘，V——聚氯乙烯护套。**BVV 型导线又称聚氯乙烯绝缘护套导线**，BVV 型导线的外形与结构如图 11-4 所示。根据护套内导线的数量不同，BVV 型导线可分为单芯护套线、两芯护套线和三芯护套线等。室内暗装布线时，由于导线

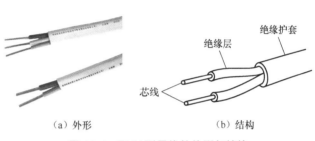

（a）外形　　　　　（b）结构

图 11-4　BVV 型导线的外形与结构

已有 **PVC** 电线管保护，因此一般不采用护套线，护套线常用于明装布线。

2. 电线电缆型号的命名方法

电线电缆型号的命名方法如图 11-5 所示。

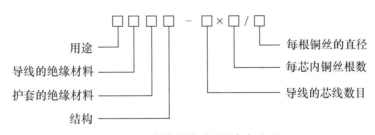

图 11-5　电线电缆型号的命名方法

电线电缆型号中的字母意义如表 11-1 所示。

表11-1　电线电缆型号中的字母意义

分类代号或用途		绝缘		护套		派生特性	
符号	意义	符号	意义	符号	意义	符号	意义
A	安装线缆	V	聚氯乙烯	V	聚氯乙烯	P	屏蔽
B	布线缆	F	氟塑料	H	橡套	R	软

续表

分类代号或用途		绝缘		护套		派生特性	
符号	意义	符号	意义	符号	意义	符号	意义
F	飞机用低压线	Y	聚乙烯	B	编织套	S	双绞
R	日用电器用软线	X	橡胶	L	铝包	B	平行
Y	工业移动电器用线	ST	天然丝	N	尼龙套	D	带形
T	天线	B	聚丙烯	SK	尼龙丝	T	特种
		SE	双丝包				

例如，RVV-2×15/0.18，R 表示日用电器用软线，VV 表示芯线、护套均采用聚氯乙烯绝缘材料，2 表示两条芯线，15 表示每条芯线有 15 根铜丝，0.18 表示每根铜丝的直径为 0.18mm。

3. 室内配电导线的选择

（1）导线颜色选择

室内配电导线有红、绿、黄、蓝和黄绿双色五种颜色，如图 11-6 所示。我国住宅用户一般为单相电源进户，进户线有三根，分别是相线（L）、中性线（N）和接地线（PE），**在选择进户线时，相线应选择黄、红或绿线，中性线选择蓝线，接地线选择黄 / 绿双色线。**三根进户线进入配电箱后分成多条支路，各支路的接地线必须为黄 / 绿双色线，中性线的颜色必须采用蓝线，而各支路的相线可都选择黄线，也可以分别采用黄、绿、红三种颜色的导线，如一条支路的相线选择黄线，另一条支路的相线选择红线或绿线，支路相线选择不同颜色的导线，有利于检查区分线路。

| （a）红线 | （b）绿线 | （c）黄线 | （d）蓝线 | （e）黄绿双色线 |

图 11-6 五种不同颜色的室内配电导线

（2）导线截面积的选择

进户线一般选择截面积在 10 ～ 20mm^2 的 BV 型或 BVR 型导线；照明线路一般选择截面积为 1.5 ～ 2.5mm^2 的 BV 型或 BVR 型导线；普通插座一般选择截面积为 2.5 ～ 4mm^{2}BV 型或 BVR 型导线；空调及浴霸等大功率线路一般选择截面积为 4 ～ 6mm^{2}BV 型或 BVR 型导线。

11.1.3 插座、开关、灯具安装盒的选择

插座、开关、灯具的安装盒又称底盒，在暗装布线时，先将安装盒嵌装在墙壁内，然后在安装盒上安装插座、开关、灯具。

1. 开关、插座安装盒

开关与插座的安装盒是通用的。市场上使用的开关、插座安装盒主要规格有 **86 型、120型和 118 型。**

86 型安装盒：其正面一般为 86mm×86mm 正方形，但也有个别产品可能因外观设计导致大小稍有变化，但安装盒是一样的。86 型安装盒及常见可安装的开关插座如图 11-7 所示。在 86 型基础上，派生出 146 型（146mm×86mm）多联安装盒。86 型安装盒使用较为广泛。

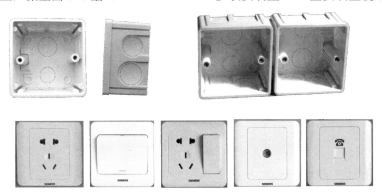

图 11-7　86 型安装盒及常见可安装的开关插座

120 型安装盒：其正面为 74mm×120mm 纵向长方形，采用纵向安装，120 型安装盒及开关插座如图 11-8 所示。在 120 型基础上，派生出 120mm×120mm 大面板，以便组合更多的开关插座。120 型安装盒起源于日本，在中国台湾和浙江省较为常见。

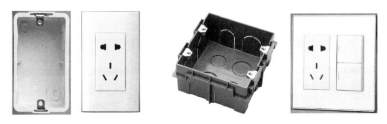

图 11-8　120 型安装盒及开关插座

118 型安装盒：其正面为 118mm×74mm 横向长方形，采用横向安装，118 型安装盒及开关插座如图 11-9 所示。在 118 型基础上，派生出 156mm×74mm，200mm×74mm 两种加长配置，以便组合更多的开关插座。118 型安装盒是 120 型标准进入中国后，国内厂家按中国人习惯仿制产生的，118 型和 120 型普通型安装盒具有通用性，安装时只要改变安装盒的方向即可。118 型安装盒在湖北、重庆较为常见。

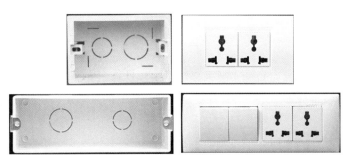

图 11-9　118 型安装盒及开关插座

根据安装方式不同，开关、插座安装盒可分为暗装盒和明装盒，暗装盒嵌入墙壁内，明装盒需要安装在墙壁表面,因此明装盒的底部有安装固定螺钉的孔。图 11-10 列出了两种开关、插座明装盒。

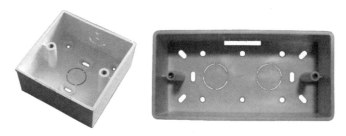

图 11-10 两种开关、插座的明装盒

2. 灯具安装盒

灯具安装盒简称灯头盒,图 11-11 列出了一些灯具安装盒及灯座,对于无通孔的安装盒,安装时需要先敲掉盒上的敲落孔,再将套管穿入盒内,导线则通过套管进入盒内。

图 11-11 一些灯具安装盒及灯座

11.2 布线定位与开槽

布线定位是家装配电 个非常重要的环节,良好的布线定位不但可以节省材料,而且可以减少布线的工作量。布线定位的主要内容:①确定灯具、开关、插座在室内各处的具体安装位置,并在这些位置做好标记;②确定线路(布线管)的具体走向,并作好走线标记。

11.2.1 确定灯具、开关、插座的安装位置

1. 确定灯具的安装位置

灯具安装位置没有硬性要求,一般安装在房顶中央位置,也可以根据需要安装在其他位

置，灯具的高度以人体不易接触到为佳。在室内安装壁灯、床头灯、台灯、落地灯、镜前灯等灯具时，如果高度低于 2.4m，灯具的金属外壳均应接地以保证使用安全。

2. 确定开关的安装位置

开关的安装位置有如下要求。

① 开关的安装高度应距离地面约 1.4m，距离门框约 20cm，如图 11-12 所示。

② 控制卫生间内的灯具开关最好安装在卫生间门外，若安装在卫生间，应使用防水开关，这样可以避免卫生间的水蒸气进入开关，影响开关寿命或导致事故。

③ 开敞式阳台的灯具开关最好安装在室内，若安装在阳台，应使用防水开关。

3. 确定插座的安装位置

插座的安装位置有如下要求。

① 客厅插座距离地面大于 30cm。

② 厨房 / 卫生间插座距离地面约 1.4m。

③ 空调插座距离地面约 1.8m。

④ 卫生间、开敞式阳台内应使用防水插座。

⑤ 卧室床边的插座要避免床头柜或床板遮挡。

⑥ 强、弱电插座之间的距离应大于 20cm，以免强电干扰弱电信号，如图 11-12 所示。

⑦ 同一室内的电源、电话、电视等插座面板应在同一水平标高上，高度差应小于 5mm。

⑧ 插座可以多装，最好房间每面墙壁都装有插座。

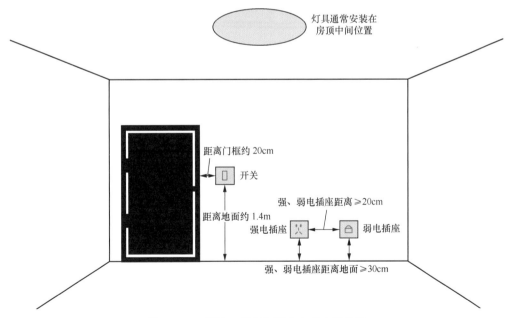

图 11-12　灯具、开关和插座合理安装位置

11.2.2　确定线路（布线管）的走向

配电箱是室内线路的起点，室内各处的开关、插座和灯具是线路要连接的终点。

在确定走线时应注意以下要点。

① 走线要求横平竖直，路径短且美观实用，走线尽量减少交叉和弯折次数。如果为了节省材料和工时而随心所欲走线（特别是墙壁），线路封埋后很难确定线路位置，在以后的一些操作（如钻孔）时可能会损伤内部的线管。图 11-13 列出一些较常见的地面和墙壁走线。

② 强电和弱电不要同管槽走线，以免形成干扰，强电和弱电的管槽之间的距离应在 **20cm** 以上。如果强电和弱电的线管必须要交叉，则应在交叉处用铝箔包住线管进行屏蔽，如图 11-14 所示。

③ 电线与暖气、热水、煤气管之间的平行距离应不小于 **30cm**，交叉距离应不小于 **10cm**。

④ 梁、柱和承重墙上尽量不要设计横向走线，若必须横向走线，则长度不要超过 **20cm**，以免影响房屋的承重结构。

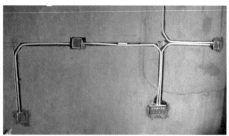

图 11-13　一些较常见的地面和墙壁走线

（a）多根强弱电线管交叉时　　　　　（b）一二根强弱电线管交叉时

图 11-14　强弱电线管交叉时用铝箔作屏蔽处理

11.2.3　画线定位

在灯具、开关、插座的安装位置和线路走向时，需要用笔（如粉笔、铅笔）和弹线工具在地面和墙壁画好安装位置和走线标志，以便在这些位置开槽凿孔，埋设电线管。在地面和墙壁画线的常用辅助工具有水平尺和弹线器。

1. 用水平尺画线

水平尺主要用于画较短的直线。图 11-15（a）是一种水平尺，它有水平、垂直和斜向 45°

（a）水平尺

三个玻璃管，每个玻璃管中有一个气泡，在水平尺横向放置时，如果横向玻璃管内的气泡处于正中间位置，则表明水平尺处于水平位置，沿水平尺可画出水平线；在水平尺纵向放置时，如果纵向玻璃管内的气泡处于正中间位置，则表明水平尺处于垂直位置，沿水平尺可画出垂直线；在水平尺斜向放置时，如果斜向玻璃管内的气泡处于正中间位置，则表明水平尺处于与水平（或垂直）成 45°夹角的方向，沿水平尺可画出 45°直线。利用水平尺画线如图 11-15（b）所示。

（b）用水平尺画线

图 11-15　水平尺及使用

2. 用弹线器画线

弹线器画线主要用于画较长的直线。图 11-16（a）是一种弹线器，又称墨斗，在使用时，先将弹线器的固定端针头插在待画直线的起始端，然后压住压墨按钮同时转动手柄拉出墨线，到达合适位置后一只手拉紧墨线，另一只手往垂直方向拉起墨线，再松开，墨线碰触地面或墙壁，就画出了一条直线。利用弹线器画线如图 11-16（b）所示。图 11-17 列出了地面及墙壁上画的定位线。

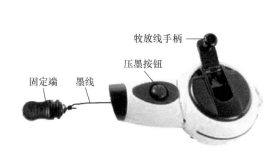

（a）弹线器

（b）用弹线器在地面画线

图 11-16　弹线器及使用

（a）在地面画的定位线

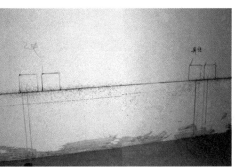

（b）在墙壁上画的定位线

图 11-17　地面及墙壁上的定位线

11.2.4 开槽

在墙壁和地面上画好铺设电线管和开关插座的定位线后，就可以进行开槽操作，**开槽常用工具有云石切割机、钢錾和电锤**，如图 11-18 所示。

（a）云石切割机　　　（b）钢錾　　　　　（c）电锤

图 11-18　开槽常用工具

在开槽时，先用云石切割机沿定位线切割出槽边沿，其深度较电线管直径深 5 ～ 10mm，然后用钢凿或电锤将槽内的水泥砂石剔掉。用云石切割机割槽如图 11-19 所示。用电锤剔槽如图 11-20 所示。用钢凿剔槽如图 11-21 所示。一些已开好的槽路如图 11-22 所示。

图 11-19　用云石切割机沿定位线割槽

图 11-20　用电锤剔槽

图 11-21　用钢凿剔槽

图 11-22　一些已开好的槽路

11.3　线管的加工与敷设

11.3.1　线管的加工

线管的加工包括断管、弯管和接管。

1. 断管

断管可以使用剪管刀或钢锯，如图 11-23 所示，由于剪管刀的刀口有限，无法剪切直径过大的 PVC 电线管，而钢锯则无此限制，但断管效率不如剪管刀。

在用剪管刀剪切 PVC 电线管时，打开剪管刀手柄，将 PVC 电线管放入刀口内，如图

11-24 所示，握紧手柄并转动管子，待刀口切入管壁后用力握紧手柄将管子剪断。无论是剪断还是锯断 PVC 电线管，都应将管口修理平整。

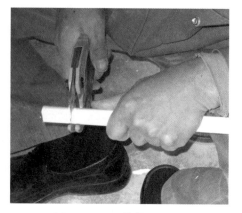

图 11-23　剪管刀和钢锯　　　　　　　　　图 11-24　用剪管刀断管

2. 弯管

PVC 电线管不能直接弯折，需要借助弯管工具来弯管，否则容易弯瘪。

（1）冷弯

对于 $\phi16 \sim \phi32mm$ 的 PVC 电线管，可使用弯管弹簧或弯管器进行冷弯。

弯管弹簧及弯管操作如图 11-25 所示，先将弹簧插到管子需扳弯的位置，然后慢慢弯折管子至想要的角度，再取出弹簧。由于管子弯折处内部有弹簧填充，因此不会弯折，考虑管子的回弹性，管子弯折时的角度应比所需弯度小 15°，为了便于抽送弹簧，常在弹簧两端栓系上绳子或细铁丝。弯管弹簧常用规格有 1216（4 分）、1418（5 分）、1620（6 分）和 2025（1 寸），分别适用于弯曲 $\phi16mm$、$\phi18mm$、$\phi20mm$ 和 $\phi25mm$ 的 PVC 电线管。

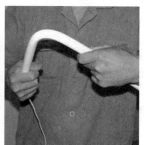

图 11-25　弯管弹簧及弯管操作

弯管器及弯管操作如图 11-26 所示，将管子插入合适规格的弯管器，然后用手扳动手柄，即可将管子弯成所需的弯度。

（2）热弯

对于 $\phi32mm$ 以上的 PVC 电线管采用热弯法弯管。

在热弯时，对管子需要弯曲处进行加热，若有弹簧可先将弹簧插入管内，当管子变软后，马上将管子固定在木板上，逐步弯成所需的弯度，待管子冷却定型后，再将弹簧抽出，也可直接使用弯管器将管子弯成所需的弯度。对管子的加热可采用热风机，或者浸入 100 ~

200℃的液体中，尽量不要将管子放在明火上烘烤。

图 11-26　弯管器及弯管操作

在弯管时，要求明装管材的弯曲半径应大于 4 倍管外径，暗装管材的弯曲半径应大于 6 倍管外径。

3. 接管

PVC 电线管连接的常用方法有管接头连接法和热熔连接法。

（1）管接头连接法

PVC 电线管常用的管接头如图 11-27 所示，为了使管子连接牢固且密封性能好，还要用到 PVC 胶水（胶粘剂），如图 11-28 所示。

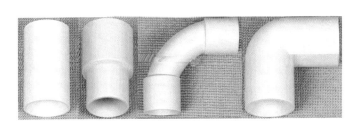

图 11-27　PVC 电线管常用的管接头

图 11-28　PVC 胶水

PVC 电线管的连接如图 11-29 所示，具体步骤如下。

① 选用钢锯、割刀或专用 PVC 断管器，将管子按要求长度垂直切断，如图 11-29（a）所示。

② 用板锉将管子断口处毛刺和毛边去掉，并用干布将管头表面的残屑、灰尘、水、油污擦净，如图 11-29（b）所示。

③ 在管子上作好插入深度标记，再用刷子快速将 PVC 胶水均匀地涂抹在管接口的外表面和管接头的内表面，如图 11-29（c）所示。

④ 将待连接的两根管子迅速插入管接口内并保持至少 2min，以便胶水固化，如图 11-29（d）所示。

⑤ 用布擦去管子表面多余的胶水，如图 11-29（e）所示。

（2）热熔连接法

热熔连接法是将 PVC 电线管的接头加热熔化再套接在一起的连接法。在用热熔连接法连接 PVC 电线管时，常用到塑料管材熔接器（又称热熔器），如图 11-30 所示，图中为一套塑料管材熔接器包括支架、熔接器、三对（六个）焊头、两个焊头固定螺栓和一个内六角扳手。

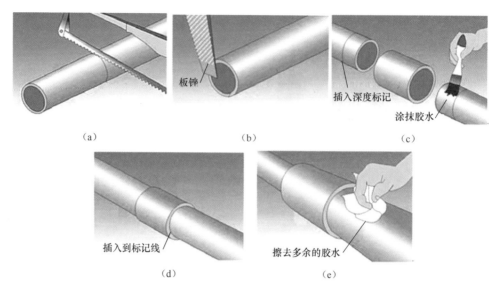

图 11-29　用管接头连接 PVC 电线管

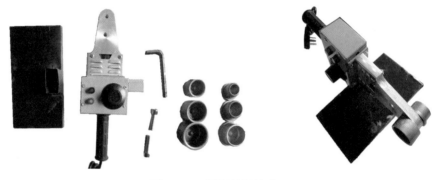

图 11-30　塑料管材熔接器

用塑料管材熔接器连接 PVC 电线管的具体步骤如下。

① 将塑料管材熔接器的支脚插入配套支架的固定槽内，在使用时用双脚踩住支撑架。

② 根据管子的大小选择合适的一对焊头（凸凹），用螺栓将焊头固定在塑料管材熔接器加热板的两旁。冷态安装时螺栓不能拧太紧，否则在工作状态拆卸时易将焊头螺纹损坏。在工作状态更换焊头时，要注意安全。拆下焊头应妥善保管，不能损坏焊头表面的涂层，否则容易引起塑料黏结，影响管子的连接质量，缩短焊头寿命。

③ 接通塑料管材熔接器的电源，红色指示灯亮（加热），待红色指示灯熄灭、绿色指示灯亮时，即可开始工作。

④ 将一根管子套在凸焊头的外部，另一根管子插入凹焊头的内部，如图 11-31 所示，并加热数秒，再将两根管子迅速拔出，把一根管子垂直推入另一根已胀大的管子内，冷却数分钟即可。在推进时用力

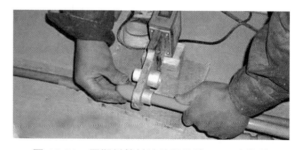

图 11-31　用塑料管材熔接器连接 PVC 电线管

不宜过猛，以免管头弯曲。

11.3.2　线管的敷设

1. 地面直接敷设线管

对于新装修且后期需加很厚垫层的地面，可以不用在地面开槽，直接将电线管横平竖直铺在地面，如图 11-32 所示，如果有管子需交叉，则可在交叉处开小槽，将底下的管子往槽内压，确保上面的管子能平整。

图 11-32　地面直接敷设线管

2. 槽内敷设线管

对于后期改造或垫层不厚的地面和墙壁，需要先开槽，再在槽内敷设电线管，如图 11-33 所示。

图 11-33　槽内敷设线管

3. 顶棚敷设线管

由于灯具通常安装在顶棚，因此顶棚也需要敷设线管。**在顶棚敷设线管分两种情况：一是顶棚需要吊顶；二是顶棚不吊顶。**

如果顶棚需要吊顶，可以将线管和灯具底盒直接明敷在房顶上，如图 11-34 所示，线管可先用管卡固定住，然后用吊顶将线管隐藏起来。

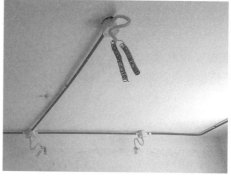

图 11-34　有吊顶的顶棚敷设线管

如果顶棚不吊顶且没有很厚的水泥砂浆，在敷设线管时，可以在房顶板开浅槽，再将管径小的线管铺在槽内并固定，灯具底盒可不用安装，只需留出灯具接线即可，如图 11-35 所示。

4. 开关、插座底盒与线管的连接与埋设

在敷设线管时，线管要与底盒连接起来，为了使两者能很好连接，需要给底盒安装锁母，如图 11-36（a）所示，它是由一个带孔的螺栓和一个管形环套组成的。

在给底盒安装锁母时，先旋下环套上的螺栓，再敲掉底盒上的敲落孔，螺栓从底盒内部向外伸出敲

图 11-35　无吊顶的顶棚敷设线管

落孔，旋入敲落孔外侧的环套，底盒安装好锁母后，将线管插入锁母，如图 11-36（b）所示，使用锁母连接好并埋设在墙壁的底盒和线管如图 11-36（c）所示。

（a）　　　　　　　　　（b）　　　　　　　　　（c）

图 11-36　用锁母连接底盒与线管

11.4　导线穿管和测试

电线管敷设好后，就可以往管内穿入导线。对于敷设好的电线管，其两端开口分别位于首尾端的底盒，穿线时将导线从一个底盒穿入某电线管，再从该电线管另一端的底盒穿出来。

11.4.1　导线穿管的常用方法

在穿管时，可根据不同的情况采用不同的方法。

1. 短直电线管的穿线

对于短直电线管，如果穿入的导线较硬，可直接将导线从底盒的电线管入口穿入，从另一个底盒的电线管出口穿出；如果是多根导线，可将导线的头部绞合在一起，再进行穿管。短直电线管的穿线如图 11-37 所示。

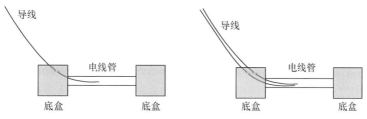

图 11-37　短直电线管的穿线

2. 有一个拐弯的电线管的穿线

对于有一个拐弯的电线管，如果导线无法直接穿管，可使用直径为 1.2mm 或 1.6mm 的钢丝来穿管。将钢丝的端头弯成小钩，从一个底盒的电线管的入口穿入，由于管子有拐弯，在穿管时要边穿边转钢丝，以便钢丝顺利穿过拐弯处。钢丝从另一个底盒的电线管穿出后，将导线绑在钢丝一端，在另一端拉出钢丝，导线也随之穿入电线管。有一个拐弯的电线管的穿线如图 11-38 所示。

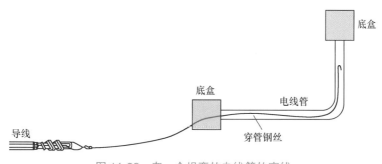

图 11-38　有一个拐弯的电线管的穿线

3. 有两个拐弯的电线管的穿线

对于有两个拐弯的电线管，如果使用一根钢丝无法穿管，可使用两根钢丝穿管。先将一根端头弯成小钩的钢丝从一个底盒的电线管的入口穿入，边穿边转钢丝，同时在该电线管的出口处穿入另一根钢丝（端头也要弯成小钩），边穿边转钢丝，这两根钢丝转动方向要相反，当两根钢丝在电线管内部绞合在一起后，两根钢丝一拉一送，将一根钢丝完全穿过电线管，再将导线绑在钢丝一端，在另一端拉出钢丝，导线也随之穿入电线管。有两个拐弯的电线管的穿线如图 11-39 所示。

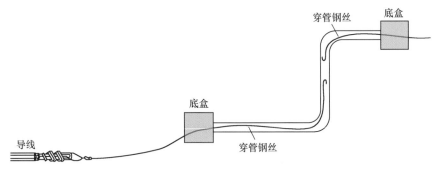

图 11-39　有两个拐弯的电线管的穿线

图 11-40 列出了一些导线穿管完成图。

图 11-40　一些导线穿管完成图

11.4.2　导线穿管注意事项

在导线穿管时，要注意以下事项。

① 同一回路的导线应穿入同一根管内，但管内总根数应不超过 8 根，导线总截面积（包括绝缘外皮）应不超过管内截面积的 40%。

② 套管内导线必须为完整的无接头导线，接头应设在开关、插座、灯具底盒或专设的接、拉线底盒内。

③ 电源线与弱电线不得穿入同一根管内。

④ 当套管长度超过 15m 或有两个直角弯时，应增设一个用于拉线的底盒（见图 11-41），

拉线的底盒与开关插座底盒一样，但面板上无开关或插孔。

⑤ 在较长的垂直套管中穿线后，应在上方固定导线，防止导线在套管中下坠。

⑥ 在底盒中应留长度约 15cm 的导线，以便接开关、插座或灯具。

图 11-41　接、拉线底盒及面板

11.4.3　套管内的导线通断和绝缘性能测试

导线穿管后，为了检查导线在穿管时是否断线或绝缘层受损，可以用万用表对导线进行测试。

检测套管内的导线通断可使用万用表欧姆挡，测试如图 11-42 所示，两个底盒间穿入三根导线，将一个底盒中的三根导线剥掉少量绝缘层，将它们的芯线绞在一起，然后万用表拨至 $R \times 1\Omega$ 挡，测量另一个底盒中任意两根导线间的电阻，如测量 1、2 号两根线的电阻，若测得的阻值接近 0Ω，说明 1、2 号导线正常；若测得的阻值为无穷大，说明两根导线有断线，为了找出是哪一根线有断线，让接 1 号导线的表笔不动，将另一根表笔改接 3 号导线，若测得的阻值为 0Ω，则说明 2 号线开路。

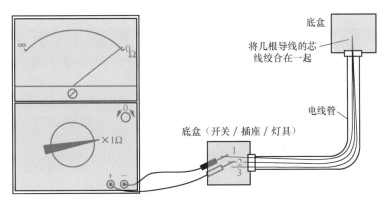

图 11-42　用万用表检测套管内的导线通断

Chapter 12 第12章

开关、插座的安装与接线

12.1 导线的剥削、连接和绝缘恢复

12.1.1 导线绝缘层的剥削

在连接绝缘导线前，需要先去掉导线连接处的绝缘层，露出金属芯线，再进行连接，剥离的绝缘层的长度为 50 ～ 100mm，通常线径小的导线剥离短些，线径粗的剥离长些。绝缘导线种类较多，绝缘层的剥离方法也有所不同。

1. 硬导线绝缘层的剥离

对于截面积在 **0.4mm²** 以下的硬绝缘导线，可以使用钢丝钳（俗称老虎钳）剥离绝缘层，具体如图 12-1 所示，其过程如下。

① 左手捏住导线，右手拿钢丝钳，将钳口钳住剥离处的导线，切不可用力过大，以免切伤内部芯线。

② 左、右手分别朝相反方向用力，绝缘层就会沿钢丝钳运动方向脱离。

如果剥离绝缘层时不小心伤及内部芯线，较严重时需要剪掉切伤部分的导线，重新按上述方向剥离绝缘层。

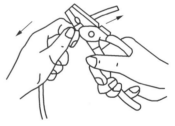

图 12-1 截面积在 0.4mm² 以下的硬绝缘导线绝缘层的剥离

对于截面积在 **0.4mm²** 以上的硬绝缘导线，可以使用电工刀来剥削绝缘层，具体如图 12-2 所示，其过程如下。

① 左手捏住导线，右手拿电工刀，将刀口以 45° 切入绝缘层，不可用力过大，以免切伤内部芯线，如图 12-2（a）所示。

② 刀口切入绝缘层后，让刀口和芯线保持 25°，推动电工刀，将部分绝缘层削去，如图 12-2（b）所示。

③ 将剩余的绝缘层反向扳过来，如图 12-2（c）所示，然后用电工刀将剩余的绝缘齐根削去。

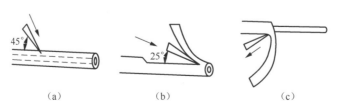

（a）　　　　　　　　（b）　　　　　　　　（c）

图 12-2 截面积在 0.4mm² 以上的硬绝缘导线绝缘层的剥离

2. 软导线绝缘层的剥离

剥离软导线的绝缘层可使用钢丝钳或剥线钳，但不可使用电工刀，因为软导线芯线由多股细线组成，用电工刀剥离很易切断部分芯线。用钢丝钳剥离软导线绝缘层的方法与剥离硬导线的绝缘层操作方法一样，这里只介绍如何用剥线钳剥离绝缘层，如图 12-3 所示，具体操作过程如下。

① 将剥线钳钳入需剥离的软导线。

② 握住剥线钳手柄作圆周运动，让钳口在导线的绝缘层上切成一个圆周，注意不要切伤内部芯线。

③ 往外推动剥线钳，绝缘层就会随钳口移动方向脱离。

3. 护套线绝缘层的剥离

护套线除了内部有绝缘层外，在外面还有护套，在剥离护套线绝缘层时，先要剥离护套，再剥离内部的绝缘层。剥离护套常用电工刀，剥离内部的绝缘层根据情况可使用钢丝钳、剥线钳或电工刀。护套线绝缘层的剥离如图 12-4 所示，具体过程如下。

① 将护套线平放在木板上，然后用电工刀尖从中间划开护套，如图 12-4（a）所示。

② 将护套线折弯，再用电工刀齐根削去，如图 12- 4（b）所示。

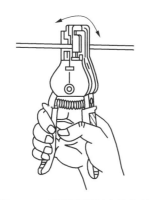

图 12-3　用剥线钳剥离绝缘层

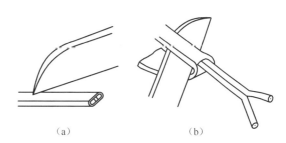

(a)　　　　(b)

图 12-4　护套线绝缘层的剥离

根据护套线内部芯线的类型，用钢丝钳、剥线钳或电工刀剥离内部绝缘层。若芯线是较粗的硬导线，可使用电工刀；若是较细的硬导线，可使用钢丝钳；若是软导线，则使用剥线钳。

12.1.2　导线与导线的连接

当导线长度不够或接分支线路时，需要将导线与导线连接起来。导线连接部位是线路的薄弱环节，正确进行导线连接可以增强线路的安全性、可靠性，使用电设备能稳定、可靠地运行。在连接导线前，要求先去除芯线上污物和氧化层。

1. 铜芯导线之间的连接

（1）单股铜芯导线的直线连接

单股铜芯导线的直线连接如图 12-5 所示，具体过程如下。

① 将去除绝缘层和氧化层的两根单股导线作 X 形相交，如图 12-5（a）所示。

② 将两根导线向两边紧密斜着缠绕 2 ～ 3 圈，如图 12-5（b）所示。

③ 将两根导线扳直，再各向两边绕 6 圈，多余的线头用钢丝钳剪掉，连接好的导线如图 12-5（c）所示。

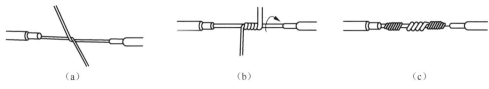

（a）　　　　　　　　　　　（b）　　　　　　　　　　　（c）

图 12-5　单股铜芯导线的直线连接

（2）单股铜芯导线的 T 字形分支连接

单股铜芯导线的 T 字形分支连接如图 12-6 所示，具体过程如下。

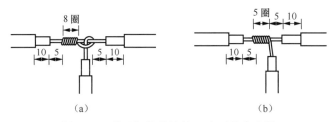

（a）　　　　　　　　　　　　　　（b）

图 12-6　单股铜芯导线的 T 字形分支连接

① 将除去绝缘层和氧化层的支路芯线与主干芯线十字相交，然后将支路芯线在主干芯线上绕一圈并跨过支路芯线（即打结），再在主干线上缠绕 8 圈，如图 12-6（a）所示，将多余的支路芯线剪掉。

② 对于截面积小的导线，也可以不打结，直接将支路芯线在主干芯线缠绕几圈，如图 12-6（b）所示。

（3）7 股铜芯导线的直线连接

7 股铜芯导线的直线连接如图 12-7 所示，具体过程如下。

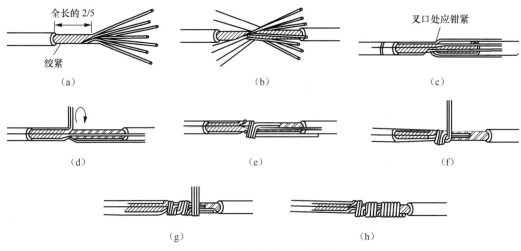

（a）　　　　　　　　　（b）　　　　　　　　　（c）

（d）　　　　　　　　　（e）　　　　　　　　　（f）

（g）　　　　　　　　　（h）

图 12-7　7 股铜芯导线的直线连接

① 将去除绝缘层和氧化层的两根导线 7 股芯线散开，并将绝缘层旁约芯线全长 2/5 的芯线段绞紧，如图 12-7(a) 所示。

② 将两根导线分散成开的芯线隔根对叉，如图 12-7(b) 所示，然后压平两端对叉的线头，并将中间部分钳紧，如图 12-7(c) 所示。

③ 将一端的 7 股芯线按 2、2、3 分成三组，再把第一组的 2 根芯线扳直（即与主芯线垂直），如图 12-7(d) 所示，然后按顺时针方向在主芯线上紧绕 2 圈，再将余下的扳到主芯线上，如图 12-7(e) 所示。

④ 将第二组的 2 根芯线扳直，如图 12-7(f) 所示，然后按顺时针方向在第一组芯线及主芯线上紧绕 2 圈。

⑤ 将第三组的 3 根芯线扳直，如图 12-7(g) 所示，然后按顺时针方向在第一、二组芯线及主芯线上紧绕 2 圈，三组芯线绕好后把多余的部分剪掉，已绕好一端的导线如图 12-7(h) 所示。

⑥ 按同样的方法缠绕另一端的芯线。

（4）7 股铜芯导线的 T 字形分支连接

7 股铜芯导线的 T 字形分支连接如图 12-8 所示，具体过程如下。

① 将去除绝缘层和氧化层的分支线 7 股芯线散开，并将绝缘层旁约芯线全长 1/8 的芯线段绞紧，如图 12-8(a) 所示。

② 将分支线 7 股芯线按 3、4 分成两组，并插入主干线，如图 12-8(b) 所示。

③ 将 3 股的一组芯线在主芯线上按顺时针方向紧绕 3 圈，如图 12-8(c) 所示，再将余下的剪掉。

④ 将 4 股的一组芯线在主芯线上按顺时针方向紧绕 4 圈，如图 12-8(d) 所示，再将余下的剪掉。

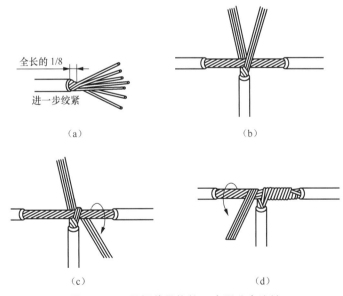

（a）   （b）

（c）   （d）

图 12-8 7 股铜芯导线的 T 字形分支连接

（5）不同直径铜导线的连接

不同直径铜导线的连接如图 12-9 所示，具体过程：将细导线的芯线在粗导线的芯线上绕 5～7 圈，然后将粗芯线弯折压在缠绕细芯线上，再把细芯线在弯折的粗芯线上绕 3～4 圈，多余的细芯线剪去。

（6）多股软导线与单股硬导线的连接

多股软导线与单股硬导线的连接如图12-10所示，具体过程：先将多股软导线拧紧成一股芯线，然后将拧紧的芯线在硬导线上缠绕7～8圈，再将硬导线折弯压紧缠绕的软芯线。

图12-9　不同直径铜导线的连接　　　图12-10　多股软导线与单股硬导线的连接

（7）多芯导线的连接

多芯导线的连接如图12-11所示，从图中可以看出，多芯导线之间的连接关键在于各芯线连接点应相互错开，这样可以防止芯线连接点之间短路。

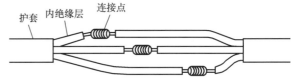

图12-11　多芯导线的连接

（8）导线的并头连接

在家庭安装电气线路时，导线不可避免地会出现分支接点，由于导线分支接点是线路的薄弱点，为了查找和维护方便，分支接点不能放在导线保护管（**PVC电线管**）内，应安排在**开关、插座或灯具安装盒内**，如图12-12所示，电源三根线进入灯具安装盒后，需要与开关线、灯具线和下一路电源线连接，它们之间的连接一般采用并头连接。

导线的并头连接的具体方法如下。

① 对于两根导线，可剥掉绝缘层后直接绞合在一起，如图12-13所示。

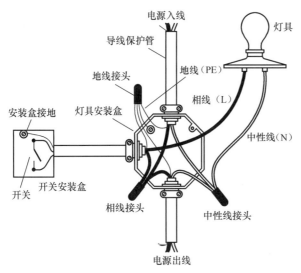

图12-12　导线分接点安排在安装盒例图

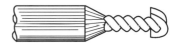

图12-13　两根导线的并头连接

② 对于多根导线，可将其中一根导线绝缘层剥长一些（以让芯线露出更长），然后将这些导线的绝缘层根部对齐，再用芯线长的导线缠绕其他几根芯线短的导线，缠绕5圈后，将被缠的几根导线的芯线往回弯，并用钳子夹紧，如图12-14所示。

导线并头连接后，为了使接触面积增大且更牢固，常常需要对接头进行涮锡处理。 在涮锡时，用锡炉将锡块熔化，再将导线接头浸入熔化的液锡中，接头沾满锡后取出，如图12-15

所示，如果不满意可重复操作。

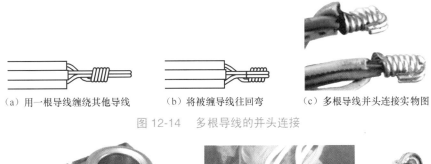

（a）用一根导线缠绕其他导线　　（b）将被缠导线往回弯　　（c）多根导线并头连接实物图

图 12-14　多根导线的并头连接

（a）锡炉　　　　　（b）将导线接头浸入熔化的液锡中　　　（c）涮锡效果

图 12-15　导线接头涮锡

③ 导线并头连接还可以使用压线帽。压线帽如图 12-16 所示，其外部是绝缘防护帽，内部是镀银铜管。用压线帽压接导线接头如图 12-17 所示，先将待连接的几根导线绝缘层剥掉 2～3cm，对齐后用钢丝钳将它们绞紧，再将接头伸入压线帽内，用压线钳合适的压口夹住压线帽，用力压紧压线帽，压线帽内压扁的铜管将各导线紧紧压在一起，使用压线帽压接导线接头不用涮锡，也不用另加绝缘层。

镀银铜管

绝缘防护帽

（a）外形　　　　　　　　（b）结构

图 12-16　压线帽

（a）将导线绞合在一起　　（b）将导线接头伸入压线帽　　（c）用压线钳压紧压线帽

图 12-17　用压线帽压接导线接头

在图 12-18 所示的底盒内，有些导线接头采用压线帽压接，有的导线接头直接绞接，并用绝缘胶带缠绕接头进行绝缘处理。

2. 铝芯导线之间的连接

铝芯导线由于采用铝材料作芯线，而铝材料易氧化，全在表面形成氧化铝，氧化铝的电阻率又比较高，如果线路安装要求比较高，**铝芯导线之间一般不采用铜芯导线之间的连接方法**，而常用压接管（见图 12-19）进行连接。

图 12-18　底盒中导线的并头连接实物图　　　　图 12-19　压接管

用压接管连接铝芯导线如图 12-20 所示，具体操作过程如下。

① 将待连接的两根铝芯导线穿入压接管，并穿出一定的长度，如图 12-20（a）所示，芯线截面积越大，穿出越长。

② 用压接钳对压接管进行压接，如图 12-20（b）所示，铝芯导线的截面积越大，要求压坑越多。

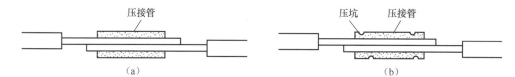

（a）　　　　　　　　　　　　　　　（b）

图 12-20　用压接管连接铝芯导线

如果需要将三根或四根铝芯导线压接在一起，可按图 12-21 所示方法进行。

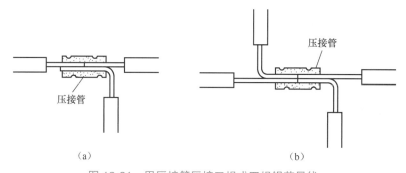

（a）　　　　　　　　　　　　　　　（b）

图 12-21　用压接管压接三根或四根铝芯导线

3. 铝芯导线与铜芯导线的连接

当铝和铜接触时容易发生电化腐蚀，所以铝芯导线和铜芯导线不能直接连接，连接时需要用到**铜铝压接管**，这种套管是由铜和铝制作而成的，如图 12-22 所示。

铝芯导线与铜芯导线的连接如图 12-23 所示，具体操作过程如下。

① 将铝芯导线从压接管的铝材料端穿入，芯线不要超过压接管的铜材料端，铜芯导线从压接管的铜端穿入，芯线不要超过压接管的铝材料端。

② 用压接钳压挤压接管，将铜芯导线与压接管的铜材料端压紧，铝芯导线与压接管的铝材料端压紧。

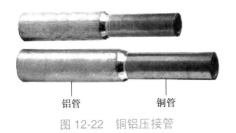

图 12-22　铜铝压接管

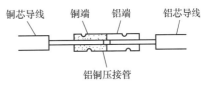

图 12-23　铝芯导线与铜芯导线的连接

12.1.3　导线与接线柱之间的连接

1. 导线与针孔式接线柱的连接

导线与针孔式接线柱的连接如图 12-24 所示，具体操作过程：旋松接线柱上的螺钉，再将芯线插入针孔式接线柱内，然后旋紧螺钉，如果芯线较细，可把它折成两股再插入接线柱并旋紧。

2. 导线与螺钉平压式接线柱的连接

导线与螺钉平压式接线柱的连接如图 12-25 所示，具体操作过程：先将导线的芯线弯成圆环状，保证芯线处于平分圆环位置，然后将圆环套在螺钉上，再往螺母上旋紧螺钉，芯线就被紧压在螺钉和螺母之间，由于螺钉一般往顺时针方向为旋紧，因此圆环的缺口应处于顺时针方向，这样在旋转螺钉时圆环才不会变松。

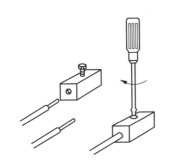

图 12-24　导线与针孔式接线柱的连接

图 12-25　导线与螺钉平压式接线柱的连接

12.1.4　导线绝缘层的恢复

导线芯线连接好后，为了安全起见，需要在芯线上缠绕绝缘材料，即恢复导线的绝缘层。**缠绕的绝缘材料主要有黄蜡带、黑胶带和涤纶薄膜胶带。**

在导线上缠绕绝缘带的方法如图 12-26 所示，具体过程如下。

① 从导线的左端绝缘层约 2 倍胶带宽处开始缠绕黄蜡胶带，如图 12-26（a）所示，缠绕时，胶带保持与导线成 55°的角度，并且缠绕时胶带要压住上圈胶带的 1/2，如图 12-26（b）所示，缠绕到导线右端绝缘层约 2 倍胶带宽处停止。

② 在导线右端将黑胶带与黄蜡胶带连接好，如图 12-26（c）所示，然后从右往左斜向缠绕黑胶带，缠绕方法与黄胶带相同，如图 12-26（d）所示，缠绕至导线左端黄腊带的起始端结束。

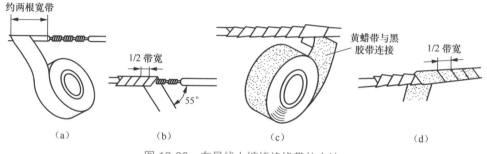

（a）　　　　　　　（b）　　　　　　　（c）　　　　　　　（d）

图 12-26　在导线上缠绕绝缘带的方法

12.2　开关的安装与接线

12.2.1　开关的安装

1. 暗装开关的拆卸与安装

（1）暗装开关的拆卸

拆卸是安装的逆过程，在安装暗装开关前，先了解一下如何拆卸已安装的暗装开关。单联暗装开关的拆卸如图 12-27 所示，先用一字螺钉螺具插入开关面板的缺口，用力撬下开关面板，再撬下开关盖板，然后旋出固定螺钉，就可以拆下开关主体。多联暗装开关的拆卸与单联暗装开关大同小异，如图 12-28 所示。

 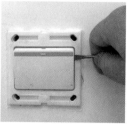  

（a）撬下面板　　　　　（b）撬下盖板　　　　　（c）旋出固定螺钉　　　　（d）拆下开关主体

图 12-27　单联暗装开关的拆卸

（2）暗装开关的安装

由于暗装开关是安装在暗盒上的，在安装暗装开关时，要求暗盒（又称安装盒或底盒）

已嵌入墙内并已穿线，如图 12-29 所示，暗装开关的安装如图 12-30 所示，先从暗盒中拉出导线，接在开关的接线端，然后用螺钉将开关主体固定在暗盒上，再依次装好盖板和面板即可。

（a）未撬下面板　　　　　　　（b）已撬下面板　　　　　　（c）已撬下一个开关盖板

图 12-28　多联暗装开关的拆卸

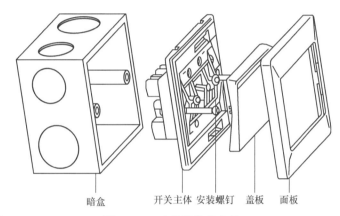

暗盒　　　　　　　开关主体 安装螺钉 盖板　 面板

图 12-29　已埋入墙壁并穿好线的暗盒　　　　　图 12-30　暗装开关的安装

2. 明装开关的安装

明装开关直接安装在建筑物表面。明装开关有分体式和一体式两种类型。

分体式明装开关如图 12-31 所示，分体式明装开关采用明盒与开关组合。在安装分体式明装开关时，先用电钻在墙壁上钻孔，接着往孔内敲入膨胀管（胀塞），然后将螺钉穿过明盒的底孔并旋入膨胀管，将明盒固定在墙壁上，再从侧孔将导线穿入底盒并与开关的接线端连接，最后用螺钉将开关固定在明盒上。明装与暗装所用的开关是一样的，但底盒不同，暗装底盒嵌入墙壁，底部无须螺钉固定孔，如图 12-32 所示。

图 12-31　分体式明装开关（明盒 + 开关）　　　　图 12-32　暗盒（底部无螺钉孔）

一体式明装开关如图 12-33 所示，在安装时先要撬开面板盖，才能看见开关的固定孔，用螺钉将开关固定在墙壁上，再将导线引入开关并接好线，然后合上面板盖即可。

图 12-33　一体式明装开关

3. 开关的安装要点

开关的安装要点如下。

① 开关的安装位置为距地约 1.4m，距门口约 0.2m 处为宜。

② 为避免水蒸气进入开关而影响开关寿命或导致电气事故，卫生间的开关最好安装在卫生间门外，若必须安装在卫生间内，应给开关加装防水盒。

③ 开敞式阳台的开关最好安装在室内，若必须安装在阳台，应给开关加装防水盒。

④ 在接线时，必须要将相线接开关，相线经开关后再去接灯具，中性线直接灯具。

12.2.2　单控开关的种类及接线

1. 种类

单控开关一个开关控制一条线路的通断，是一种常用的开关。单控开关具体可分为单联单控（又称单极单控或一开单控）开关、双联单控开关、三联单控开关、四联单控开关和五联单控开关等，其外形和符号如图 12-34 所示。

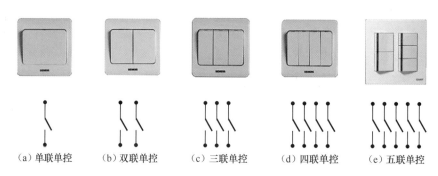

（a）单联单控　　（b）双联单控　　（c）三联单控　　（d）四联单控　　（e）五联单控

图 12-34　单控开关的外形和符号

2. 接线

单控开关接线比较简单，中性线直接接到灯具，相线则要经开关后再接到灯具。单控开关的接线如图 12-35 所示，图 12-35（a）为单联单控开关接线，图 12-35（b）为三联单控开关接线。

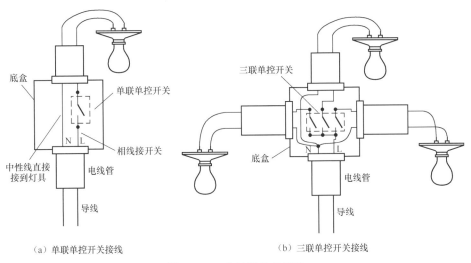

（a）单联单控开关接线　　　　　　　　（b）三联单控开关接线

图 12-35　单控开关的接线

12.2.3　双控开关的种类及接线

1. 种类

双控开关是一种带常开和常闭触点的开关。双控开关具体可分为单联双控开关、双联双控开关、三联双控开关和四联双控开关等，其外形和符号如图 12-36 所示。

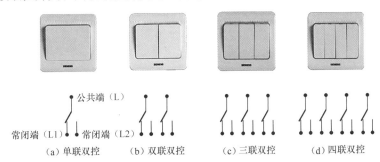

（a）单联双控　　　（b）双联双控　　　（c）三联双控　　　（d）四联双控

图 12-36　双控开关的外形和符号

2. 接线端的判别

双控开关每联均含有一个常开触点和一个常闭触点，每联有三个接线端，分别为常开端、常闭端和公共端。双控开关的结构如图 12-37 所示。

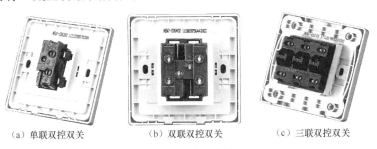

（a）单联双控双关　　　　　（b）双联双控双关　　　　　（c）三联双控双关

图 12-37　双控开关的结构

在判别双控开关的接线端时，可以直接查看接线端旁的标注来识别，如公共端一般用"L"表示，常开端和常闭端用"L1""L2"表示，也有的开关采用其他表示方法，如果无法从标注判别出各接线端，可使用万用表来检测。从图 12-36 可以看出，不管开关如何切换，常开端和常闭端之间的电阻始终为无穷大，而公共端与常开端或常闭端之间的电阻会随开关切换在 0 和∞之间变换。

在检测单联双控开关时，万用表选择 R×1Ω 挡，红、黑表笔接任意两个接线端，如果测得电阻为 0Ω，一根表笔不动，另一根表笔接第三个接线端，测得电阻应为∞，再切换开关，如果电阻变为 0Ω，则不动的表笔接的为公共端，如果电阻仍为∞，则当前两表笔所接之外的那个端子为公共端，常开端和常闭端通常不作区分。多联双控开关可以看成由多个单联双控开关组成，各联开关之间接线端区分明显，检测各联开关三个接线端的方法与检测单联双控开关是一样的。

3. 应用接线

（1）用两个双控开关在两地控制一盏灯的接线

双控开关典型的应用就是实现两地控制一盏灯，它需要用到两个双控开关，其接线如图 12-38 所示，该线路可以实现 A 地开灯、B 地关灯或 A 地关灯、B 地开灯。

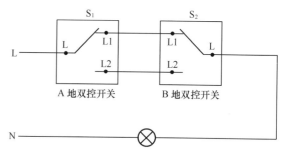

图 12-38　用两个双控开关在两地控制一盏灯的接线

两地控制一盏灯使用非常广泛。当用作楼梯灯控制时，A 地开关安装在一层楼梯口，B 地开关安装在二层楼梯口，灯安装在楼梯间的休息平台（楼梯转弯处）上方。当用作室内厅灯控制时，A 地开关安装在大门口，B 地开关安装在室内过道，灯安装在厅内，这样可在进门时在大门口打开厅灯，在离厅进卧室休息时关掉厅灯。当用作卧室灯控制时，A 地开关安装卧室门口，B 地开关安装床头，灯安装在卧室，在进卧室时在门口开灯，在休息时在床头关灯。

（2）用两个多联双控开关在两地控制多盏灯的接线

用两个多联双控开关在两地控制多盏灯的接线如图 12-39 所示，该线路采用两个三联双控开关控制餐厅灯、射灯和灯带，在 A 地打开某种灯，在 B 地可将该灯关掉。

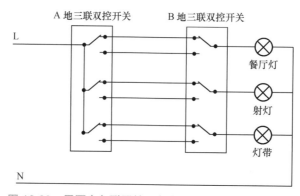

图 12-39　用两个多联双控开关在两地控制多盏灯的接线

（3）切换工作电器的接线

利用双控开关切换工作电器的接线如图 12-40 所示。

（4）切换工作电源的接线

利用双控开关切换工作电源的接线如图 12-41 所示。

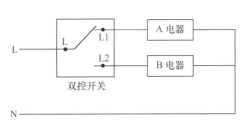

图 12-40　利用双控开关切换工作电器的接线　　　图 12-41　利用双控开关切换工作电源的接线

12.2.4　中途开关的种类及接线

1.种类

中途开关又称双路换向开关，常用作多地（三地及以上）控制，它有四接线端和六接线端两种类型。图 12-42 为四接线端中途开关，若开关切换前 1、2 接通，3、4 接通，那么开关切换后，1、4 接通，2、3 接通。图 12-43 为六接线端中途开关，开关内部已用导线将 1、6 端及 3、4 端接通，若开关切换前 1、2 接通，4、5 接通，那么开关切换后，2、3 接通，5、6 接通。

图 12-42　四接线端中途开关

图 12-43　六接线端中途开关

2. 应用接线

利用中途开关与双控开关配合，可以实现多地控制一个用电器，如三个房间都能控制客厅灯。多地控制接线如图 12-44 所示，图 12-44（a）所示线路使用两个四接线端中途开关和两个双控开关实现四地控制一盏灯，图 12-44（b）所示线路使用一个六接线端中途开关和两个双控开关实现三地控制一盏灯，图 12-44（c）线路使用两个六接线端中途开关和两个双控开关实现四地控制一盏灯。

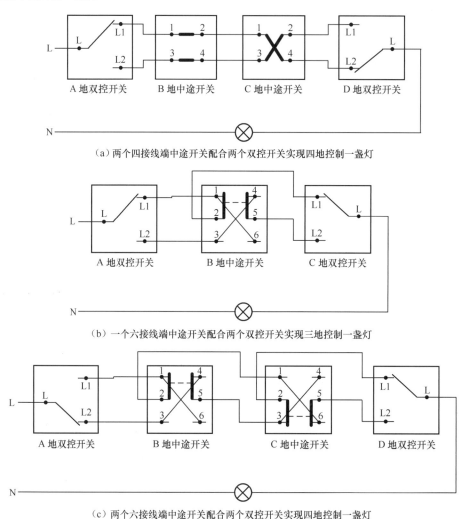

（a）两个四接线端中途开关配合两个双控开关实现四地控制一盏灯

（b）一个六接线端中途开关配合两个双控开关实现三地控制一盏灯

（c）两个六接线端中途开关配合两个双控开关实现四地控制一盏灯

图 12-44　多地控制接线

12.2.5　触摸延时和声光控开关的接线

1. 触摸延时开关的接线

触摸延时开关常用于控制楼梯灯，在使用时，触摸一下开关的触摸点，开关会闭合一段时间（常为 **1min 左右**）再自动断开。触摸延时开关的外形如图 12-45（a）所示，在开关的背面通常会标明接线方法、负载类型和负载最大功率，如图 12-45（b）所示。

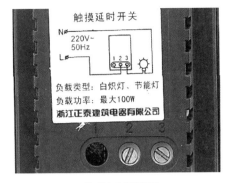

（a）外形　　　　　　　　　　　（b）背面标示的接线图

图 12-45　触摸延时开关

2. 声光控开关的接线

声光控开关常用于控制楼梯灯，其通断受声音和光线的双重控制，当开关所在环境的亮度暗至一定程度且有声音出现时，开关马上接通，接通一段时间后自动断开。声光控开关的外形如图 12-46（a）所示，在开关的背面通常会标明接线方法、负载类型和负载功率范围，如图 12-46（b）所示。

（a）外形　　　　　　　　　　　（b）背面标示的接线图

图 12-46　声光控开关

12.2.6　调光和调速开关的接线

1. 调光开关的接线

调光开关的功能是通过调节灯具的电压来实现调光。调光开关一般只能接纯阻性灯具（如白炽灯）。调光开关的外形如图 12-47（a）所示，在开关的背面标注有接线方法、负载类型和负载最大功率，如图 12-47（b）所示。在调光时，旋转开关上的旋钮，灯具两端的电压在220V 以下变化，灯具发出的光线也就随之变化。

2. 调速开关的接线

调速开关的功能是通过调节风扇电动机的电压来实现调速。调速开关接的负载类型为风扇电动机。调速开关的外形如图 12-48（a）所示，在开关的背面标注有接线方法、负载类型和负载功率范围，如图 12-48（b）所示。在调速时，旋转开关上的旋钮，风扇电动机两端的电压在 220V 以下变化，风扇的风速也就随之变化。

（a）外形　　　　　　　　　　　　　（b）背面标示的接线图

图 12-47　调光开关

（a）外形　　　　　　　　　　　　　（b）背面标示的接线图

图 12-48　调速开关

12.2.7　开关防水盒的安装

如果开关安装在潮湿环境（如卫生间和露天阳台），水分容易进入开关，会使开关寿命缩短和绝缘性能下降，为此可给潮湿环境中的开关和插座安装防水盒。防水盒又称防溅盒，其外形如图 12-49 所示。

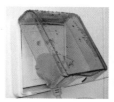

图 12-49　开关、插座的防水盒

在给开关安装防水盒时，先将防水盒的螺钉孔与底盒的螺钉孔对齐后粘贴在墙壁上，然后将开关放入防水盒内，开关的螺钉孔要与防水盒和底盒螺钉孔对齐，再用螺钉将开关、防水盒固定在底盒上。插座防水盒的安装与开关是一样的，在外形上，开关、插座的防水盒有一定的区别，开关防水盒是全封闭的，而插座防水盒有一个缺口，用于引出插头线。

12.3　插座的安装与接线

12.3.1　插座的种类

插座种类很多，常用的基本类型有三孔插座、四孔插座、五孔插座和三相四线插座，还有带开关插座，如图 12-50 所示。从图 12-50 中可以看出，三孔插座有三个接线端，四孔插座有两个接线端（对应的上下插孔内部相通），五孔插座有三个接线端，三相四线插座有四个接线端，一开三孔插座有五个接线端（两个为开关端，三个为插座端），一开五孔插座也有五个接线端。

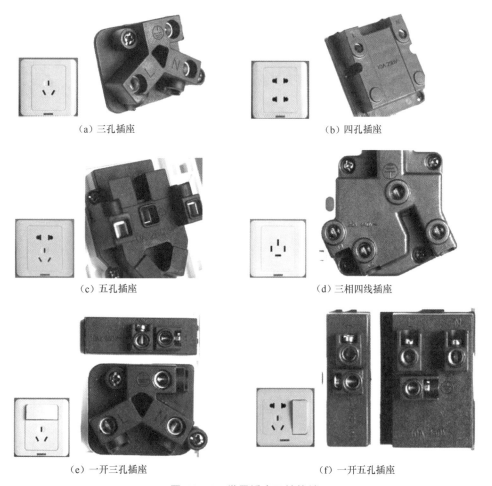

（a）三孔插座　　　　　　　　　　　　　　　　（b）四孔插座

（c）五孔插座　　　　　　　　　　　　　　　　（d）三相四线插座

（e）一开三孔插座　　　　　　　　　　　　　　（f）一开五孔插座

图 12-50　常用插座及接线端

12.3.2 插座的拆卸与安装

1. 暗装插座的拆卸与安装

暗装插座的拆卸方法与暗装开关是一样的，暗装插座的拆卸如图 12-51 所示。

图 12-51 暗装插座的拆卸

暗装插座的安装与暗装开关也是一样的，先从暗盒中拉出导线，按极性规定将导线与插座相应的接线端连接，然后用螺钉将插座主体固定在暗盒上，再盖好面板即可。

2. 明装插座的安装

与明装开关一样，明装插座也有分体式和一体式两种类型。

分体式明装插座如图 12-52 所示，分体式明装插座采用明盒与插座组合的形式，明装与暗装所用的插座是一样的。安装分体式明装插座与安装分体式明装开关一样，将明盒固定在墙壁上，再从侧孔将导线穿入底盒并与插座的接线端连接，最后用螺钉将插座固定在明盒上即可。

图 12-52 分体式明装插座（明盒 + 插座）

一体式明装插座如图 12-53 所示，在安装时先要撬开面板盖，可以看见插座的螺钉孔和接线端，用螺钉将插座固定在墙壁上，并接好线，然后合上面板盖即可。

图 12-53 一体式明装插座

12.3.3　插座安装接线的注意事项

在安装插座时，要注意以下事项。

① 在选择插座时，要注意插座的电压和电流规格，住宅用插座电压通常规格为 220V，电流等级有 10A、16A、25A 等，插座所接的负载功率越大，要求插座电流等级越大。

② 如果需要在潮湿的环境（如卫生间和开敞式阳台）安装插座，应给插座安装防水盒。

③ 在接线时，插座的插孔一定要按规定与相应极性的导线连接。插座的接线极性规律如图 12-54 所示。**单相两孔插座的左极接 N 线（中性线），右极接 L 线（相线）；单相三孔插座的左极接 N 线，右极接 L 线，中间极接 E 线（地线）；三相四线插座的左极接 L3 线（相线 3），右极接 L1 线（相线 1），上极接 E 线，下极接 L2 线（相线 2）。**

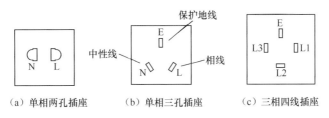

（a）单相两孔插座　　　（b）单相三孔插座　　　（c）三相四线插座

图 12-54　插座的接线极性规律

Chapter 13

灯具、浴霸的安装与接线 ....

13.1 白炽灯的安装与接线

13.1.1 白炽灯概述

白炽灯是一种常用的照明光源，它有卡口式和螺口式两种，如图 13-1 所示，安装时需要相应的灯座或灯头。

（a）类型 　　　　　　　　　　　（b）灯座和灯头

图 13-1　白炽灯

白炽灯内的灯丝为钨丝，当通电后钨丝温度升高到 2200～3300℃而发出强光，当灯丝温度太高时，会使钨丝蒸发过快而降低寿命，且蒸发后的钨沉积在玻璃壳内壁上，使壳内壁发黑而影响亮度，为此通常在 60W 以上的白炽灯玻璃壳内充有适量的惰性气体（氮、氩、氪等），这样可以减少钨丝的蒸发。

在选用白炽灯时，要注意其额定电压要与所接电源电压一致。若电源电压偏高，如电压偏高 10%，其发光效率会提高 17%，但寿命会缩短到原来的 28%；若电源电压偏低，则其发光效率会降低，但寿命会延长。

13.1.2　白炽灯的常用控制线路

白炽灯的常用控制线路如图 13-2 所示，在实际接线时，导线的接头应安排在灯座和开关内部的接线端子上，这样做不但可减少线路连接的接头数，在线路出现故障时查找也比较容易。

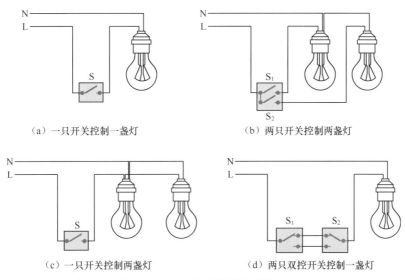

（a）一只开关控制一盏灯　　　　（b）两只开关控制两盏灯

（c）一只开关控制两盏灯　　　　（d）两只双控开关控制一盏灯

图 13-2　白炽灯的常用控制线路

13.1.3　安装注意事项

在安装白炽灯时，要注意以下事项。

① 白炽灯座安装高度通常应在 2m 以上，环境差的场所应达 2.5m 以上。

② 在给螺口灯头或灯座接线时，应将灯头或灯座的螺旋铜圈极与市电的中性线（即零线）相连，相线（即火线）与灯座中心铜极连接。

荧光灯的安装与接线

13.2.1　普通荧光灯的安装与接线

荧光灯又称日光灯，它是一种利用气体放电而发光的光源。荧光灯具有光线柔和、发光效率高和寿命长等特点。

1. 结构与工作原理

荧光灯主要由荧光灯管、启辉器和镇流器组成。荧光灯的结构及电路连接如图 13-3 所示。

荧光灯的工作原理说明如下：

当闭合开关 S 时，220V 电压通过开关 S、镇流器和荧光灯管的灯丝加到启辉器两端。由于启辉器内部的动、静触片距离很近，两触片间的电压使中间的气体电离发出辉光，辉光的热量使动触片弯曲与静触片接通，于是电路中有电流通过，其途径：相线→开关→镇流器→右灯丝→启辉器→左灯丝→中性线，该电流流过灯管两端灯丝，灯丝温度升高。当灯丝温度升高到 850 ~ 900℃ 时，荧光管内的汞蒸发就变成气体。与此同时，由于启辉器动、静触片的接触而使辉光消失，动触片无辉光加热又恢复原样，从而使动、静触片又断开，电路被突然切断，流过镇流器（实际是一个电感）的电流突然减小，镇流器两端马上产生很高的反峰电压，该电压与 220V 电压叠加送到灯管的两灯丝之间（即两灯丝间的电压为 220V 加上镇流器上的高压），使灯管内部两灯丝间的汞蒸气电离，同时发出紫外线，紫外线激发灯管壁上的荧光粉发光。

灯管内的汞蒸气电离后，汞蒸气变成导电的气体，它一方面发出紫外线激发荧光粉发光，另一方面使两灯丝电气连通。两灯丝通过电离的汞蒸气接通后，它们之间的电压下降（100V 以下），启辉器两端的电压也下降，无法产生辉光，内部动、静触片处于断开状态，这时取下启辉器，灯管照样发光。

2. 荧光灯各部分说明

（1）荧光灯管

荧光灯管的结构如图 13-4 所示。

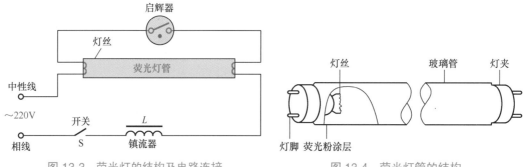

图 13-3　荧光灯的结构及电路连接　　　　图 13-4　荧光灯管的结构

荧光灯管的功率与灯管长度、管径大小有一定的关系，一般来说灯管越长，管径越粗，其功率越大。表 13-1 列出了一些荧光灯管的管径尺寸与对应的功率。

表13-1　荧光灯管的管径尺寸与对应的功率

管径代号	T5	T8	T10	T12
管径尺寸/mm	15	25	32	38
灯管功率/W	4、6、8、12、13	10、15、18、30、36	15、20、30、40	15、20、30、40、65、80、85、125

荧光灯管易出现的故障是内部灯丝烧断，由于灯管不透明，无法看见内部灯丝情况，因此可使用万用表欧姆挡来检测。在检测时，万用表拨至 $R \times 1\Omega$ 挡，红、黑表笔接灯管一端的两个灯脚，如图 13-5 所示，如果内部灯丝正常，测得的阻值很小；如果阻值无穷大，表明内

部灯丝已开路，灯管不能使用，再用同样的方法检测灯管另一端的两个灯脚，正常阻值同样很小。一般灯管两端灯丝的电阻相同或相近，如果差距较大，电阻大的灯丝老化严重。

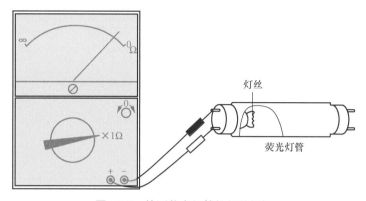

图 13-5 检测荧光灯管的灯丝好坏

（2）启辉器

启辉器是由一只辉光放电管与一只小电容器并联而成的。启辉器的外形和结构如图 13-6 所示。辉光放电管的外形与内部结构如图 13-7 所示。

（a）外形　　　　　　　　（b）结构

图 13-6 启辉器的外形和结构

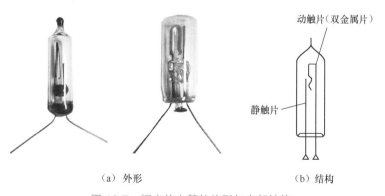

（a）外形　　　　　　　　（b）结构

图 13-7 辉光放电管的外形与内部结构

从图 13-7 可以看出，辉光放电管内部有一个动触片（U 形双金属片）和一个静触片，在玻璃管内充有氖气、氩气，或氖氩混合惰性气体。当动、静触片之间加有一定的电压时，中间的惰性气体被击穿导电而出现辉光放电，动触片被辉光加热而弯曲与静触片接通。动、静触片接通后不再发生辉光放电，动触片开始冷却，经过 1 ～ 8s 的时间，动触片收缩回原来状态，动、静触片又断开。此时，因灯管导通，辉光放电管动、静触片两端的电压很低，无法再击穿惰性气体产生辉光。另外，在辉光放电管两端一般并联一个电容器，用来消除动、静触片通断时产生的干扰信号，防止干扰无线电接收设备（如电视机和收音机）。

（3）镇流器

镇流器实际上是一个电感量较大的电感器，它是由线圈绕制在铁芯上构成的。镇流器的外形及结构如图 13-8 所示。

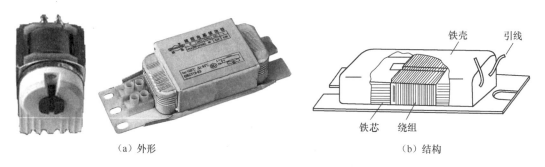

（a）外形　　　　　　　　　　　　　　　（b）结构

图 13-8　镇流器的外形与结构

电感式镇流器体积大、笨重，并且成本高，故现在很多荧光灯采用电子式镇流器。电子式镇流器采用电子电路来对荧光灯进行启动，同时还可以省去启辉器。

3. 荧光灯的安装

荧光灯的安装形式主要有吊装式、直装式和嵌装式，其中，吊装式可以避免振动且有利于镇流器散热；直装式安装简单；嵌装式是将荧光灯嵌装在吊顶内，适合同时安装多根灯管，常用于公共场合（如商场）高亮度照明。

荧光灯的吊装式安装如图 13-9 所示，安装时先将启辉器和镇流器安装在灯架上，再按图 13-3 所示的接线方法将各部件连接起来，最后有吊链（或钢管等）进行整体吊装。

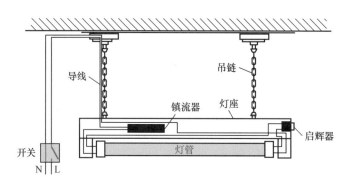

图 13-9　荧光灯的吊装式安装

荧光灯的直装式安装如图 13-10 所示，安装时先将启辉器和镇流器安装在灯架上，接线后用钉子将灯架固定在房顶或墙壁上。

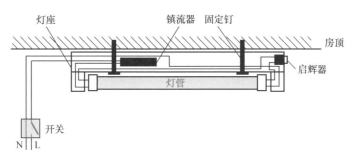

图 13-10　荧光灯的直装式安装

4. 电子镇流器荧光灯的接线

普通荧光灯采用电感式镇流器，其缺点有电能利用率低、易产生噪声（镇流器发出）和低电压启动困难等，而采用电子式镇流器的荧光灯可有效克服上述缺点，故电子镇流器荧光灯使用越来越广泛。

电子镇流器荧光灯采用普通荧光灯的灯管，其镇流器内部为电子电路，其功能相当于普通荧光灯的镇流器和启辉器。电子镇流器的外形和内部结构如图 13-11 所示，它有六根线，两根接 220V 电源，其他四根线接灯管。电子镇流器荧光灯的接线如图 13-12 所示。

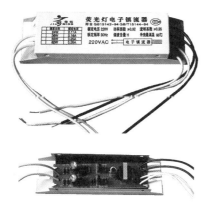

图 13-11　电子镇流器的外形和内部结构

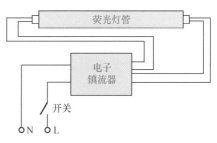

图 13-12　电子镇流器荧光灯的接线

13.2.2　多管荧光灯的安装与接线

单管荧光灯的亮度有限，如果室内空间很大，可以考虑安装多管荧光灯。多管荧光灯的外形如图 13-13 所示，图中中间和右方的灯前方有横格条，这种灯称为格栅灯。

图 13-13　多管荧光灯的外形

1. 接线

多管荧光灯有两个或两个以上的荧光灯管，这些灯管在工作时也需要安装镇流器。**多管荧光灯配接镇流器有两种方式：一是各灯管使用独立的镇流器；二是各灯管使用一拖多电子镇流器。**

（1）使用独立镇流器的多管荧光灯的接线方法

多管荧光灯使用独立镇流器（电感式镇流器）的接线方法如图 13-14 所示。

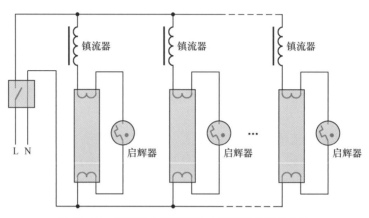

图 13-14 多管荧光灯使用独立镇流器的接线方法

（2）使用一拖多镇流器的多管荧光灯的接线方法

如果多管荧光灯的各灯管使用一拖多电子镇流器，根据电子镇流器不同，接线方法也不尽相同，具体可查看电子镇流器的接线说明。图 13-15 是一种一拖三电子镇流器，其接线方法如图 13-16 所示。

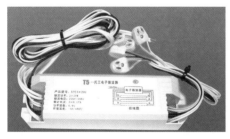

图 13-15 一拖三电子镇流器

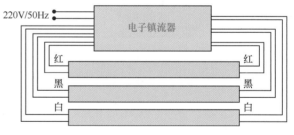

图 13-16 多管荧光灯使用一拖多电子镇流器的接线方法

2. 安装

多管荧光灯主要有两种安装方式：吸顶安装和嵌入式安装。

（1）吸顶安装

吸顶安装是指将灯具紧贴在房顶表面的安装方式。 多管荧光灯的吸顶安装如图 13-17 所示，

（2）嵌入式安装

如果室内有吊顶，通常以嵌入的方式将多管荧光灯安装吊顶内。 多管荧光灯的嵌入式安装如图 13-18 所示。

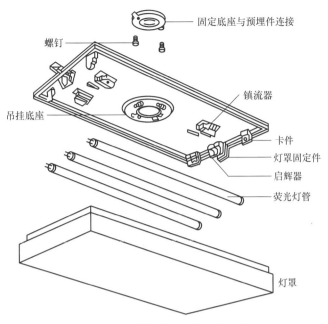

图 13-17 多管荧光灯的吸顶安装

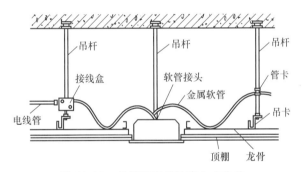

图 13-18 多管荧光灯的嵌入式安装

（3）格栅灯的安装

格栅灯是一种较为常见的多管荧光管，其外形结构如图 13-19 所示。格栅灯通常采用嵌入式安装，其安装如图 13-20 所示。

图 13-19 格栅灯的外形结构

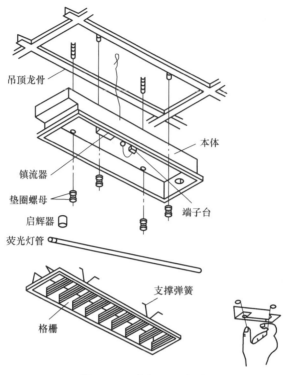

图 13-20　格栅灯的安装

13.2.3　环形（或方形）荧光灯的接线与吸顶安装

除了直管外，荧光灯管还可以做成环形和方形等各种形状，这些灯管在工作时也需要连接镇流器。环形、方形荧光灯管（蝴蝶管）及镇流器如图 13-21 所示。

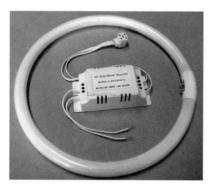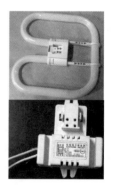

图 13-21　环形、方形荧光灯管及镇流器

1.接线

与直管荧光灯一样，环形、方形荧光灯工作时也需要用镇流器来驱动，如果使用电感式镇流器，则还需要启辉器；如果使用电子镇流器，则无须启辉器。环形荧光灯的接线如图 13-22 所示。

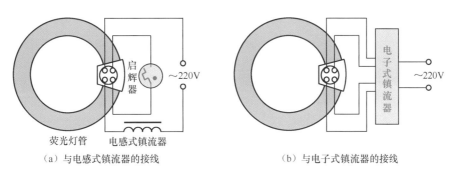

（a）与电感式镇流器的接线   （b）与电子式镇流器的接线

图 13-22 环形荧光灯的接线

2.吸顶安装

方形（或环形）荧光灯通常以吸顶方式安装。方形荧光灯的吸顶安装如图 13-23 所示，具体过程如下。

① 用螺钉将底盘固定在房顶，并将镇流器输入线接电源后固定在底盘内，如图 13-23（a）所示。

② 将图 13-23（b）所示的方形灯管安装在镇流器上，如图 13-23（c）所示，在安装时，灯管方位一定要适合镇流器，否则无法安装。方位正确后就可以将灯管压入镇流器，灯管的引脚会自然正确插入镇流器的插孔。

③ 将图 13-23（d）所示的透明底盖安装在灯具底盘上，如图 13-23（e）所示。

安装完成的吸顶方形荧光灯如图 13-23（f）所示。

（a）   （b）   （c）

（d）   （e）   （f）

图 13-23 方形荧光灯的吸顶安装

13.3 吊灯的安装

13.3.1 外形

图 13-24 列出一些常见的吊灯，吊灯通常使用吊杆或吊索吊装在房顶。

图 13-24 一些常见的吊灯

13.3.2 安装

在安装吊灯时，需要先将底座固定在房顶上，再用吊杆或吊索将吊灯主体部分吊在底座上。固定吊灯底座通常使用塑料膨胀管螺钉或膨胀螺栓。对于质量小的吊灯底座，可用塑料膨胀管螺钉固定。对于体积大的重型吊灯底座，需要用膨胀螺栓来固定。

1. 膨胀螺栓的安装

膨胀螺栓如图 13-25 所示，它分为普通膨胀螺栓、钩形膨胀螺栓和伞形膨胀螺栓。普通膨胀螺栓的结构如图 13-26 所示。

图 13-25 膨胀螺栓

普通膨胀螺栓（或钩形膨胀螺栓）的安装如图13-27所示，首先用冲击电钻或电锤在墙壁上钻孔，孔径略小于螺栓直径，孔深度较螺栓要长一些，如图13-27（a）所示，然后用工具将孔内的残留物清理干净，如图13-27（b）所示，将需要固定在墙壁的带孔物（图中为黑色部分）

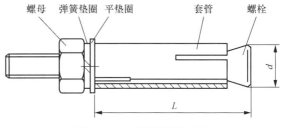

图13-26 膨胀螺栓的结构

对好孔洞，再用锤子将膨胀螺栓往孔洞内敲击，如图13-27（c）所示，待螺栓上的垫圈夹着带孔物体靠着墙壁后停止敲击，用扳手旋转螺栓上的螺母，螺栓被拉入套管内，套管胀起而紧紧卡住孔壁，如图13-27（d）所示，螺栓上的螺母垫圈也就将带孔物固定在墙壁上。

 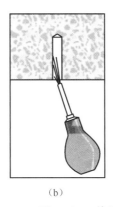 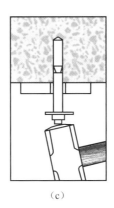 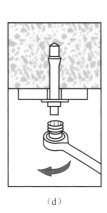

（a）　　　　　　　（b）　　　　　　　（c）　　　　　　　（d）

图13-27 普通膨胀螺栓的安装

伞形膨胀螺栓的安装比较简单，具体如图13-28所示。

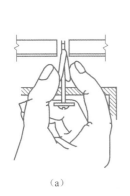 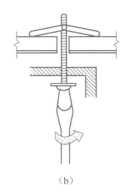 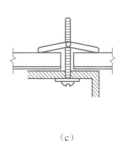

（a）　　　　　　　　　（b）　　　　　　　　　（c）

图13-28 伞形膨胀螺栓的安装

2. 吊灯底座的安装

吊灯可分主体和底座两部分。吊灯底座的安装如图13-29所示，具体过程如下。

① 从吊灯底座上取下挂板，如图13-29（a）所示。

② 将挂板贴近房顶，用记号笔作好钻孔标志，以便安装固定螺钉或螺栓，如图13-29（b）所示。

③ 用电钻在钻孔标志处钻孔，如图13-29（c）所示。

④ 往钻好的孔内用锤子敲入塑料膨胀管，如图13-29（d）所示。

⑤ 用螺钉穿过挂板旋入塑料膨胀管，将挂板固定在房顶上，如图 13-29（e）所示。

⑥ 将底座上的孔对准挂板上的螺栓并插放在挂板上，如图 13-29（f）所示。

安装好的底座如图 13-29（g）所示。

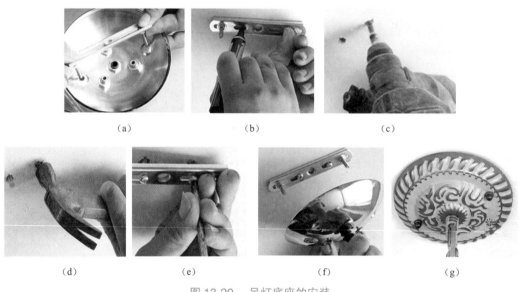

(a)　　　　　　　　(b)　　　　　　　　(c)

(d)　　　　(e)　　　　(f)　　　　(g)

图 13-29　吊灯底座的安装

吊灯主体部分通过吊杆或吊索吊在底座上，如果主体部分是散件，需要将它们组装起来（可凭经验或查看吊灯配套的说明书），再吊装在底座上。

13.4　筒灯与 LED 灯带的安装

13.4.1　筒灯的安装

1. 外形

筒灯通常以嵌入式安装在顶棚内。筒灯的外形如图 13-30 所示，筒灯内可安装节能灯、白炽灯等光源。

图 13-30　筒灯的外形

2. 安装

筒灯的安装如图 13-31 所示。在安装时，先按筒灯大小在顶棚上开孔，如图 13-31（a）所示，然后从顶棚内拉出电源线并接在筒灯上，如图 13-31（b）所示，再将筒灯上的弹簧扣扳直，并将筒灯往顶棚孔内推入，如图 13-31（c）所示，当筒灯弹簧扣进入顶棚后，将弹簧扣下扳，同时往顶棚完全推入筒灯，依靠弹簧扣下压顶棚的力量支撑住筒灯，如图 13-31（d）所示。

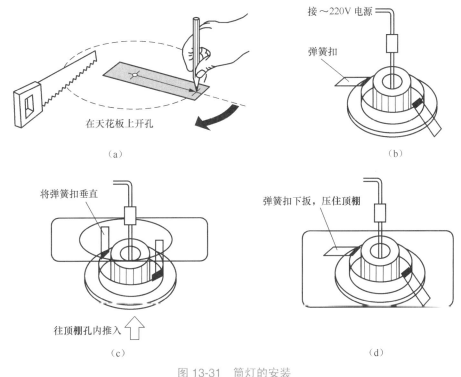

图 13-31　筒灯的安装

13.4.2　LED 灯带的电路结构与安装

LED 灯带简称灯带，它是一种将发光二极管（**light emitting diode，LED**）组装在带状柔性线路板（**flexible printed circuit，FPC**）或印制电路板（**printed circuit board，PCB**）硬板上而构成的形似带子一样的光源。LED 灯带具有节能环保、使用寿命长（可达 8 万 ~10 万小时）等优点。

1. 外形与配件

LED 灯带外形如图 13-32（a）所示，安装灯带需要用到电源转换器、插针、中接头、固定夹和尾塞，如图 13-32 （b）所示。电源转换器的功能是将 220V 交流电转换成低压直流电（通常为 +12V），为灯带供电；插针用于连接电源转换器与灯带；中接头用于将两段灯带连接起来；尾塞用于封闭和保护灯带的尾端；固定夹配合钉子可用来固定灯带。

2. 电路结构

灯带内部的 **LED** 通常是以串并联电路结构连接的。LED 灯带的典型电路结构如图 13-33 所示。

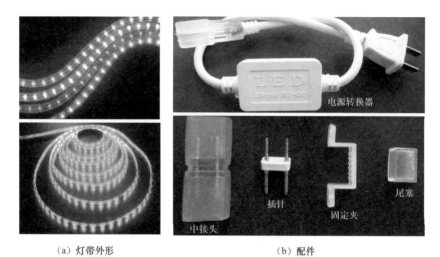

（a）灯带外形　　　　　　（b）配件

图 13-32　灯带与配件

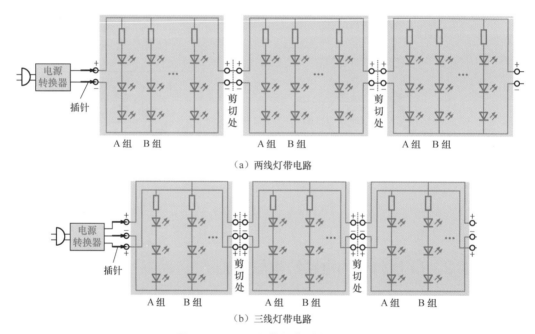

（a）两线灯带电路

（b）三线灯带电路

图 13-33　LED 灯带的典型电路结构

图 13-33（a）为两线灯带电路，它以三个同色或异色 LED 和一个限流电阻构成一个发光组，多个发光组并联组成一个单元，一个灯带由一个或多个单元组成，每个单元的电路结构相同，其长度一般在 1m 或 1m 以下。如果不需要很长的灯带，则可以对灯带进行剪切，在剪切时，需在两单元之间的剪切处剪切，这样才能保证剪断后两条灯带上都有与电源转换器插针连接的接触点。

图 13-33（b）为三线灯带电路，这种灯带用三根电源线输入两组电源（单独正极、负极共用），两组电源提供到不同类型的发光组，如 A 组为红光 LED、B 组为绿光 LED，如果电源转换器同时输出两组电源，则灯带的红光 LED 和绿光 LED 同时亮；如果电源转换器交替输出两组电源，则灯带的红光 LED 与绿光 LED 交替发光。此外，还有四线、五线灯带，线

数越多的灯带，其光线色彩变化越多样，配套的电源转换器的电路越复杂。

在工作时，LED灯带的每个LED都会消耗一定的功率（约0.05W），而电源转换器输出功率有限，故一个电源转换器只能接一定长度的灯带，如果连接的灯带过长，灯带亮度会明显下降，因此可剪断灯带，增配电源转换器。

3. 安装

LED灯带的安装如图13-34所示，具体过程如下。

① 用剪刀从LED灯带的剪切处剪断灯带，如图13-34（a）所示。

② 准备好插针。将插针对准LED灯带内的导线插入，让插针与LED灯带内的导线良好接触，如图13-34（b）（c）所示。

③ 将插针的另一端插入电源转换器的专用插头，如图13-34（d）所示。

④ 给电源转换器接通220V交流电源，LED灯带变亮，如图13-34（e）所示，如果LED灯带不亮，可能是提供给LED灯带的电源极性不对，可将插针与专用插头两极调换。

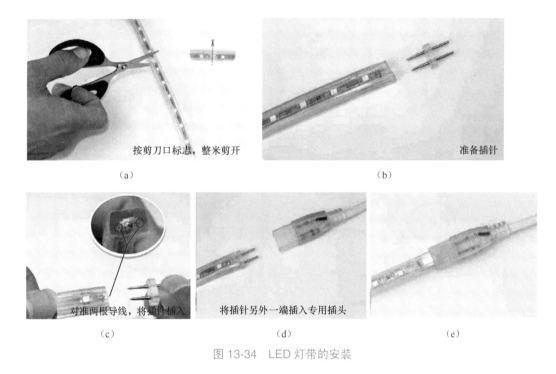

图 13-34　LED灯带的安装

在安装灯带时，一般将LED灯带放在灯槽里摆直就可以了，也可以用细绳或细铁丝固定。如果外装或竖装，需要用固定夹固定，并在LED灯带尾端安装尾塞；若是安装在户外，最好在尾塞和插头处打上防水玻璃胶，以提高防水性能。

4. 常见问题及注意事项

LED灯带安装时的常见问题及注意事项如下。

① 在剪切LED灯带时，一定要在剪切处剪断LED灯带，否则LED灯带剪断后，在靠近剪口处会出现一段不亮，一般不好维修，剪错的一米报废。

② 若LED灯带通电后，出现一排灯不亮，或每隔一米有一段不亮，原因是插头没有插好，可重新插好插头。

③ 对于两线和四线 LED 灯带，如果插头插反，LED 灯带不会损坏也不会亮，调换插头极性即可。对于三线和五线灯带，插头不分正反。

④ 如果 LED 灯带通电时插接处冒烟，一定是插针插歪导致短路，每根针要正对相应的导线，切不可一根针穿过两根导线。

13.5 浴霸的安装

浴霸是一种在浴室使用的具有取暖、照明、换气和装饰等多种功能的浴用电器。

13.5.1 浴霸概述

1. 种类

根据发热体外形不同，浴霸可分为灯泡发热型和灯管发热型，两种类型浴霸的外形如图 13-35 所示。灯泡发热型浴霸发热快、不需要预热，有一定的照明功能；灯管发热型浴霸通常使用 PTC（陶瓷发热材料）或碳纤维发热材料等，其发热稍慢、需要短时预热，但热效率高、使用寿命较长。

图 13-35 灯泡发热型和灯管发热型浴霸的外形

根据安装方式不同，浴霸可分为吊顶式和壁挂式，如图 13-36 所示。

图 13-36 吊顶式和壁挂式浴霸

2. 结构

下面从图 13-37 所示的拆卸过程来了解浴霸的结构，具体说明如下。

① 浴霸的正面有五个灯泡，周围四个为加热取暖灯泡，中间为照明灯泡，如图 13-37（a）所示。

② 浴霸的背面有一个换气口，内部有换气风扇，浴霸的开关线和电源线也由背部接入内部，如图 13-37（b）所示。

③ 将浴霸正面朝上，旋下五个灯泡，如图 13-37（c）（d）所示。

④ 拆下主机箱体与面罩的连接件（通常为连接弹簧），再从主机箱体上取下面罩，如图 13-37（e）（f）所示。

⑤ 面罩取下后，可以从主机箱体内部看到五个灯泡座，如图 13-37（g）所示。

⑥ 在主机箱体内表面有一个过热保护器，如图 13-37（h）所示，当浴霸工作时温度过高，过热保护器会启动换气风扇工作。

（a）正面

（b）背面

（c）开始拆卸灯泡

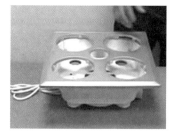
（d）灯泡全部取下

（e）拆卸主机箱体与面罩的连接件

（f）从主机箱体上取下面罩

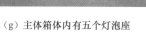
（g）主体箱体内有五个灯泡座

（h）主体箱体内有一个过热保护器

图 13-37　浴霸的拆卸

13.5.2　浴霸的接线

普通的浴霸有两对（四个）取暖灯泡、一个照明灯泡和一个换气风扇，其工作与否受浴霸开关控制。浴霸的接线与采用的浴霸开关类型有关，图 13-38 是两种类型的浴霸开关，它们与浴霸的接线如图 13-39 所示。

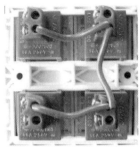

图 13-38　两种类型的浴霸开关

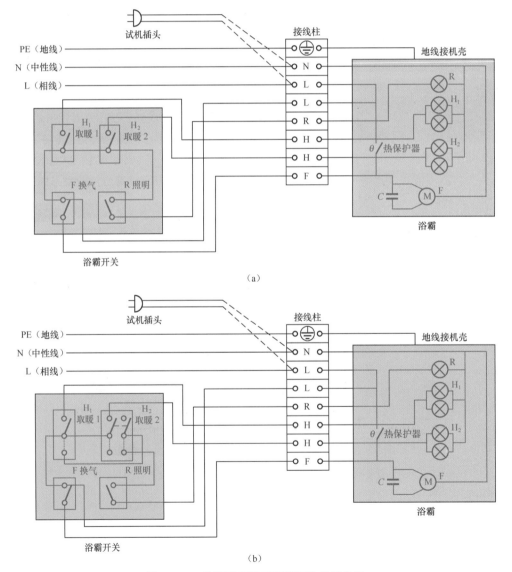

（a）

（b）

图 13-39　普通浴霸使用不同开关的接线图

图 13-39（a）中采用的浴霸开关是一个四联单控开关，四个开关的一端都接在一起并与相线连接，四个开关的另一端分别接出线与两对取暖灯泡、照明灯泡和换气风扇连接，即各个开关分别控制各自的控制对象，互不影响。在浴霸上有一个过热保护器（温控开关），当取暖时出现浴霸过热，过热保护器的开关闭合，为换气风扇接通电源进行散热，无须人为按下换气开关。对于新购买的浴霸，通常有一条试机插头，可以在安装前测试浴霸及开关的控制是否正常，它接在图 13-39(a) 所示位置，在安装浴霸时需要拆掉试机插头。

图 13-39（b）中采用的浴霸开关的内部结构和接线稍为复杂，当取暖开关上拨（开）时，取暖灯泡亮，该灯泡在发热时有一定的照明功能，此时闭合照明开关无法为照明灯供电，即取暖灯泡亮时开不了照明灯，有的浴霸开关内部已将 H_1、H_2 开关中的中、下触点按虚线所示进行了连接，那么在取暖灯泡亮时可开启照明灯。

在浴霸实际接线时，从墙壁埋设的电线管内拉出电源线（三根），接到浴霸接线柱相应端子，将浴霸配备的开关线（五根）穿管后，一端接浴霸接线柱相应端子，另一端接浴霸开关，浴霸的布线示意图如图 13-40 所示。

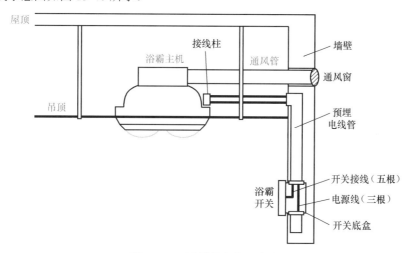

图 13-40　浴霸的布线示意图

13.5.3　壁挂式浴霸的安装

在安装壁挂式浴霸时，浴霸的安装高度一般为浴霸下端较人体高约 20cm。壁挂式浴霸的安装比较简单，如图 13-41 所示，具体过程如下。

① 在需要安装浴霸的位置，将挂板贴在墙上，用记号笔通过挂板的螺钉孔，在墙上作好钻孔标记。

②用电钻在墙上的钻孔标记处钻孔，如图 13-41（a）所示。

③用锤子往钻好的孔内敲入塑料膨胀管，如图 13-41（b）所示。

④ 将挂板的螺钉孔对准塑料膨胀管贴在墙上，用螺钉旋具往塑料膨胀管旋入螺钉，如图 13-41（c）所示。

⑤螺钉旋入塑料膨胀管后，挂板被固定在墙上，如图 13-41（d）所示。

⑥ 将浴霸后部的挂孔对好挂板上的挂钩，如图 13-41（e）所示。

⑦ 将浴霸挂在挂板上，如图 13-41（f）所示。

壁挂式浴霸的开关一般位于机体上，不需要另外单独安装，只要将浴霸的电源线插头插入在插座，再直接操作浴霸上的开关即可让浴霸开始工作。

（a）在墙上做好标记处钻孔

（b）在孔内敲入塑料膨胀管

（c）往塑料膨胀管内旋入螺钉

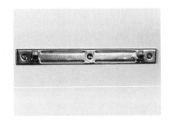

（d）将挂板被螺钉固定在墙上

（e）将浴霸后部的挂孔对好挂板上的挂钩

（f）将浴霸挂在挂板上

图 13-41　壁挂式浴霸的安装

13.5.4　吊顶式浴霸的安装

1. 安装注意事项

① 开关底盒和电线管（用于穿电源线、开关控制线）一般应在水电安装及贴墙砖前进行。

② 在选择电源线和开关控制线时，要求导线能承载 10A 或 15A 以上的负载（线径在 $1.5 \sim 4mm^2$ 范围内的铜线）。开关控制线可选用浴霸原配的互联软线，如果自行配线，各线颜色应有区别，以便于浴霸接线时区分。

③ 在安装浴霸开关时，其位置距离沐浴花洒不可小于 100cm，高度离地面应不小于 140cm。

④ 为了取得最佳的取暖效果，浴霸应安装在浴缸或沐浴房中央正上方的吊顶，浴霸安装完毕后，灯泡离地面的高度应在 $2.1 \sim 2.3m$，位置过高或过低都会影响使用效果。

2. 安装通风管和通风窗

在安装吊顶式浴霸时，先要在墙上开通风孔，以便浴霸换气时能通过通风管将室内空气由通风孔排到室外。通风管和通风窗的外形如图 13-42 所示，通风管可以拉长或缩短，通风窗在换气时叶片打开，非换气时关闭。

图 13-42　通风管和通风窗的外形

　　如果在一楼安装浴霸，由于距离地面不高，可在墙上开一个与通风管直径相同的圆孔，将通风管穿孔而过，在室外给通风管装上通风窗，并用钉子将通风窗固定在墙上，如图 13-43（a）所示，通风窗和通风管与外墙之间缝隙用水泥填封。

　　如果在二楼以上安装浴霸，由于距离地面高，不适合在室外安装通风窗，因此可在墙上开一个与通风窗直径相同的圆孔，在室内将通风窗与通风管连接后，再用钉子在室内将通风窗固定在墙上，如图 13-43（b）所示。

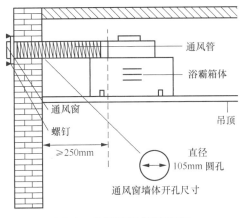
（a）在一楼安装通风管和通风窗

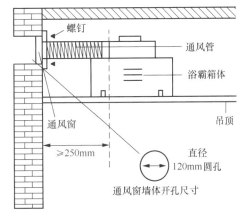
（b）在二楼以上安装通风管和通风窗

图 13-43　浴霸通风管和通风窗的安装

3. 安装浴霸

普通浴霸的嵌入式吊顶安装如图 13-44 所示，具体说明如下。

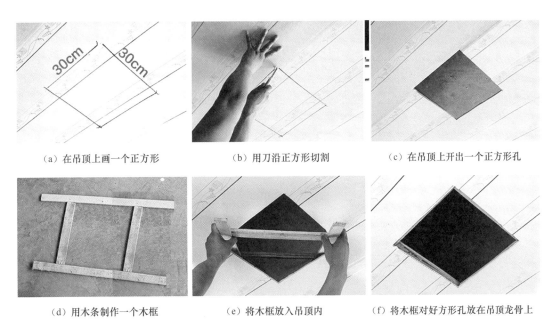

（a）在吊顶上画一个正方形　　　（b）用刀沿正方形切割　　　（c）在吊顶上开出一个正方形孔

（d）用木条制作一个木框　　　（e）将木框放入吊顶内　　　（f）将木框对好方形孔放在吊顶龙骨上

图 13-44　普通浴霸的嵌入式吊顶安装

（g）将浴霸放入方孔

（h）用螺钉将浴霸固定在木框上

（i）给浴霸安装面罩

（j）用弹簧将面罩固定在浴霸上

（k）给浴霸安装灯泡

（l）安装完成的浴霸

图 13-44　普通浴霸的嵌入式吊顶安装（续）

①在吊顶上确定好安装浴霸的位置，在该处用笔画一个 30cm×30cm 正方形（与浴霸有关，具体可查看说明书），用刀沿正方形边沿进行切割，切割出一个 30cm×30cm 的方孔，如图 13-44（a）～（c）所示。

②用木条制作一个内径为 30cm×30cm 木框，如图 13-44（d）所示，再将木框放入吊顶并架在吊顶内部的龙骨上，如图 13-44（e）（f）所示。

③拆下浴霸的灯泡和面罩，给浴霸接好线后，将浴霸底部朝上放入吊顶方孔，如图 13-44（g）所示，在放入前，从吊顶内拉出已安装的通风管，将通风管与浴霸通风口接好，把浴霸推入方孔后，用螺钉将浴霸固定在木框上，如图 13-44（h）所示，然后给浴霸安装面罩，并用连接弹簧将面罩固定好，如图 13-44（i）（j）所示。

④给浴霸安装灯泡，如图 13-44（k）所示，安装完成的浴霸如图 13-44（l）所示。

13.6　电气线路安装后的检测

插座和照明电气线路安装完成后，为了安全起见不要马上通电，应在通电前对安装的电气线路进行检测，确定线路没有短路和漏电故障时才可接通 220V 电源。检测内容主要有检查电气线路有无短路、漏电、开路和极性是否接错等。

13.6.1　用万用表检测电气线路有无短路及查找短路点

图 13-45 是已安装的插座电气线路，以检测卫生间插座线路为例，检测时先将配电箱内

的总开关 QF 和支路开关 QF$_5$ 断开，然后用万用表 $R \times 10k\Omega$ 挡在 QF$_5$ 开关之后测量 L、N、PE 线之间的电阻，正常 L-N、L-PE、N-PE 的电阻均为无穷大，如果某两线之间阻值为 0Ω 或接近 0Ω，则该两线之间存在短路。如果 L、N 线之间的电阻为 0Ω 或接近 0Ω，为了找出短路点，可以将插座 B 中的 L、N 线断开（可断其中一根），再在图示位置测量 L、N 线间的电阻，若测得阻值仍为 0Ω，则短路点应在测量点至插座 B 之间；若测得阻值为无穷大，则短路点应在插座 B 之后的线路，可在该范围内进一步检查。再用同样的方法检测其他支路有无短路。

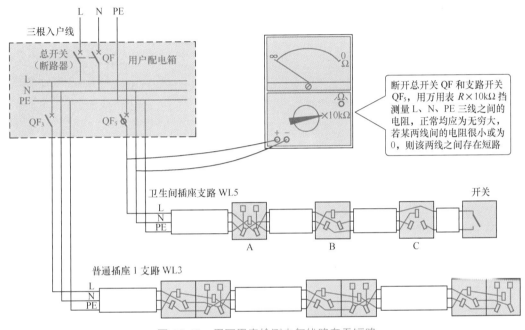

图 13-45　用万用表检测电气线路有无短路

13.6.2　用校验灯检查插座是否通电

在插座接线时，如果导线与插座未接好，插座就无法向外供电，因此住宅电气线路安装结束后，需要通电检查所有的插座有无电源。

在检查插座有无电源时，可以按图 13-46 所示的方法制作一个校验灯，给住宅电气线路接通电源后，将校验灯插头依次插入各插座，插到某插座时灯亮表示插座有电源，不亮表示插座无电源，应拆开插座检查内部接线。除校验灯外，也可以使用一些小型 220V 供电的电器来检查插座有无电源，如台灯、电吹风和电风扇等通电即刻有响应的小电器。

图 13-46　校验灯的制作

13.6.3　用测电笔检测插座的极性

　　无论是两极插座还是三极插座，其插孔必须是"左零（N）、右火（L）"，两极接反虽然不影响电器正常工作，但存在安全隐患。在通电检查所有插座均有电源后，再用测电笔依次检测所有插座的右插孔，测电笔插入插座的右插孔时，若该插孔内部接 L 线，测电笔的指示灯会亮；若指示灯不亮，则表示插孔内部所接不是 L 线，应拆开插座调换接线。

第14章

弱电线路及门禁系统的安装与接线

14.1 弱电线路的三种接入方式

弱电线路一般是指电话线路、计算机网络线路、有线电视线路和防盗报警线路等，相对于强电线路传输的 220V 或 380V 强电而言，这些线路传送的电信号都比较微弱，故称为弱电线路。弱电线路的种类很多，家庭常用的有电话线路、计算机网络线路和有线电视线路，本章主要介绍这三种弱电线路的安装。

电话、有线电视和计算机网络线路是家庭用户常用的弱电线路，它们与外部连接主要有三种方式，分别是有线电视 +ADSL 方式、有线电视 + 电话 +FTTB_LAN 方式和有线电视宽带 + 电话方式。

14.1.1 有线电视 +ADSL 接入方式

ADSL（asymmetric digital subscriber line，非对称数字用户线路）是一种数据传输方式。它采用一条电话线路同时传输电话语音信号和网络数据，即能实现在打电话的时候可同时上网，在进行网络数据传送时，上行（本地→远端）和下行（远端→本地）速度是不同的，故称为非对称数字线路。在不影响正常语音通话的情况下，ADSL 线路最高上行速度可达 3.5Mb/s，最高下行速度可达 24Mb/s。

有线电视 +ADSL 接入方式的布线如图 14-1 所示。电视信号分配器的功能是将一路输入电视信号分成多路信号，分别去客厅、主卧室、书房和客房的电视插座。ADSL 分离器的功能是将 ADSL 电话信号中的高频信号与低频电话语音信号分离开。电话分线器的功能是将一路电话语音信号分成多路信号，分别送到客厅、主卧室、书房和客房的电话插座。ADSL Modem（调制解调器）有两个功能：一是从 ADSL 线路送来的高频模拟信号中解调出数字信号，送给路由器或计算机；二是将路由器或计算机送来的数字信号转换成高频模拟信号，送到 ADSL 线路。路由器的功能是利用转发方式进行一到多和多到一的连接，以实现多个计算机共享一条数据线路连接国际互联网。

如果有线电视开通了数字电视节目，那么有线电视接入线中除了含有模拟电视信号外，还含有数字电视信号，模拟电视信号只要送入电视机的天线插孔（拔下天线），电视机就可以收看，操作电视机遥控器即可选台，而数字电视信号需要先送到数字电视机顶盒进行解码，从中解调出音视频信号，再送到电视机观看，选台需要操作机顶盒的遥控器。

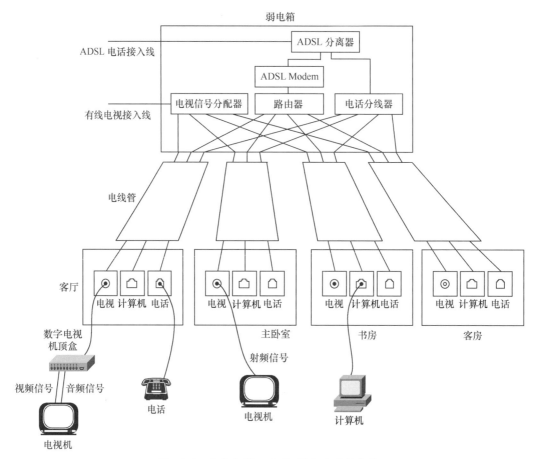

图 14-1　有线电视 +ADSL 接入方式的布线

14.1.2　有线电视 + 电话 +FTTB_LAN 方式

FTTB_LAN 方式是目前城市新建小区普通使用的一种宽带接入方式，FTTB 意为光纤到楼（fiber to the building），LAN 意为局域网（local area network）。FTTB_LAN 方式采用光纤高速网络实现千兆到社区，利用转换器将光纤信号转换成电信号，分路后使用双绞线以百兆带宽接到各幢楼宇，再分路后用双绞线以十兆带宽接到用户。

有线电视 + 电话 +FTTB_LAN 接入方式的布线如图 14-2 所示，FTTB_LAN 线路仅传送网络数据，不传送电话信号，故电话线路需另外接入。在使用 FTTB_LAN 接入方式时，接入用户的线路中已是数字信号，用户无须使用 Modem（调制解调器）进行数 / 模和模 / 数转换，即 FTTB_LAN 接入线可直接连接路由器。

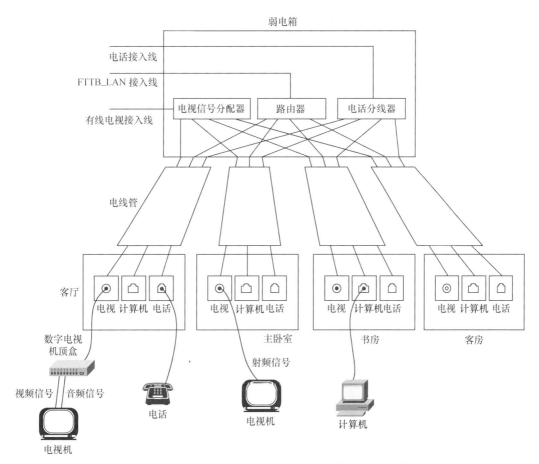

图 14-2　有线电视 + 电话 +FTTB_LAN 接入方式的布线

14.1.3　有线电视宽带 + 电话方式

　　有线电视宽带 + 电话方式是利用有线电视线路同时传送电视信号和宽带信号的方式。为了从有线电视线路中分离出宽带信号，需要使用 **Cable Modem**（电缆调制解调器）。

　　有线电视宽带 + 电话接入方式的布线如图 14-3 所示，Cable Modem 的功能是从电视信号中分离出宽带信号（模拟），并转换成数字信号送给计算机或路由器，同时也能将计算机或路由器送来的数字信号转换成宽带模拟信号，送至有线电视线缆。

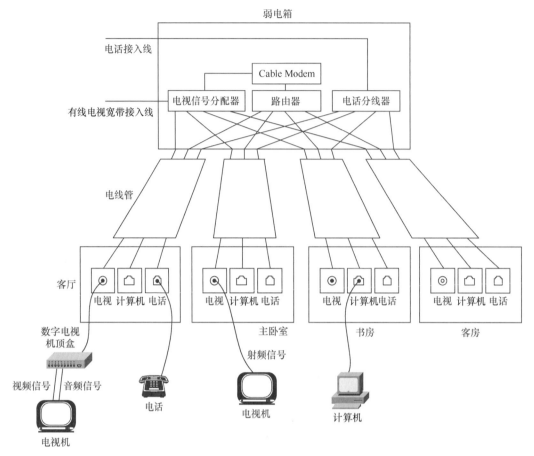

图 14-3　有线电视宽带 + 电话接入方式的布线

14.2　有线电视线路的安装

14.2.1　同轴电缆

有线电视采用同轴电缆作为信号传输线路，同轴电缆的外形与结构如图 14-4 所示。同轴电缆屏蔽层除了起屏蔽作用外，还相当于一条导线，以构成信号回路，一条正常的同轴电缆的屏蔽层应是连续的，若同轴电缆的屏蔽层断开，仅凭同轴电缆内部芯线是不能传送信号的。

根据用途不同，同轴电缆可分为基带同轴电缆和宽带同轴电缆，基带同轴电缆又称网络同轴电缆，其特性阻抗为 50Ω，主要用于传送数字信号，如用作局域网（以太网）组网线路；宽带同轴电缆又称视频同轴电缆，其特性阻抗为 75Ω，**有线电视信号传输采用宽带同轴电缆。**

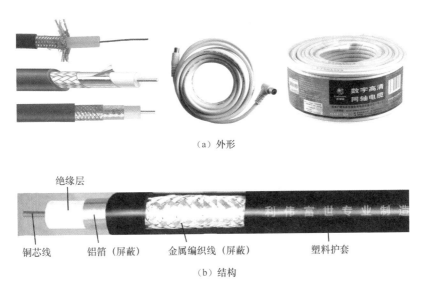

（a）外形

绝缘层

铜芯线　铝箔（屏蔽）　金属编织线（屏蔽）　塑料护套

（b）结构

图 14-4　同轴电缆的外形与结构

14.2.2　电视信号分配器与分支器

电视信号分配器的功能是将一路电视信号平衡分配成多路输出。电视信号分配器的外形如图 14-5 所示，图 14-5（a）是 1 入 2 出分配器（简称二分配器），图 14-5（b）是 1 入 8 出分配器（简称八分配器），图 14-5（c）是带放大功能的四分配器，它会将输入的电视信号进行放大，再分作四路输出，由于内部含有放大电路，因此带放大功能的分配器还需要外接电源。电视信号分配器的输入端一般标有 IN（输入），输出端标有 OUT（输出），接线时不能接反。

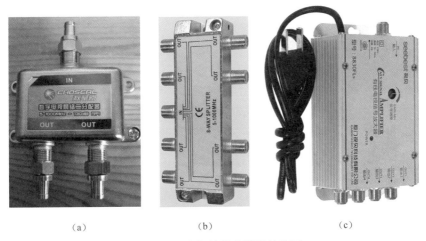

（a）　　　　　　　　　　（b）　　　　　　　　　　（c）

图 14-5　电视信号分配器的外形

电视信号分支器的功能是将一路电视信号分成一条主路和多条分路输出。电视信号分支器的外形如图 14-6 所示。

图 14-6　电视信号分支器的外形

电视信号分配器与分支器都起着分配信号的作用，但两者也有区别，具体如下。

① 分配器有一个输入口（IN）和多个输出口（OUT），而分支器有一个输入口（IN）、一个主输出口（OUT）和多个分支输出口（TAP 或 BR）。

② 分配器将输入信号平均分配成多路输出，各路输出信号大小基本相同；分支器将输入信号大部分分配给主输出口输出，另有少部分被平均分配给各支路输出口。

③ 分配器每增加一个输出口时，输出信号会衰减 2dB，如二分配器衰减值为 4dB、三分配器的衰减值为 6dB。对于三分配器，如果输入信号为 100dB，那么三个输出口输出信号都是 94dB。分支器对主输出口信号衰减很小，一般只衰减 1dB 左右，分支信号衰减较大，一般为 8 ～ 30dB，具体由分支器型号和分支数量决定，如某型号三分支器，如果输入信号为 100dB，主输出信号衰减 1dB 为 99dB，三个分支信号衰减 12dB 为 88dB。

④ 分配器用于需平均分配信号的场合。例如，某个家庭用户有多台电视机时，需要用分配器为每个电视机平均分配信号。分支器常于电视干线接出分支。例如，当电视干线接到某幢楼时，该幢楼有 40 个用户，如果采用分配器分配信号，就需要用 40 分配器和 40 根独立电视线；如果采用分支器，可用一条主干线铺设经过各户住宅，每个住宅都使用一个分支器，分支器主输出口接干线到下一户，而分支输出口接到本户住宅。

14.2.3　同轴电缆与接头的连接

1. 同轴电缆的接头

在与电视信号分配器连接时，需要给同轴电缆安装专用接头，又称 F 头，这种接头直接利用电缆芯线插入分配器插口。同轴电缆常用 F 头如图 14-7 所示。F 头分为英制和公制，英制 F 头又称 -5 头，其头部较小；公制 F 头又称 -7 头，其头部较大。

　（a）防水型 F 头　　　　　（b）插入型 F 头　　　　（c）冷压型 F 头

图 14-7　同轴电缆常用 F 头

同轴电缆其他类型的接头如图 14-8 所示。同轴电缆与电视机连接时常用竹节头或弯头，对接头用于将两根同轴电缆连接起来。

(a) 竹节头　　　　　　　　(b) 弯头　　　　　　　　(c) 对接头

图 14-8　同轴电缆其他类型的接头

2. 连接

（1）防水型 F 头与同轴电缆的连接

防水型 F 头与同轴电缆的连接如图 14-9 所示，具体过程如下。

① 准备好同轴电缆与防水型 F 头，如图 14-9（a）所示，再剥掉电缆一部分绝缘层，露出 1cm 的铜芯线，如图 14-9（b）所示。

② 将同轴电缆的屏蔽层往后折在护套表面，再将防水型 F 头套到电缆线上，按顺时针用力旋拧，如图 14-9（c）所示。

③ 待 F 头露出铜芯 2mm 左右后停止旋拧，如图 14-9（d）所示。

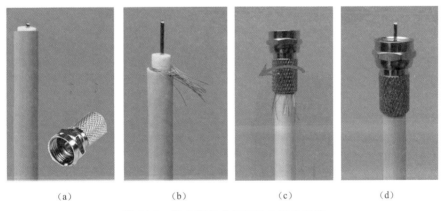

(a)　　　　　　　(b)　　　　　　　(c)　　　　　　　(d)

图 14-9　防水型 F 头与同轴电缆的连接

在 F 头与同轴电缆连接时，不要让电缆的屏蔽线及 F 头与铜芯线接触，以免将信号短路。

（2）插入型 F 头与同轴电缆的连接

插入型 F 头与同轴电缆的连接如图 14-10 所示，具体过程如下。

① 将同轴电缆一端的部分绝缘层剥掉，露出铜芯线，再将 F 头配带的金属环套在电缆上，如图 14-10（a）所示。

② 将插入型 F 头插入同轴电缆的护套内，让护套内的屏蔽层与 F 头保持接触，如图 14-10（b）所示。

③ 将金属环推近 F 头，用金属环压紧电缆护套，如图 14-10（c）所示，这样既可以让护

套内的屏蔽层与 F 头紧紧接触，又可以防止 F 头从护套内掉出。

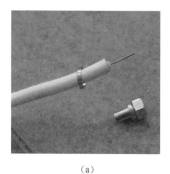 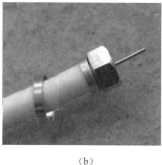 

(a)　　　　　　　　　　(b)　　　　　　　　　　(c)

图 14-10　插入型 F 头与同轴电缆的连接

（3）冷压型 F 头与同轴电缆的连接

冷压型 F 头与同轴电缆的连接如图 14-11 所示，具体过程如下。

① 将同轴电缆剥掉一部分绝缘层，露出 1cm 左右的铜芯线，并将屏蔽层往后反包在护套上，如图 14-11（a）所示。

② 将冷压型 F 头套到电缆线上，有的冷压型 F 头有两层，需要将内层插入护套内和屏蔽层接触，如图 14-11（b）所示。

③ 用冷压钳沿 F 头的压沟压紧，每沟都要压紧，如图 14-11（c）所示，如果没有冷压钳，可使用钢丝钳（老虎钳）压紧，但压制效果不如冷压钳。压制好的冷压型 F 头如图 14-11（d）所示。

(a)　　　　　　(b)　　　　　　(c)　　　　　　(d)

图 14-11　冷压型 F 头与同轴电缆的连接

（4）竹节头与同轴电缆的连接

竹节头与同轴电缆的连接如图 14-12 所示，具体过程如下。

① 将同轴电缆剥掉一部分绝缘层，露出 1cm 左右的铜芯线，并将屏蔽层往后反包在护套上，再将竹节头拆开，把后竹节套到同轴电缆上，如图 14-12（a）所示。

② 将竹节头的金属环卡套到电缆线的屏蔽层上，并压紧压环卡，如图 14-12（b）所示。

③ 将电缆线的铜芯线插入竹节头的插针后孔内，再旋拧螺钉将铜芯线在插针内固定下来，如图 14-12（c）所示。

④ 将竹节头的金属管套入顶针并插到金属环卡上，如图 14-12（d）所示。

⑤ 将前竹节套在金属管上并旋入后竹节内，如图 14-12（e）所示。

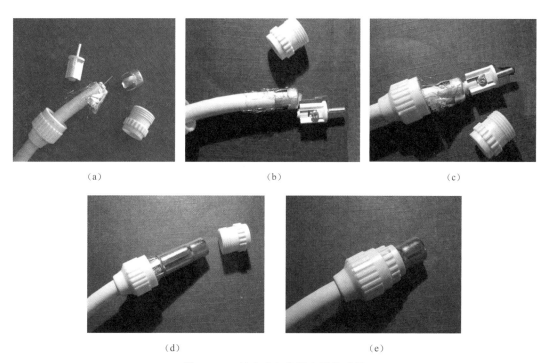

（a）　　　　　　　　　　　（b）　　　　　　　　　　　（c）

（d）　　　　　　　　　　　（e）

图 14-12　竹节头与同轴电缆的连接

14.2.4　电视插座的接线与安装

1. 电视插座的外形与结构

电视插座的外形与内部结构如图 14-13 所示。

（a）暗装电视插座　　　　　　　　　　（b）明装电视插座

图 14-13　电视插座

2. 电视插座的接线与安装

电视插座的接线与安装如图 14-14 所示，具体过程如下。

① 从底盒中拉出先前埋设的同轴电缆，将同轴电缆剥掉一部分绝缘层和屏蔽层，露出 1cm 左右的铜芯线，再剥掉一段护套层，该处的屏蔽层和绝缘层保留，然后将铜芯和屏蔽层分别固定在插座的屏蔽极和信号极上，如图 14-14（a）所示。

②用螺钉将电视插座固定在底盒上，如图14-14（b）所示。

③给电视插座盖上面板，如图14-14（c）所示。

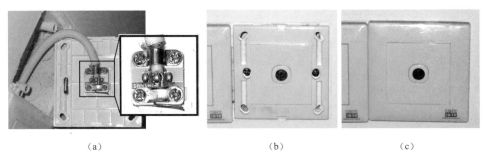

（a）   （b）   （c）

图 14-14　电视插座的接线与安装

电视插座接线端不同，其具体接线方法不同，但不管何种电视插座，一定要将同轴电缆的铜芯线接插座的信号极，屏蔽层要与插座的屏蔽极连接，接线时不要让屏蔽极和信号极短路。

14.3　电话线路的安装

14.3.1　电话线与 RJ11 水晶头

1. 电话线

在弱电安装时，先将室外电话线接入用户弱电箱，在弱电箱中用分线器分成多条电话支路，用多条电话线分别连接到客厅和各个房间的电话插座。

室内布线一般采用软塑料导线作为电话线，如 **RVB** 或 **RVS** 型塑料软导线。电话线有 **2芯和 4 芯之分**，单芯规格为 **0.2 ～ 0.5mm²**，普通电话机使用 **2 芯电话线**，功能电话机（又称智能电话或数字电话）使用 **4 芯电话线**。此外，**4 芯电话线也可以连接两个独立的普通电话机**。电话线的外形如图 14-15 所示。

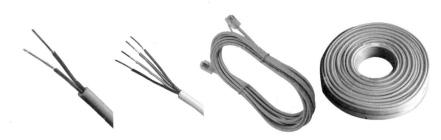

图 14-15　电话线的外形

2. RJ11 水晶头

电话分线器和电话机对外连接都使用 **RJ11** 插座，电话线要与它们连接必须安装 **RJ11** 水晶头。因为电话线有 2 芯和 4 芯之分，所以 RJ11 水晶头也分 2 芯和 4 芯，分别有两个和四个与电话线连接的金属触片。RJ11 水晶头与网络线使用的 RJ45 水晶头相似，但 RJ11 水晶头较 RJ45 水晶头短小。RJ11 水晶头和 RJ45 水晶头如图 14-16 所示。

(a)RJ11 水晶头

(b)RJ45 水晶头

图 14-16　RJ11 水晶头和 RJ45 水晶头

3. 电话线与 RJ11 水晶头的连接

电话线有 **2 芯**和 **4 芯**之分，大多数电话使用 **2 芯电话线**（芯线颜色一般为红、绿色），智能电话或两路电话采用 **4 芯电话线**（芯线颜色一般为黄、红、绿、黑色）。由于 2 芯和 4 芯电话线价格区别不大，为了便于以后的扩展，现在家装大部分使用 4 芯电话线布线，接普通电话时只使用其中两根芯线。

2 芯电话线可与 2P 或 4P 的 RJ11 水晶头连接，在与 2 芯 RJ11 水晶头连接时，可采用图 14-17(a)(b) 所示的两种接法，即平行和交叉接线均可。在交叉连接时，电话机内部电路会自动换极。2 芯电话线在与 4P RJ11 水晶头连接时，2 芯线应与水晶头的中间 2P 连接，如图 14-17(c) 所示。

4 芯电话线与 RJ11 水晶头的连接方式如图 14-18 所示，如果该电话线用作连接智能电话，2、3 线作为一组传输普通电话信号，1、4 线作为一组用于传送数据信号；如果该电话线用作连接两台普通电话，2、3 线作为一组传输一路普通电话信号，1、4 线作为一组传送另一路电话信号，组内的两线平行或交叉接线均可，但不能将一组的芯线与水晶头另一组的触片连接，如与 A 端水晶头 2 号触片连接的线不能接到 B 端水晶头的 1 号或 4 号位置。

电话线与 RJ11 水晶头的连接制作与网线相似，制作和测试方法可参见 14.4.3 节。

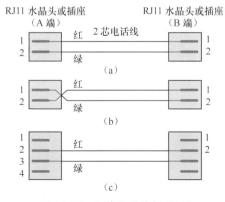

图 14-17　2 芯电话线与 RJ11 水晶头的三种连接方式

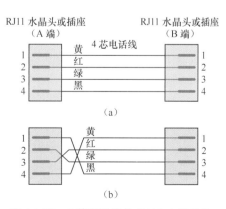

图 14-18　4 芯电话线与 RJ11 水晶头的两种连接方式

14.3.2 ADSL 语音分离器

如果用户使用 ADSL 电话宽带接入方式，电话线入户线首先要接到 ADSL 语音分离器，分离器将电话线送来的信号一分为二，一路直接去 ADSL Modem，另一路经低通滤波器选出频率较低的语音信号，送到电话机或电话分线器，频率高的宽带信号无法通过低通滤波器去电话机，从而避免其对电话机产生干扰。

ADSL 语音分离器的外形、结构和电路图如图 14-19 所示，**ADSL 语音分离器的"LINE"端接电话入户线，"PHONE"端接电话机，"MODEM"端接 ADSL Modem。**

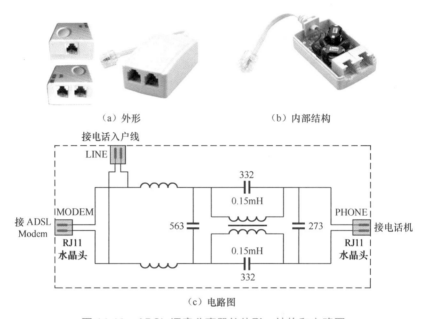

图 14-19　ADSL 语音分离器的外形、结构和电路图

14.3.3 电话分线器

电话分线器的功能是将一路电话信号分成多路电话信号输出。 普通电话分线器的外形与电路结构如图 14-20 所示，从电路结构可以看出，各个插座是并联关系，当某个插座接电话进线时，其他各路都可以接电话机。

普通电话分线器的主要特点： ①如果有电话呼入，所有插座连接的电话机都会响铃；②任何一部电话都可以接听电话；③任何一部电话通话时，其他各部电话都能听见该通话；④任何一部电话都可以挂机来中断电话；⑤各电话之间可以互相通话（电话机通过分线器直接接通）。

普通电话机结构简单，但通话保密性差，故有

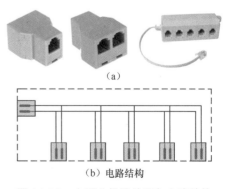

图 14-20　电话分线器外形与电路结构

些电话分线器在内部增加一些电路来实现通话保密和通话指示等功能。

14.3.4　电话插座的接线与安装

1. 外形

电话插座的外形如图 14-21 所示，在插座的背面有电话线的接线端子（或接线模块）。

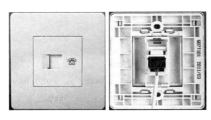

图 14-21　电话插座的外形

2. 接线与安装

电话插座前面的接线端主要有两种形式，一种是与面板固定在一起的一体化接线端子，另一种是与面板安装在一起的接线模块，接线模块可以从插座拆下来，接好线后再安装上去。无论电话插座采用哪种接线端，接线时都要保证：对于 2 芯电话线，2 芯线一定要与 RJ11 水晶头中间两个触片接通；对于 4 芯线电话线，其与 RJ 水晶头各触片的连接关系如图 14-18 所示。

（1）一休化接线端子的电话插座接线

一体化接线端子的电话插座接线如图 14-22 所示。该插座有四个接线端，若 2 芯电话线与插座接线，电话线的两根芯线（通常为红、绿色）要接插座的中间两个接线端；若 4 芯电话线与插座接线，电话线的四根芯线颜色一般为黄、红、绿、黑色，红、绿线为一组，接中间两个端子，黄、黑线为一组，接旁边两个端子，电话线的另一端无论是接 RJ11 水晶头还是RJ11 插座，都要保持红、绿线接中间两个端子，黄、黑线接旁边两个端子。

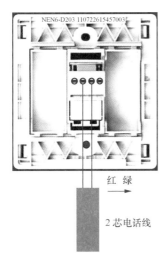

（a）与 2 芯电话线的接线　　　　（b）与 4 芯电话线的接线

图 14-22　一体化接线端子的电话插座接线

（2）模块化接线端子的电话插座接线

模块化接线端子的电话插座如图 14-23 所示，它由插座面板和可拆卸的接线模块组成，该模块上有四个接线卡，**在 2 芯电话线与模块接线时，两根芯线要接模块的中间两个接线卡，若 4 芯电话线与该模块接线，普通电话信号线接中间两个端子，数据信号线或另一路电话信号线接边缘两个端子。**

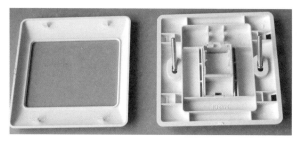

图 14-23　模块化接线端子的电话插座

电话模块的接线如图 14-24 所示，先从已埋设的底盒中拉出电话线，剥掉护套后将电话芯线压入模块的线卡内，在压线时线卡薄片会割破芯线的绝缘层面与芯线的内部金属芯接触，若担心线卡不能割破绝缘层而与金属芯接触，也可先去掉芯线上的绝缘层，然后将去掉绝缘层的芯线压入线卡，给模块接好线后，再将模块安装在电话插座上，最后将电话插座用螺钉固定在底盒上。

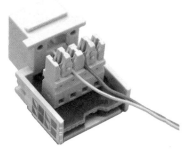

图 14-24　电话模块的接线

14.4　计算机网络线路的安装

14.4.1　双绞线、网线和 RJ45 水晶头

1. 双绞线

双绞线是由一对互相绝缘的金属导线互相绞合而成的导线。双绞线的外形如图 14-25 所示，将相互绝缘的导线按一定密度互相绞在一起，每一根导线在传输中辐射的电波会被另一根线上发出的电波抵消，另外，抵御外界电磁波干扰的能力也有所增强。一般来说，双绞线绞合越密，抗干扰能力越强，与无屏蔽层的双绞线相比，带屏蔽层的双绞线辐射小、抑制外界干扰能力强，可防止信息被窃听，数据传输速率也更高。

计算机通信常用双绞线的分类如图 14-26 所示，类别高的双绞线的线径通常更粗，其传输数据速率更快。目前使用广泛的计算机网线采用 5 类和超 5 类双绞线。双绞线可以单对使用，也可多对组合在一起使用。

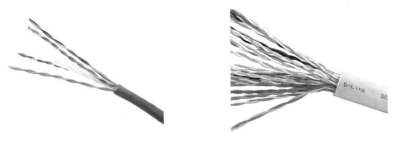

图 14-25　双绞线外形

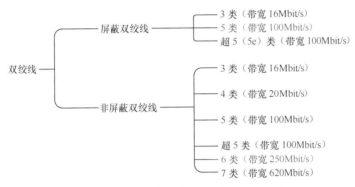

图 14-26　计算机通信常用双绞线的分类

2. 网线

网线的功能是传输数据，网线可以采用双绞线、同轴电缆或光缆，在家装弱电布线时一般采用双绞线结构的网线。

计算机网线由 **4 对（8 根）**双绞线组成，如图 14-27 所示。为了便于区分，这 4 对双绞线采用了不同的颜色，分别是橙 - 橙白、绿 - 绿白、蓝 - 蓝白、棕 - 棕白。

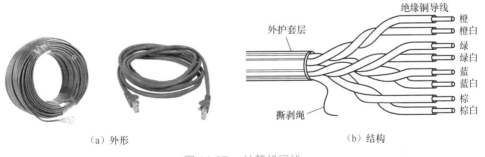

（a）外形　　　　　　　　　　　　　　　　（b）结构

图 14-27　计算机网线

3. RJ45 水晶头

RJ45 水晶头又称网络水晶头，网线需要安装水晶头才能插入计算机或路由器等设备的 RJ45 插孔，从而实现网络线路连接。RJ45 水晶头的外形如图 14-28 所示，它内部有 8 个金属触片，分别与网络 8 根芯线连接，水晶头背面一个塑料弹簧片，插入 RJ45 插孔后，弹簧片可卡住插孔，防止水晶头从插孔内脱出。

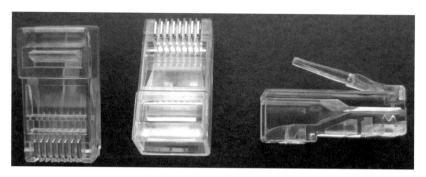

图 14-28　RJ45 水晶头的外形

14.4.2　网线与 RJ45 水晶头的两种连接标准

网线含有 8 根不同颜色的芯线，RJ45 水晶头有 8 个金属触片（又称金属极），两者连接要符合一定的标准。网线与 **RJ45 水晶头的连接有 EIA/TIA568A**（简称 **T568A**）和 **EIA/TIA568B**（简称 **T568B**）两种国际标准，这两种标准规定了水晶头各极与网线各颜色芯线的对应连接关系。

T568A、T568B 两种连接标准如图 14-29 所示，图中水晶头的各极排序是按塑料卡在另一面确定的。从图 14-29 中可以看出，这两种标准的 4、5、7、8 极接线是相同的，6、3 极和 2、1 极位置互换。

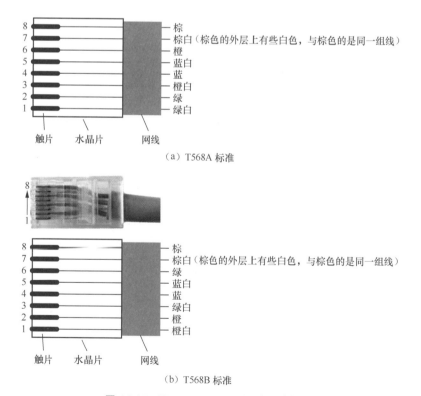

（a）T568A 标准

（b）T568B 标准

图 14-29　T568A、T568B 两种连接标准

在家装网络布线时，网线与 **RJ45** 水晶头连接采用 **T568A** 或 **T568B** 标准均可，但在同一工程中只能采取其中一种标准接线，即同一工程中所有网线要么都采用 T568A 标准接线，或者都采用 T568B 接线标准。目前，家装网络布线采用 **T568B** 标准接线较为常见。在一些特殊场合，如用一根网线将两台计算机直接连起来通信，若该网线一端水晶头采用 T568A 标准接线，那么另一端就要采用 T568B 标准接线。网线两端采用相同标准接线称为直通网线或平行网线，网线两端采用不同标准接线称为交叉网线。

14.4.3   网线与水晶头的连接制作

在网线与水晶头的连接制作时，需要用到专门的剥线刀、网线钳，为了检查网线与水晶头连接是否良好，还要用到网线测试仪。

1. 剥线刀、网线钳

（1）剥线刀

剥线刀的功能是剥掉绝缘导线的绝缘层。 图 14-30 是一种较常见的剥线刀，该剥线刀的使用如图 14-31 所示。在剥线时，先将绝缘导线放入剥线刀合适的定位孔内，然后握紧剥线刀并旋转一周，剥线刀的刀口就将导线绝缘层割出一个圆环切口，握剥线刀往外推，即可剥离绝缘层，如图 14-31（a）所示。在将网线与计算机插座的模块接线时，还可利用剥线刀头部的 U 形金属片将网线压入模块的线卡内，如图 14-31（b）所示。

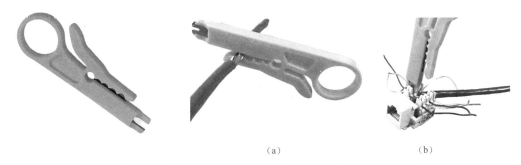

(a)   (b)

图 14-30   一种较为常见的剥线刀   图 14-31   剥线刀的使用

（2）网线钳

网线钳的功能是将水晶头的金属极与网线压制在一起，让网线与各金属极良好接触。 图 14-32 是一种较常见的多功能网线钳，它不但有压制水晶头功能，而且有剪线和剥线功能。

2. 网线与水晶头的连接制作

网线与水晶头的连接制作如图 14-33 所示，具体过程如下。

① 用网线钳的剪线口将网线剪断，以得到需要长度的网线，如图 14-33（a）所示。

② 将网线一端放入网线钳的圆形剥线口，握紧钳柄后旋转一周，切割出约 2cm 长的护套层，如图 14-33（b）所示，将割断的护套层从网线上去掉，露出网线的 4 对共 8 根芯线，如图 14-33（c）（d）所示。

③ 将 4 对 8 根芯线逐一解开、理顺、扯直，再按接线规定将各颜色芯线按顺序排列整齐，并尽量让 8 根芯线处于一个平面内，如图 14-33（e）所示。

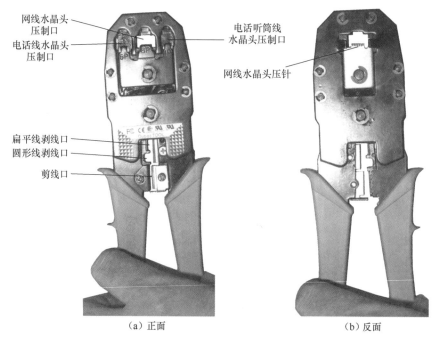

网线水晶头
压制口
电话线水晶头
压制口

电话听筒线
水晶头压制口

网线水晶头压针

扁平线剥线口
圆形线剥线口
剪线口

（a）正面　　　　　　　　　　　　　　（b）反面

图 14-32　一种常见的多功能网线钳

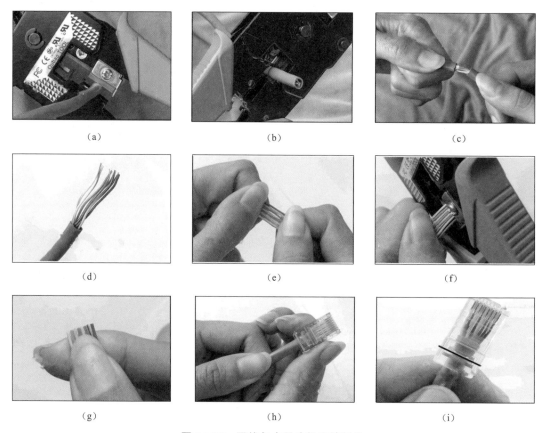

（a）　　　　　　　　　　（b）　　　　　　　　　　（c）

（d）　　　　　　　　　　（e）　　　　　　　　　　（f）

（g）　　　　　　　　　　（h）　　　　　　　　　　（i）

图 14-33　网线与水晶头的连接制作

 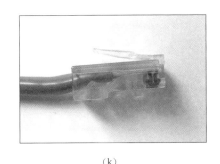

（j）　　　　　　　　　　　　（k）

图 14-33　网线与水晶头的连接制作（续）

④ 各芯线排列好并理顺扯压直后，应再仔细检查各颜色芯线排列顺序是否正确，再用网线钳的剪线口将各芯线头部裁剪整齐，如图 14-33（f）（g）所示。如果此前护套层剥下过多，现在可将芯线剪短一些，芯线长度约保留 15mm。

⑤ 将理顺的 8 根芯线插入水晶头内部的 8 个线槽中，如图 14-33（h）所示，各芯线一定要插到线槽底部，护套层也应进入水晶头内部，如图 14-33（i）所示。

⑥ 将插入芯线的水晶头放入网线钳的 8P 压线口，如图 14-33（j）所示。用力握紧网线钳的手柄，8P 压线口的 8 个压针（网线钳背面）上移，将水晶头的 8 个线槽与网线的 8 根芯线紧紧压在一起，线槽中锋利的触片会割破芯线的绝缘层而与内部铜芯接触。

安装好水晶头的网线如图 14-33（k）所示。

14.4.4　网线与水晶头连接的通断测试

1. 网线测试仪

网线与水晶头有 8 个连接点，两者连接时容易出现接触不良。利用网线测试仪可以检测网线与水晶头是否接触良好，并能判别接触不良的芯线。图 14-34 是一种常见的网线测试仪，它不但可以测试网线与水晶头通断，而且可以测试电话线与水晶头的通断。

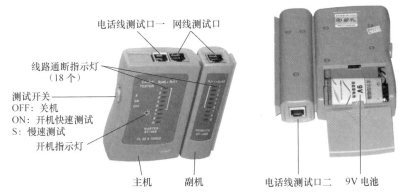

图 14-34　一种常见的网线测试仪

2. 网线和电话线的检测

用网线测试仪检测网线如图 14-35 所示，先将网线的两个水晶头分别插入网线测试仪主机和副机的 RJ45 插口，再将测试开关拨至"ON"位置，会有以下情况。

① 如果网线与水晶头连接良好，并且芯线在两水晶头排序相同，则网线测试仪主机和副机的 1 ～ 8 号指示灯会依次逐个同步亮。

② 如果某根芯线开路或该芯线与水晶头触片接触不良，则网线测试仪主机和副机的该芯线对应的指示灯都不会亮。

③ 如果网线的芯线在两个水晶头的排序不相同，则网线测试仪主机和副机的 1 ～ 8 号指示灯会错乱显示，如测试仪主机的 1 号灯与副机的 3 号灯同时亮，说明主机端水晶头 1 号触片所接芯线接到副机端水晶头的 3 号触片。

④ 如果网线测试仪主机和副机的 1 ～ 8 号指示灯都不亮，则说明网线有一半以上的芯线不通或有其他问题。

如果网线两个水晶头距离较远，则可以将测试仪的主机和副机分开使用。

用网线测试仪检测电话线如图 14-36 所示，将电话线的两个水晶头分别插入网线测试仪主机和副机的 RJ11 插口，再将测试开关拨至"ON"位置，即开始测试，测试表现及原因与网线测试相同。网线测试仪的 RJ11 插口为 6P，分别对应主、副机的 1 ～ 6 号指示灯，在测试 4 芯电话线时，正常时网线测试仪主、副机的 2 ～ 5 号灯会逐个同步亮；在测试 2 芯电话线时，网线测试仪主、副机的 3、4 号灯会逐个同步亮。

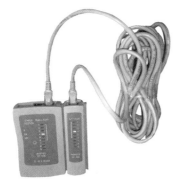 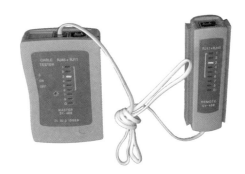

图 14-35　用网线测试仪检测网线　　　图 14-36　用网线测试仪检测电话线

14.4.5　网线与计算机网络插座的接线与测试

1. 计算机网络插座

计算机网络插座又称计算机信息插座，用于插入网线来连接计算机。计算机网络插座的外形与结构如图 14-37 所示。它由插座面板和信息模块组成，在接线时，从面板上拆下信息模块，给信息模块接好网线后再卡在插座上，然后用螺钉将插座固定在墙壁底盒上。

图 14-37　计算机网络插座的外形与结构

2. 信息模块的接线

（1）信息模块的两种接线标准

在计算机网络插座中有用于接线的信息模块，该模块有八个接线卡，网线的八根芯线要接在这八个接线卡内。网线、信息模块之间的接线与网线、水晶头之间的接线一样，有 T568A 和 T568B 两种标准。以图 14-38（a）所示模块为例，若按 T568A 标准接线，则上方四个接线卡应按照 A 组接线颜色指示，分别接网线的橙白、橙、棕白、棕色芯线；若模块按 T568B 标准接线，上方四个接线卡应按照 B 组接线颜色指示，分别接网线的绿白、绿、棕白、棕色芯线。

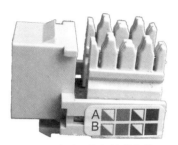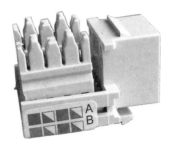

T568A 标准：橙白 橙 棕白 棕   T568A 标准：绿 绿白 蓝 蓝白
T568B 标准：绿白 绿 棕白 棕   T568B 标准：橙 橙白 蓝 蓝白
　　　（a）　　　　　　　　　　　　　　　　（b）

图 14-38　信息模块的两种接线标准

（2）信息模块的接线

信息模块的接线如图 14-39 所示，具体过程如下。

① 用网线钳将网线剥去约 3cm 的护套层。

② 将网线各双绞芯线解开、理顺，然后按信息模块上某一接线标准标示的颜色，将各颜色芯线插入相应的线卡，再用压线工具（前面介绍的剥线刀有压线功能）将芯线压入线卡，线卡内的锋利触片会将芯线绝缘层割破而与芯线的铜芯接触。

③ 用网线钳的剪线口或剪刀将模块各线卡过长的芯线剪掉。

图 14-39　信息模块的接线

（3）信息模块与网线的接线测试

在信息模块接线时，网线的各芯线是带绝缘层被压入接线卡的，线卡是否割破芯线绝缘层与铜芯接触，很难用眼睛观察出来，使用网线测试仪可以检测信息模块与网线是否连接良好。

用网线测试仪检测信息模块与网线的连接如图 14-40 所示。将信息模块的网线另一端水晶头插入网络测试仪主机的 RJ45 插口，再找一根两端带水晶头的经测试无故障的网线，该网线一端插入网线测试仪的副机 RJ45 插口，另一端插入信息模块的 RJ45 插口，然后将测试仪的测试开关拨至"ON"位置开始测试，如果信息模块与网线的连接正常，主、副机的 1 ～ 8

号指示灯应逐个同步亮，否则两者有连接问题。

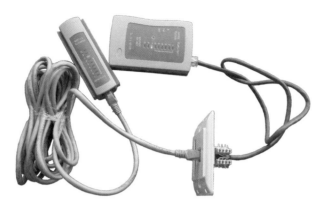

图 14-40　用网线测试仪检测信息模块与网线的连接

14.4.6　ADSL Modem 硬件连接及拨号

由于采用 ADSL 宽带接入可以利用现有的电话线路，而且上网速度较快，是目前家庭用户选用较多的一种上网方式。

1. ADSL Modem

如果采用 ADSL 方式上网，ADSL Modem 是一个必不可少的设备，Modem 的中文含义为调制解调器，俗称上网猫。**ADSL Modem 的功能是将入户电话线传送来的模拟信号转换成数字信号（解调功能），送给计算机，同时将计算机送来的数字信号转换成模拟信号（调制功能），通过电话线传送到远程服务器。**

图 14-41 是一种较为常用的 ADSL Modem，前面板有 4 个指示灯，后面板有开关和一些接口。

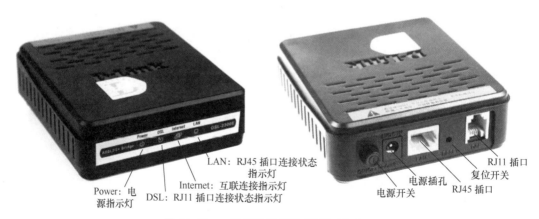

图 14-41　一种较为常用的 ADSL Modem

（1）开关与接口说明

ADSL Modem 的开关和接口功能说明如下。

① DSL/LINE（RJ11 插口）：入户电话线或由语音分离器接来的电话线通过该插口与本设备连接。

② Reset（复位开关）：在通电的情况下，用细针插入孔内持续 3s 或连续按 3 次，可将设备恢复到出厂状态

③ Ethernet/LAN（RJ45 插口）：本设备用于插入网线与计算机或其他设备（如路由器）连接。

④ ON/OFF（电源开关）：接通和切断设备的电源。

⑤ Power（电源插口）：外部电源适配器通过该插口为设备提供电源。

（2）指示灯说明

ADSL Modem 的指示灯说明如表 14-1 所示。

表14-1　ADSL Modem的指示灯说明

指示灯标志	颜色	状态	说明
Power（电源指示灯）	绿/红	不亮	关机
		绿灯	系统自检通过，正常
		红灯	系统正在自检或自检失败；软件正在升级
DSL（RJ11连接指示灯）	绿	不亮	RJ11接口没有检测到信号
		闪烁	Modem正在尝试与远程服务器连接
		亮	Modem与远程服务器连接成功
Internet（互联连接指示灯）	绿	不亮	Modem未与外界建立互联连接
		闪烁	有互联数据通过Modem
		亮	Modem与外界已建立互联连接
LAN / Ethernet（RJ45连接指示灯）	绿	不亮	RJ45接口处于非通信状态
		闪烁	RJ45接口有数据收发
		亮	RJ45接口处于通信状态

2. 硬件连接

在采用 ADSL 宽带接入方式上网时，需要的硬件设备及连接如图 14-42 所示。电话入户线的信号经"LINE"接口送入语音分离器，在语音分离器中分作两路，一路分离出低频语音信号从"PHONE"接口输出，通过 RJ11 电话线（2 芯）去电话机，另一路直接通过"MODEM"接口输出，通过 RJ11 电话线（2 芯）去 ADSL Modem，ADSL Modem 再通过 RJ45 直通网线（网线两端接线标准相同）与计算机网卡的 RJ45 接口连接。

打开 ADSL Modem 电源并启动计算机，如果 ADSL Modem 的 LAN 指示灯亮，表明 ADSL Modem 与计算机硬件连接成功。

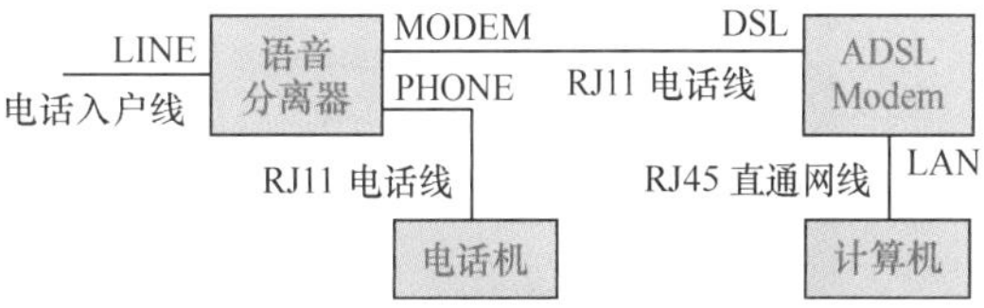

图 14-42　ADSL 宽带上网的硬件连接

3. 拨号连接

ADSL 宽带上网的硬件连接后，并不能马上上网，还需要在计算机中用软件进行拨号，与电信运营商的服务器建立连接。ADSL 接入类型主要有专线方式（服务商提供固定 IP）和

虚拟拨号方式（动态 IP）两种，家庭用户一般采用虚拟拨号方式。虚拟拨号有 PPPOE 和 PPPOA 两种具体方式，目前国内向普通用户提供的是 PPPOE（以太网的点对点传输协议）虚拟拨号方式。

　　PPPOE 虚拟拨号软件很多，下面介绍如何使用 Windows XP 自带的拨号软件进行拨号连接，具体过程如表 14-2 所示。

表14-2　利用Windows XP自带的拨号软件进行拨号连接

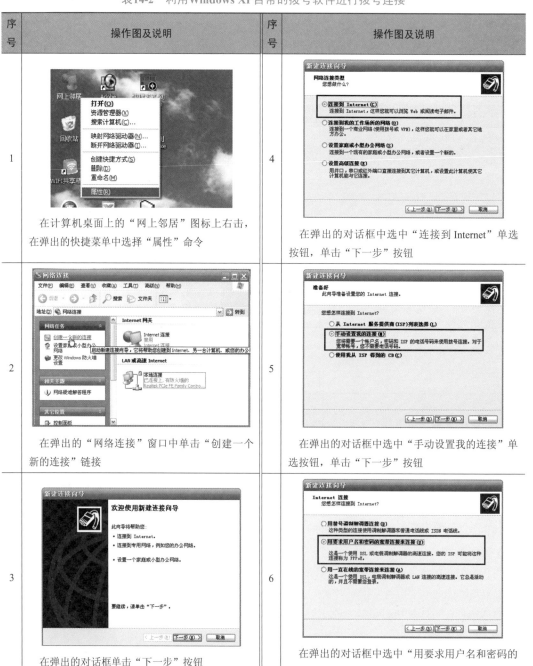

序号	操作图及说明	序号	操作图及说明
1	在计算机桌面上的"网上邻居"图标上右击，在弹出的快捷菜单中选择"属性"命令	4	在弹出的对话框中选中"连接到 Internet"单选按钮，单击"下一步"按钮
2	在弹出的"网络连接"窗口中单击"创建一个新的连接"链接	5	在弹出的对话框中选中"手动设置我的连接"单选按钮，单击"下一步"按钮
3	在弹出的对话框单击"下一步"按钮	6	在弹出的对话框中选中"用要求用户名和密码的宽带连接来连接"单选按钮，单击"下一步"按钮

续表

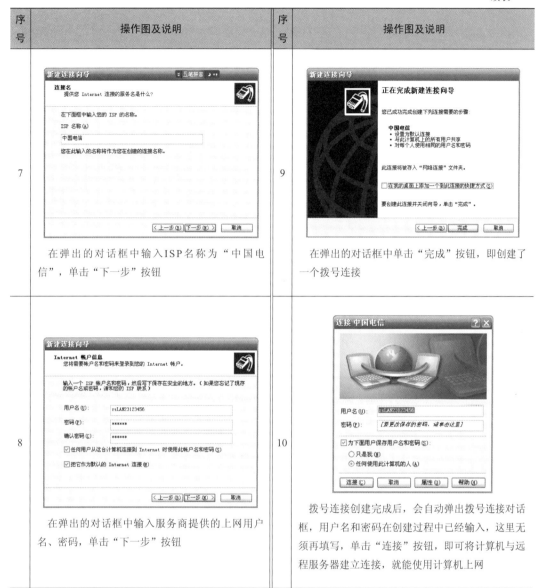

序号	操作图及说明	序号	操作图及说明
7	在弹出的对话框中输入ISP名称为"中国电信",单击"下一步"按钮	9	在弹出的对话框中单击"完成"按钮,即创建了一个拨号连接
8	在弹出的对话框中输入服务商提供的上网用户名、密码,单击"下一步"按钮	10	拨号连接创建完成后,会自动弹出拨号连接对话框,用户名和密码在创建过程中已经输入,这里无须再填写,单击"连接"按钮,即可将计算机与远程服务器建立连接,就能使用计算机上网

　　如果要查看或重新进行拨号连接,可以在计算机桌面上的"网上邻居"图标上右击,在弹出的快捷菜单中选择"属性"命令,会弹出"网络连接"窗口,在该窗口中可以看见刚建立的"中国电信"拨号连接,如图 14-43 所示,双击即可打开拨号连接话框,进行重新拨号。这样打开拨号连接比较麻烦,创建快捷方式可以解决这个问题,在"中国电信"拨号连接上右击,在弹出的快捷菜单中选择"创建快捷方式"命令,就可以给拨号连接创建一个桌面快捷方式,以后直接在桌面上双击拨号连接的快捷图标,即可打开拨号连接对话框进行拨号。

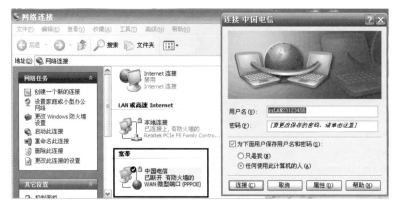

图 14-43　在网上邻居中查看创建的拨号连接

14.4.7　路由器的硬件连接

ADSL Modem 只能连接一台计算机上网，如果希望多台计算机通过一台 **ADSL Modem** 上网，可以给 **ADSL Modem** 配接路由器。

1. 路由器

路由器可以让多台计算机共享一条宽带线路上网。根据信号传送方式不同，路由器可分为有线路由器和无线路由器，如图 14-44 所示。图 14-44（a）所示的有线路由器有 1 个 WAN 口和 4 个 LAN 口，WAN 口用于连接 ADSL Modem，4 个 LAN 口可以连接 4 台带网卡的计算机，这些计算机可以通过有线方式连接该路由器来共享一台 ADSL Modem 上网；图 14-44（b）所示的无线路由器有 1 个 WAN 口和 7 个 LAN 口，WAN 连接 ADSL Modem，7 个 LAN 口可以连接 7 台带网卡的计算机，这些计算机可以通过有线方式连接该路由器来共享一台 ADSL Modem 上网，由于无线路由器还能以无线方式传送信号，因此它还可通过无线方式连接其他带无线网卡的计算机，**理论上一台无线路由器的有线与无线总连接数不能超过 254 个。**

2. 硬件连接

图 14-45 是路由器在三种不同的宽带接入方式下的连接。从图 14-45 中不难看出，无论何种宽带接入方式，接到路由器 WAN 口的都是 RJ45 直通网线，LAN 口通过 RJ45 直通网线接计算机或交换机，交换机可将一路扩展为多路，从而弥补路由器接口不足的问题。

（a）有线路由器

图 14-44　路由器

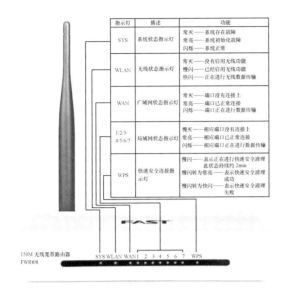
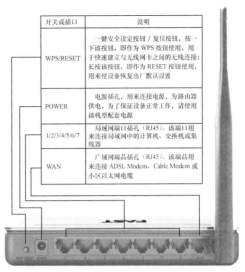

（b）无线路由器

图 14-44　路由器（续）

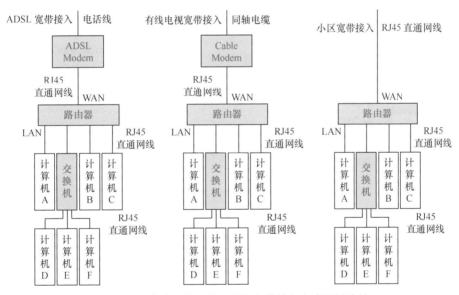

图 14-45　路由器在三种不同的宽带接入方式下的连接

14.4.8　路由器的设置

路由器与 **Modem** 及计算机连接后，其连接的计算机还不能上网，需要对路由器及其连接的计算机进行设置。一般先设置计算机，再设置路由器。

1. 计算机的设置

如果计算机要连接路由器共享上网，需要设置 Internet 协议（TCP/IP）。在计算机中设置 Internet 协议（TCP/IP）的过程如表 14-3 所示。

表14-3　在计算机中设置Internet协议（TCP/IP）

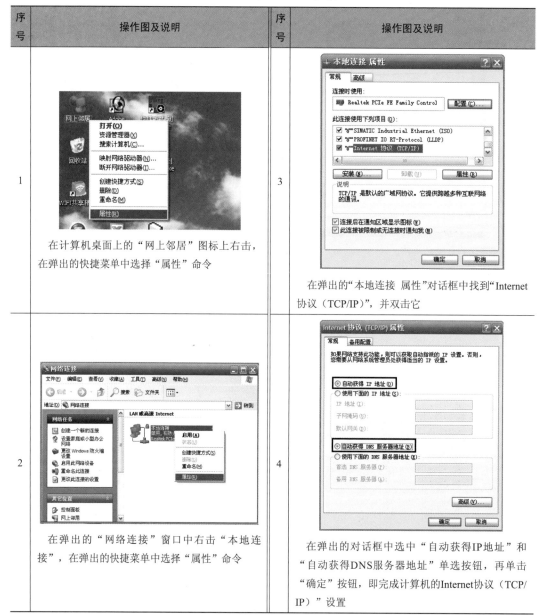

序号	操作图及说明	序号	操作图及说明
1	在计算机桌面上的"网上邻居"图标上右击，在弹出的快捷菜单中选择"属性"命令	3	在弹出的"本地连接 属性"对话框中找到"Internet协议（TCP/IP）"，并双击它
2	在弹出的"网络连接"窗口中右击"本地连接"，在弹出的快捷菜单中选择"属性"命令	4	在弹出的对话框中选中"自动获得IP地址"和"自动获得DNS服务器地址"单选按钮，再单击"确定"按钮，即完成计算机的Internet协议（TCP/IP）"设置

2. 路由器的设置

如果一台计算机直接连接 Modem，需要用拨号软件输入上网账号和密码，与远程服务器建立连接，计算机才能通过 Modem 上网。**如果用路由器连接 Modem，则需要给路由器输入上网账号和密码，让路由器用上网账号和密码自动拨号，路由器与远程服务器建立连接后，其连接的计算机都可以上网。**如果使用无线路由器，则还需要为路由器设置无线连接密码，与路由器用无线方式联系的计算机只有输入正确的密码，才能与路由器建立连接。

路由器设置主要包括给路由器输入上网账号、密码和无线连接密码。路由器的设置过程如表 14-4 所示。

表14-4 路由器的设置过程

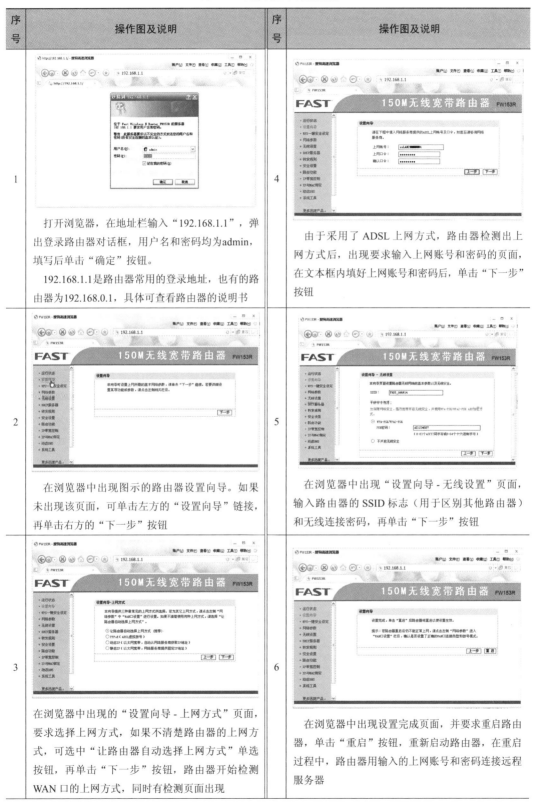

序号	操作图及说明	序号	操作图及说明
1	打开浏览器，在地址栏输入"192.168.1.1"，弹出登录路由器对话框，用户名和密码均为admin，填写后单击"确定"按钮。 192.168.1.1是路由器常用的登录地址，也有的路由器为192.168.0.1，具体可查看路由器的说明书	4	由于采用了 ADSL 上网方式，路由器检测出上网方式后，出现要求输入上网账号和密码的页面，在文本框内填好上网账号和密码后，单击"下一步"按钮
2	在浏览器中出现图示的路由器设置向导。如果未出现该页面，可单击左方的"设置向导"链接，再单击右方的"下一步"按钮	5	在浏览器中出现"设置向导 - 无线设置"页面，输入路由器的 SSID 标志（用于区别其他路由器）和无线连接密码，再单击"下一步"按钮
3	在浏览器中出现的"设置向导 - 上网方式"页面，要求选择上网方式，如果不清楚路由器的上网方式，可选中"让路由器自动选择上网方式"单选按钮，再单击"下一步"按钮，路由器开始检测 WAN 口的上网方式，同时有检测页面出现	6	在浏览器中出现设置完成页面，并要求重启路由器，单击"重启"按钮，重新启动路由器，在重启过程中，路由器用输入的上网账号和密码连接远程服务器

续表

序号	操作图及说明	序号	操作图及说明
7	如果路由器与远程服务器连接成功，会出现图示页面，若未出现该页面，可在浏览器地址栏输入"192.168.1.1"重新登录路由器设置页面，再单击左上角的"运行状态"链接，从该页面中可以看出路由器的WAN口状态信息完整，表明路由器的WAN口已经与远程服务器连接成功。计算机就可以通过路由器上网了	8	如果路由器与远程服务器未连接成功，会出现图示页面，从该页面中可以看出WAN口状态信息空缺，表明路由器的WAN口未能与远程服务器建立连接

3.计算机无线上网连接

对于通过网线直接与路由器 LAN 口连接的计算机，路由器与远程服务器连接成功后计算机可以直接上网，如果计算机要通过无线方式与路由器连接，那么先要给计算机安装内置或外置无线网卡，再给无线网卡安装驱动程序（有些无线网卡还要安装无线网卡管理程序），并在计算机中进行无线连接设置，输入连接密码才能与路由器连接成功。

在计算机中进行无线连接设置的操作过程如表 14-5 所示。

表14-5　在计算机中进行无线连接设置的操作过程

序号	操作图及说明	序号	操作图及说明
1	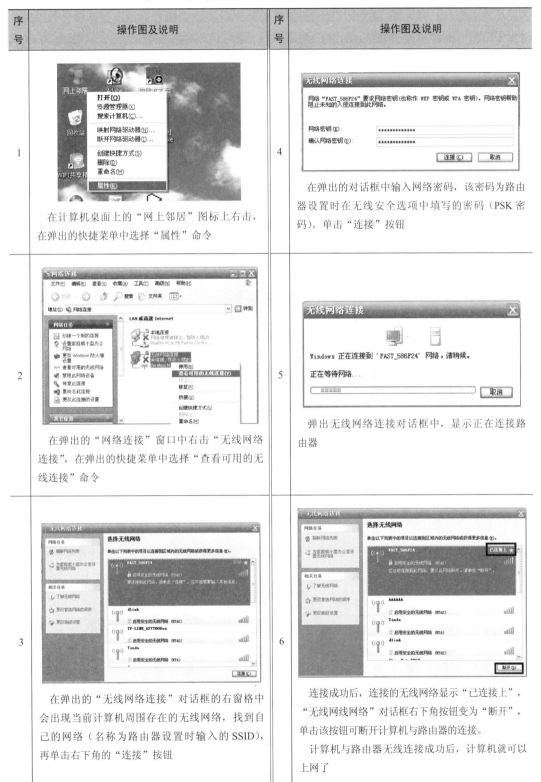 在计算机桌面上的"网上邻居"图标上右击，在弹出的快捷菜单中选择"属性"命令	4	在弹出的对话框中输入网络密码，该密码为路由器设置时在无线安全选项中填写的密码（PSK 密码），单击"连接"按钮
2	在弹出的"网络连接"窗口中右击"无线网络连接"，在弹出的快捷菜单中选择"查看可用的无线连接"命令	5	弹出无线网络连接对话框中，显示正在连接路由器
3	在弹出的"无线网络连接"对话框的右窗格中会出现当前计算机周围存在的无线网络，找到自己的网络（名称为路由器设置时输入的 SSID），再单击右下角的"连接"按钮	6	连接成功后，连接的无线网络显示"已连接上"，"无线网线网络"对话框右下角按钮变为"断开"，单击该按钮可断开计算机与路由器的连接。 计算机与路由器无线连接成功后，计算机就可以上网了

14.5 弱电模块与弱电箱的安装

弱电箱又称智能家居布线箱、综合布线箱、多媒体信息箱、家庭信息接入箱、住宅信息线箱和智能布线箱等。弱电箱是弱电线路的集中箱，它利用内部安装的各种类型的分配设备，将室外接入或室内接入的弱电线路分配成多条线路，再送到室内各处的弱电插座或开关。

弱电箱内部的分配设备主要有电视信号分配器、电话分线器、**Modem** 和路由器等，这些设备可以自行自由选配，接好线路后放在弱电箱内，但美观性较差，有些厂家生产出与所售弱电箱配套的各种信号分配模块。弱电箱及弱电模块如图 14-46 所示，**弱电模块主要有电视模块、电话模块、网络模块和电源模块等。**

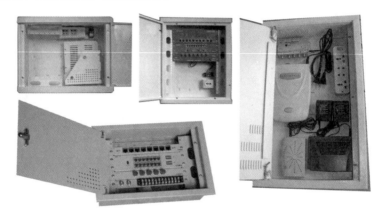

图 14-46　弱电箱及弱电模块

14.5.1　电视模块

电视模块的功能是将输入的电视信号分配成多路输出，有的电视模块还具有放大电视信号的功能。电视模块如图 14-47 所示。

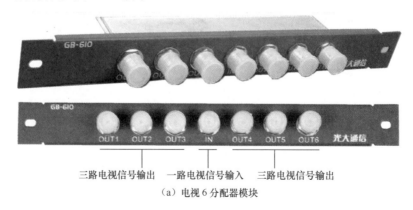

三路电视信号输出　一路电视信号输入　三路电视信号输出

（a）电视 6 分配器模块

图 14-47　电视模块

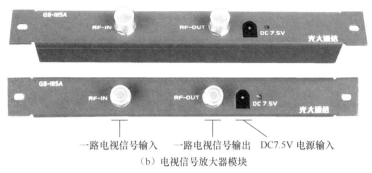

一路电视信号输入　　一路电视信号输出　DC7.5V 电源输入

（b）电视信号放大器模块

图 14-47　电视模块（续）

图 14-47（a）是一个电视 6 分配器模块，可将 IN 端输入的电视信号均分成六路电视信号，分别从 OUT1 ～ OUT6 端输出。图 14-47（b）是一个电视信号放大器模块，可将 RF-IN 端输入的电视信号进行放大，然后从 RF-OUT 端输出，由于这种模块内部有放大电路，因此需要外接电源（由其他电源模块提供）。

14.5.2　电话模块

电话模块的功能是将接入的电话外线分成多条电话线路。 电话模块如图 14-48 所示。

图 14-48（a）为 1 外线 5 分机电话模块，可以将一路电话外线分成五路，能接五个分机。

图 14-48（b）为带开关的 2 外线 8 分机电话模块，可以将两路电话外线分成八路，能接八个分机，八个开关可分别控制各自接口的通断，当一路电话外线呼入时，八个分机都可以接听，在分机接听时，另一路电话外线无法呼入。

图 14-48（c）为 1 外线 8 分机程控交换机模块，可以将一路电话外线分成八路，能接八个分机，分机除了能呼叫外线外，各分机间还可以互相呼叫，如某分机需要呼叫 2 号分机时，只需先按 * 键，再按 602 即可使 2 号分机响铃，本呼叫不经过外线，故不产生通信费，这种模块工作需要电源，由专门的电源模块提供。

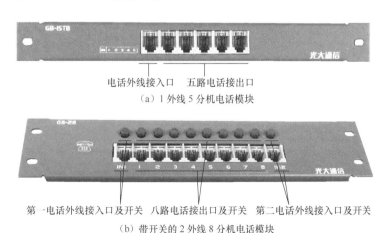

电话外线接入口　　五路电话接出口

（a）1 外线 5 分机电话模块

第一电话外线接入口及开关　八路电话接出口及开关　第二电话外线接入口及开关

（b）带开关的 2 外线 8 分机电话模块

图 14-48　电话模块

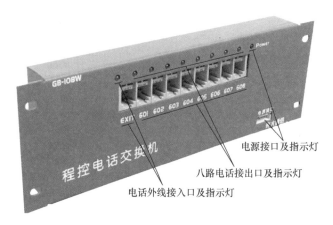

电源接口及指示灯

八路电话接出口及指示灯

电话外线接入口及指示灯

（c）1 外线 8 分机程控交换机模块

图 14-48　电话模块（续）

14.5.3　网络模块

网络模块的功能是将 Modem 送来的一路宽带信号分成多路，网络模块主要有路由器模块和交换机模块。网络模块如图 14-49 所示。

（a）5 口有线路由器模块

（b）5 口无线路由器模块

（c）5 口网络交换机模块

图 14-49　网络模块

图 14-49（a）为 5 口（1 进 4 出）有线路由器，WAN 口接 Modem，LAN 口通过有线方式接计算机或交换机；图 14-49（b）为 5 口（1 进 4 出）无线路由器，WAN 口接 Modem，该路由器除了 LAN 口能以有线方式接计算机或交换机外，还能以无线方式连接带无线网卡的计算机；图 14-49（c）为 5 口（1 进 4 出）网络交换机，IN（或 Uplink）口接路由器，OUT 口接计算机，交换机与路由器一样可以实现一分多功能，但交换机不用设置，硬件连接好后就能使用。交换机无路由器一样的自动拨号功能，常接在路由器之后来扩展接口数量。

14.5.4　电源模块

电源模块的功能是为有关模块提供电源。需要电源的弱电模块主要带放大功能的电视模块、带程控交换功能的电话模块、路由器模块和交换机模块等。电源模块如图 14-50 所示。

图 14-50（a）为单组输出电源模块，可以提供一组直流电源；图 14-50（b）为 4 组输出电源模块，可以提供三组直流电源和一组交流电源，三组直流电源可以分别供给电视信号放大器模块、路由器模块和交换机模块，交流电源提供给电话程控交换机模块；图 14-50（c）为电源插座模块，可以为 Modem 或一些不配套的弱电设备的电源适配器提供 220V 电压。

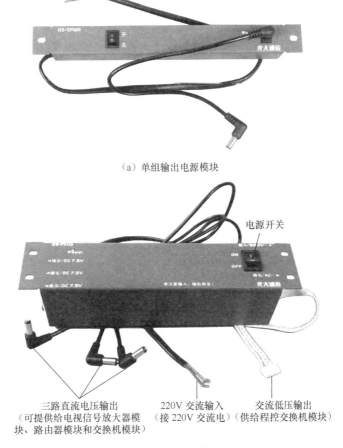

（a）单组输出电源模块

电源开关

三路直流电压输出　　　220V 交流输入　　　交流低压输出
（可提供给电视信号放大器模　（接 220V 交流电）　（供给程控交换机模块）
块、路由器模块和交换机模块）

（b）四组输出电源模块

图 14-50　电源模块

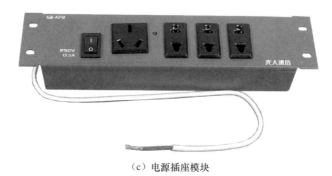

（c）电源插座模块

图 14-50　电源模块（续）

14.5.5　弱电线路的安装要点

1. 弱电线路安装前的准备工作

在安装弱电线路前，先要了解小区有关电话、宽带、有线电视等相关智能服务种类，明确各弱电线路的入户线位置，以便确定弱电箱的安装位置。

在室内安装弱电线路需要准备以下材料。

① 8 芯网线（超 5 类非屏蔽双绞线）、RJ45 水晶头和计算机网络插座。

② 4 芯电话线、4 芯 RJ11 水晶头和电话插座。

③ 电视线（75Ω 同轴电缆）、同轴电缆接头及电视插座。

④ PVC 电线管。

⑤ 弱电箱及弱电模块。

2. 弱电线路的安装步骤

弱电线路安装的一般步骤：确定弱电箱位置→预埋箱体→ 铺设 PVC 电线管→管内穿线，穿线前应测试线缆的通断→给线缆安上接头（RJ45、RJ11、电视 F 头）→在弱电箱内安装弱电模块→将各线缆接头插入相应模块→对每条线路进行测试→安装完成。

3. 弱电线路安装注意事项

在安装弱电线路时，要注意以下事项。

① 在确定弱电箱安装位置后，箱体埋入墙体时，若弱电箱是钢板面板，则其箱体露出墙面 1cm；若面板塑料面板，则其箱体和墙面平齐，箱体出线孔不要填埋，当所有布线完成并测试后，才用石灰封平。

② 弱电箱的安装高度一般为距离地面 1.6m，这个高度操作管理方便，如果希望隐藏弱电箱，可安装在距离地面 0.3m 较隐蔽的位置。

③ 为了减少强电对弱电的干扰，弱电线路距离强电线路应不小于 0.5m，弱电与强电线路有交叉走线时，应用铝箔包住交叉部分的弱电线路。

④ 在穿线前，应对所有线缆的每根芯线进行通断测试，以免布线完毕后才发现有断线而重新铺设。

⑤ 穿线时，应在弱电箱内预留一定长度的线缆，具体长度可根据进线孔到模块的位置确定，一般最短长度（从进线孔起计算）要求为电视线（75Ω 同轴电缆）预留至少 25cm，网线（5 类双绞线）预留至少 35cm，接入的电话外线预留至少 30cm，其他类型弱电线缆预留至少 30cm。

14.5.6　弱电模块的安装与连接

弱电箱埋设在墙体后，先将各弱电模块安装在弱电箱内的支架上，有些弱电箱的模块安装支架可以拆下，拆下后在该支架上安装好各弱电模块，然后将该支架固定在弱电箱内即可。

弱电箱的外形如图 14-51 所示，该弱电箱体积较大，不但可以安装常用的弱电模块，还可以安放 Modem 和无线路由器等设备，如图 14-52 所示。弱电箱内各弱电模块和弱电设备的连接如图 14-53 所示。

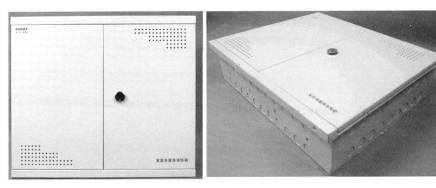

图 14-51　弱电箱的外形

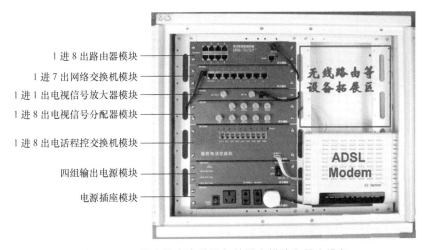

图 14-52　弱电箱中安装了各种弱电模块和弱电设备

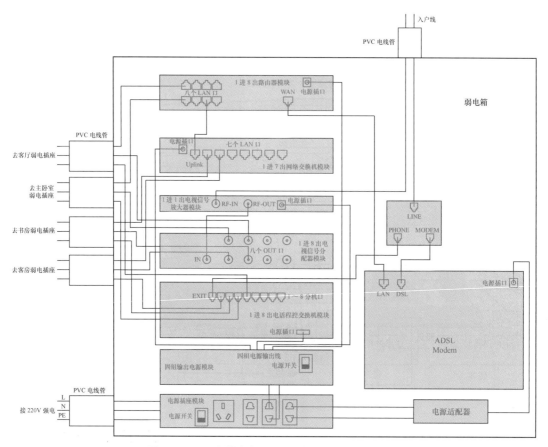

图 14-53　弱电箱内各弱电模块和弱电设备的连接

14.6　可视对讲门禁系统的接线与安装

14.6.1　单对讲门禁系统介绍

单对讲门禁系统是一种较简单的门禁系统，一般具有密码开锁、刷卡开锁、远程开锁、远程呼叫和远程语音对讲等功能。根据门口机与室内机的连接方式不同，单对讲门禁系统可分为多线制、总线 - 分线制和总线制三种类型。

1. 多线制单对讲门禁系统

多线制单对讲门禁系统的组成如图 14-54 所示。该系统从门口机引出四根公用线分别接到各住户的室内机，四根公用线分别为电源线、开锁线、通话线和公共线，门口机还为每户单独接出一根门铃线（呼入线），门口机引出导线的总数量为 4+N，N 为室内机数。例如，住户用到 12 个室内机，门口机则要引出 16 根导线。

当住户在门口机上输入密码或刷卡时，门口机会打开电控门锁，让住户进入本栋楼（或单元楼）；当访客在门口机上输入房号时，门口机会从该房号对应的门铃线送出响铃信号，该房号的室内机响铃，住户听到铃声后可以操作通话键与门口机的访客通话（信号由通话线传送），住户在确定访客身份后操作开锁键，通过门口机打开本栋楼的门锁。为了防止停电时门禁系统不工作，需要用不间断电源（uninterruptible power system，UPS）为本系统供电。

　　多线制单对讲门禁系统结构简单、价格低，主要用于户数少的低层建筑，这是因为该系统的门口机需要为每台室内机接出一根单独门铃线，室内机数量很多时会使增加门口机的接线量，增大接线、敷线和维护的难度。

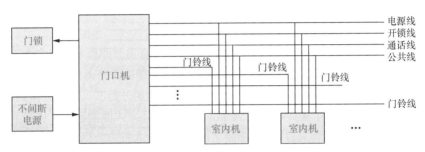

图 14-54　多线制单对讲门禁系统的组成

2. 总线 – 分线制单对讲门禁系统

　　总线 - 分线制单对讲门禁系统的组成如图 14-55 所示。该系统从门口机引出总线（多根导线）接到各楼层解码器，楼层解码器再分成几路接到该楼层住户的室内机，当访客在门口机输入 202 房号时，门口机通过总线将该信息传送到各楼层解码器，只有二楼解码器可解调出该信息并接通 202 房的室内机，使该房的室内机响铃，即门口机和 202 房的室内机占用总线而建立起临时通道，可以远程对讲、远程开锁等。

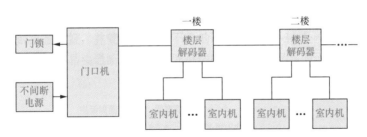

图 14-55　总线 - 分线制单对讲门禁系统的组成

3. 总线制单对讲门禁系统

　　总线制单对讲门禁系统的组成如图 14-56 所示。该系统从门口机引出总线（多根导线），以并联的形式接到各住户室内机，每个室内机中都设有解码器，当访客在门口机输入 202 房号时，门口机通过总线将该信息传送到各住户的室内机，只有 202 房室内机中的解码器可解调出该信息，并与门口机占用总线建立起临时通道，可以远

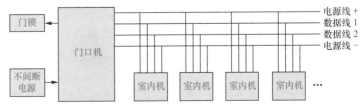

图 14-56　总线制单对讲门禁系统的组成

程对讲、远程开锁等。

14.6.2 可视对讲门禁系统介绍

可视对讲门禁系统是在单对讲门禁系统的基础上增加了可视功能，即在室内机屏幕上可以查看到门口机摄像头拍摄的访客影像。可视对讲门禁系统也可分为多线制、总线 - 分线制和总线制三种类型，其中总线 - 分线制较为常用。图 14-57 是一种总线 - 分线制的可视对讲门禁系统组成示意图。

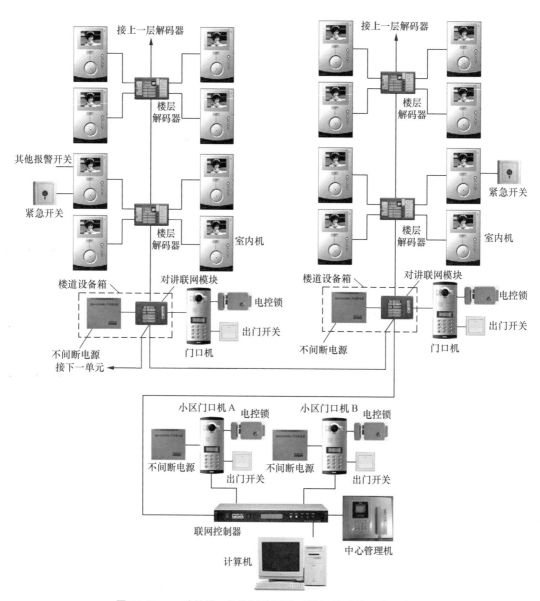

图 14-57　一种总线 - 分线制的可视对讲门禁系统组成示意图

当住户在小区门口机刷卡时，小区门控锁打开，住户进入小区；当住户到达单元楼门口机刷卡时，单元楼门控锁打开，住户就可进入单元楼；住户出单元楼或小区时，操作出门开关，可以打开单元楼或小区的门控锁。

当访客需要进入小区时，可由门卫操作小区门口机的出门开关来打开小区门控锁；访客到达单元楼门口时，在门口机面板输入房号，门口机通过对讲联网模块和楼层解码器使该房号的室内机响铃，同时门口机摄像头拍摄的访客视频也送到室内机，并在屏幕显示出来，住户操作室内机通话键可以与访客通话，操作开锁键可以打开单元楼门的电控锁。

该系统可以让室内机与中心管理机进行语音对讲。当住户操作室内机的呼叫键时，中心管理机会响铃并显示住户房号信息，摘机后，中心管理机就可以和住户室内机进行语音对讲；中心管理机也可以输入房号，使该房号的室内机响铃，住户操作通话键后就可以与中心管理机进行语音对讲。

如果给住户室内机接上紧急开关或一些报警开关，当这些开关动作时，室内机会将有关信息传送到中心管理机，中心管理处的值班人员即可知道住户家中出现紧急情况，会指派有关人员上门查看。

14.6.3　可视对讲门禁系统室内机的安装与接线

住宅对讲门禁系统一般由楼盘开发商或物业公司统一购买，并由供应商提供上门安装调试服务，家装电工人员主要应了解对讲门禁系统室内机的安装与接线，以便将室内的紧急开关和各类报警开关与室内机很好地连接起来。

1. 室内机介绍

图 14-58 是一种可视对讲门禁系统的室内机，在室内机前面板上有按键、指示灯、扬声器、传声器和显示屏，在背面有挂扣和接线端，接线端旁边一般会标注各接线脚的功能。

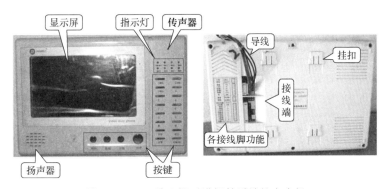

图 14-58　一种可视对讲门禁系统的室内机

2. 室内机的接线说明

可视对讲门禁系统的室内机接线如图 14-59 所示，图中已将楼层解码器引来的导线接到室内机对应端子，其他端子由住户自己连接相应的开关，才能实现紧急呼叫、报警等功能。对于不同的可视对讲门禁系统，其室内机接线方法可能不同，具体可查看室内机说明书，或咨询门禁系统提供商。

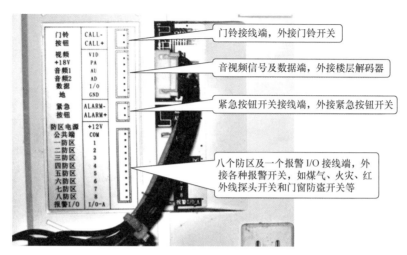

图 14-59 可视对讲门禁系统的室内机接线

3. 单独可视对讲室内机的安装

单独可视对讲室内机的安装如图 14-60 所示。在安装时，先从底盒中拉出楼层解码器接来的导线，并将导线穿过挂板线孔，然后用螺钉将挂板固定在底盒上，将解码器引来的导线与室内机接好后，再将室内机扣在挂板上即可。可视对讲室内机的实际安装拆解如图 14-61 所示。

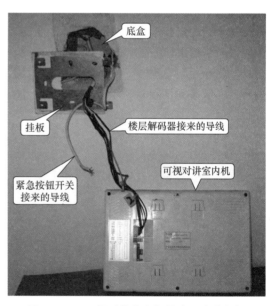

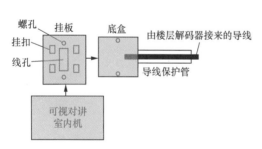

图 14-60 单独可视对讲室内机的安装

图 14-61 可视对讲室内机的实际安装拆解

4. 可视对讲室内机与报警开关的连接及布线

单独可视对讲室内机没有紧急呼叫、防盗及各种报警功能，如果希望室内机具有这些功能，则需要给它连接紧急按钮开关和各种报警开关。

可视对讲室内机与报警开关的连接及布线如图 14-62 所示。当有多个紧急开关时，应将这些开关并联连接起来，并将导线接到室内机底盒内与室内机的紧急按钮端子连接，其他报警开关的两根导线也要引到室内机底盒内，一根导线接室内机防区公共端子，另一根导线可选接 1～8 防区的某个端子。

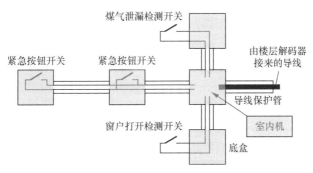

图 14-62　可视对讲室内机与报警开关的连接及布线

14.6.4　紧急按钮开关的接线与安装

1.外形与结构

当住户家中发生紧急情况需要外界帮助时，可以按下紧急按钮开关，向门禁系统的管理中心发出紧急呼叫，以便能得到及时的帮助。紧急按钮开关的外形与结构如图 14-63 所示。当发生紧急情况时，可按下紧急开关的按钮，开关断开或闭合，使室内机发生紧急信号送到管理中心，按钮按下后会锁住不能弹起复位，需要用钥匙才能使按钮弹起。

图 14-63　紧急按钮开关的外形与结构

2.接线与安装

紧急按钮开关一般有三个接线端子，如图 14-64 所示，分别是公共端（COM）、常闭触点端（NC）和常开触点端（NO），在按钮未按下时，COM、NC 端之间的触点闭合，COM、NO 端之间的触点断开，按钮按下后正好相反。

在连接可视对讲室内机时，只需用到紧急开关的两个端子（一个端子必须为 COM 端），如果室内机以开关闭合为发出紧急信号，那么接线时应接 COM 端和 NO 端，如果无法确认室内机接收紧急信号的类型，可以先将三个端子都接导线，然后在安装室内机时再确定使用哪两根线，如图 14-65 所示。紧急开关的实际接线与安装如图 14-66 所示。

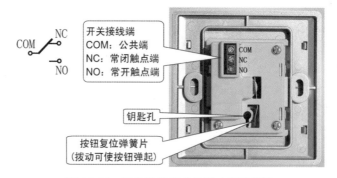

图 14-64　紧急按钮开关的三个接线端子

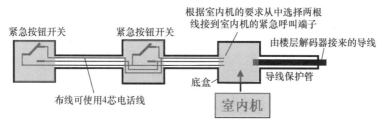

图 14-65　紧急按钮开关的布线与接线示意图

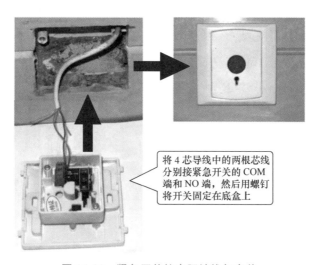

图 14-66　紧急开关的实际接线与安装